珠江流域堤防主要工程地质问题研究

中水珠江规划勘测设计有限公司
吴　飞　李振嵩　陈启军　著

黄河水利出版社
·郑州·

图书在版编目(CIP)数据

珠江流域堤防主要工程地质问题研究/吴飞,李振嵩,陈启军著.—郑州:黄河水利出版社,2022.10

ISBN 978-7-5509-3416-0

Ⅰ.①珠…　Ⅱ.①吴…②李…③陈…　Ⅲ.①珠江流域-堤防-工程地质-研究　Ⅳ.①TV871

中国版本图书馆 CIP 数据核字(2022)第 210598 号

组稿编辑:王志宽　电话:0371-66024331　E-mail:wangzhikuan83@126.com

出 版 社:黄河水利出版社　网址:www.yrcp.com

地址:河南省郑州市顺河路黄委会综合楼 14 层　邮政编码:450003

发行单位:黄河水利出版社

发行部电话:0371-66026940、66020550、66028024、66022620(传真)

E-mail:hhslcbs@126.com

承印单位:广东虎彩云印刷有限公司

开本:787 mm×1 092 mm　1/16

印张:14.25

字数:330 千字

版次:2022 年 10 月第 1 版　印次:2022 年 10 月第 1 次印刷

定价:88.00 元

前　言

珠江是西江、北江、东江及珠江三角洲诸河4个水系的总称，与长江、黄河、淮河、海河、松花江、辽河并称为中国七大江河。本书所指的珠江流域（片）堤防工程包括西江水系堤防、北江水系堤防、东江水系堤防、珠江三角洲网河区堤防以及韩江流域堤防5个部分。

堤防是我国江河防洪安全的重要保障。堤防工程险情和隐患与堤防工程地质问题密切相关，《堤防工程地质勘察与评价》对我国1998年洪水后的大规模堤防工程地质勘察进行了系统总结，对堤防主要工程地质问题进行了全面分析；同时提出，堤基地质结构能准确地反映堤防存在的工程地质问题，但现有堤基地质结构分类主要源于长江流域、黄河流域，尚不能完全适合其他流域。

作为珠江流域管理机构的主要技术支撑单位，中水珠江规划勘测设计有限公司（原水利部珠江水利委员会勘测设计研究院）对珠江流域（片）重点堤防进行了较为全面的技术普查工作，在全面调查各堤防工程地质条件的基础上，重点调查分析了各堤防的主要工程地质问题。

珠江流域（片）堤防的主要工程地质问题同样可归纳为堤基抗渗稳定、抗滑稳定、抗冲稳定和抗震稳定等四大类问题，除了抗震稳定问题，其余三类问题都与堤基地质结构密切相关。本书以工程地质问题的结构控制论为指引，建立针对不同工程地质问题的堤基地质结构模型，采用系统分析思路，对珠江流域堤防主要工程地质问题进行了系统研究。

本书对珠江流域各堤防运营管理机构、除险加固勘察设计单位具有较好的参考意义，同时也对大专院校学生和有关技术人员具有指导意义和参考价值。

本书由中水珠江规划勘测设计有限公司负责撰写，撰写人员及撰写分工如下：前言、第1章第3节、第3章第1节、第3章第2节、第3章第3节第1部分、第3章第4节第3部分、第4章第4节由吴飞撰写；第1章第2节、第2章第3节、第3章第3节第2部分、第3章第4节第1部分、第3章第4节第4部分、第4章第2节由李振嵩撰写；第1章第1节、第2章第1节、第2章第2节、第3章第3节第3部分、第3章第3节第4部分、第3章第4节第2部分、第4章第1节、第4章第3节由陈启军撰写。

由于编者水平有限，不当之处敬请读者批评、指正。

作　者

2022年10月

目　录

第 1 章　堤防工程地质若干基本概念

1.1　堤防工程地质条件

1.1.1　区域地质环境

1.1.1.1　珠江流域各大水系发育演化过程简介

西江主干段自广西壮族自治区苍梧县向东流入广东省,属中生代后期燕山运动开始发育, 当时与广西盆地水系互不相通,至老第三纪喜山运动使大容山抬升,广西盆地升高, 苍梧峡口被切,使盆地水系与西江沟通形成今日西江水系。西江主流大致从西向东流,河谷方向与主要构造线呈大角度斜交,因而河谷每斜截山脉多形成横向谷,如德庆猪仔峡和高要三榕峡等。河流走向受构造和岩性影响,使河谷各段蜿蜒曲折, 或东北走向,或南东走向,或南北走向。干流流经之处几乎全部是下古生代岩层分布的地区,其构造轴向也近东西向,所以有人认为西江是沿老构造轴发育的纵向河流。沿江南、北两岸,则为巨大燕山期花岗岩侵入隆起。燕山运动对粤西影响很大, 主要表现以断裂运动为主,造成一系列北东向断裂带并形成一些断裂地堑拗陷。如罗定盆地、怀集盆地在古生代是凹陷区,沉积了 2 000 m 以上的泥盆—石炭世地层,中生代成为断裂地堑,堆积红色岩系,喜山期抬升,在第四纪初期剥蚀成准平原。罗定河是沿断裂线向北东流入西江,沿河流出现三级台地和阶地。

广西水系的发育受弧形构造山系影响甚为明显。弧形山系在第三纪前形成,弧外西北侧的右江谷地和东南侧的郁江谷地都是广大凹陷平原,弧内也属广阔的准喀斯特平面,并使红色岩系覆盖其上。北部古山地区有不少顺向发育的水系,如红水河、龙江、融江、洛清水,并流入古平面地面柳江盆地。在地形上即与现代大致相似。喜山运动的断块抬升,云贵高原上升和相对西江谷地(现在的郁江和浔江)下陷,南部十万大山和六万大山的抬升,使南岸水系流入西江。新构造运动使广西盆地先是大面积上升(田阳运动使第四纪地层不整合在新第三纪地层之上),然而仍受云贵高原上升的影响,使桂北、桂西北上升量较大,形成整个地面自西北向东南缓缓倾斜,其后造成原来内陆性各红盆水系逐渐形成连续的河系。在弧内形成了一个以石灰岩溶蚀、侵蚀为中心的柳江盆状地区和弧外以西江谷地为中心的东西、北东向凹陷侵蚀、溶蚀条状地区。因为西江谷地排泄基准面较低,凹陷较深,吸引柳江、红水河汇入黔江。贺江、桂江、濛江沿石灰岩分布区向东南流入浔江。北流江则沿构造线由西南向北东流入浔江。右江谷地的古右江在第三纪已存在,此时由于西部高原抬升量大,把原受北西向构造发育的水系重新调整,吸引四周流水,伸长河源向东流入邕江。明江向西流入左江,左江由南西向东北流入右江,表明新构造期,广西南部多断裂构造山系继承抬升的影响。

红水河上游的南盘江、北盘江、格凸河、曹渡河均发育于中生代强烈活化的巨厚碳酸盐岩层和砂页岩岩层的高原区。地壳抬升、岩层褶皱和断层活动显著，至第三纪以前为剥蚀—侵蚀地区，第三纪中期的喜山运动使之再度上升，形成 1 000 m 和 1 600 m 等多级夷平面，所以未见第三纪地层发育，而以断裂陷落的高原“断层湖”甚为发育。如抚仙湖湖面高程为 1 720 m，总库容 185 亿 m^3，阳宗海和祀麓湖高程也在 1 750 m 左右。大屯海、长桥海高程为 1 280 m 左右。当时地势可能和现代地势十分相似。红水河上游各河流水系随着地面的倾斜和构造因素的影响(主要为北西向)也发育起来。河流溶蚀、侵蚀切割作用剧烈，夷平面的上升，形成现代陡峻峡谷，高耸山峰石林，急流险滩相接，河流渗透多成伏流。第四纪以来的新构造运动产生较强的间歇上升，使山坡出现多级坡折梯状地，河谷普遍存在 12~20 m 和 30~40 m 的二级阶地，以及相应比高的溶洞层。我国著名的高 57 m、宽 20 m 的黄果树瀑布，就是发育在北盘江的打邦河上游的。

北江流域区自白垩纪到老第三纪经过多次块断运动，发生隆起、拗陷和断裂，造成许多北东向构造盆地，并伴有多期火成岩的侵入。如坪石、星子、丹霞、南雄等，堆积白垩纪到老第三纪红色岩系。盆地边缘的隆起区则被剥蚀成宽广的古剥蚀面，此时北江河道在各盆地中已具雏形，但各河段孤立互不相连。韶关盆地和英德盆地此时均处在曲江复式向斜和英德弧形断裂带的隆起区，由泥盆—石炭纪的砂页岩和灰岩组成。喜山运动对粤北产生巨大块断运动，且伴有褶皱现象，使北部红色盆地抬升南倾，并使这些堆积红岩盆地变为侵蚀、剥蚀地区；原始的各孤立河段，顺向沿着南倾的古地面下切流入韶关盆地和英德盆地，汇集成北江现代水系格局，再往南切过飞来峡进入清远盆地入西江。新构造运动使粤北地区仍以有节奏的间歇正向上升为基本趋势；在浈水、武水、绥江、连江、韶关、英德沿岸等河谷，普遍存在比高 10 m 左右、25 m 左右和 45 m 左右的三级阶地或台地。

东江水系生成与发育是严格受到 10°N~40°E 构造带控制的。这组构造带形成于中下三叠世到早白垩世，主要是侏罗纪末期的燕山运动使其两侧的罗浮山和莲花山隆起，伴有广泛的花岗岩侵入，使隆起之间发生拗陷和断裂，构成北东—南西向构造盆地。东江深大断裂带就发育在其中，所以自中生代以来就有一条东西向的沉降区，并形成了一些诸如河源、灯塔、龙川、梅县等北东—南西向的构造断陷盆地。随着这些隆起区和盆地的生成，在隆起区进行长期的侵蚀和剥蚀作用，形成宽广的古剥蚀面，在盆地中堆积了红色岩系。喜山运动表现以上升为主，伴随着断裂的继承性发展，东江大断裂两侧的花岗岩侵入体以间歇性上升，形成多级剥蚀面，而沿东江断裂带的河源、灯塔、龙川等沉降区由于差异运动，被两侧山地流水切割，将盆地连通，形成东江干流，直至第四纪仍以间歇性上升为主，在河流两侧形成二级阶地(比高 5~8 m 和 10~15 m)，一些地区的冲积平原(高河漫滩)也逐渐变为阶地，还有不少支流直接切割基岩，造成峡谷地貌，可见现代仍处于上升状态之中。

珠江三角洲是由西、北江三角洲和东江三角洲组成的。燕山运动促使区域古地貌产生巨大变革，构造断裂“活化”渐趋明显，三角洲外围多为岩浆岩侵入，上升为山地所环绕，山地大都作北东—南西走向，呈短线状块断山。平原与山地交接处，不少地方成为明显的断裂分界线。三角洲的下伏基岩主要是石炭—二叠纪砂页岩及灰岩，侏罗纪含煤地层及白垩纪—老第三纪红岩系。基底顶面大都覆有红壤风化壳，可见在三角洲未生成前原为一大溺谷斗湾。三角洲内的构造线主要由北东—南西或北北东—南南西断裂与北西—南东断裂彼此交互穿插,构造 X 形断裂格式。新第三纪以来的地壳运动具有显著的差异性,在山地区有较清楚的向南倾的 3~4 级残余剥蚀面,构造运动的基本形式为块断错动并伴有挠倾现象。在三角洲陷落地段被冲积层所填充,冲积层基底也同样有向南倾斜的迹象,厚度向南逐渐加大,北部通常不超过 50 m 即到基底面,而南部在 50 m 以下未见基底岩层面。被埋藏的古河床砾石阶地见于冲积层以下 20 m 和 40 m 深度,还埋藏有溶洞。所以,珠江三角洲平原是代表该区沉降地段,但沉降幅度有限,还不是一真正的凹陷,是在挠倾作用影响下沉降断块,它不仅在山前有丘陵、台地分布,而且在三角洲平原的腹部分布有岛状残丘。

1.1.1.2　珠江流域的地貌轮廓

珠江流域的主干流西江发源于云贵高原东侧,以北北东和北东走向的乌蒙山、梁王山为分水岭,高程 1 500~2 000 m。西南边缘与越南北部高地相连,形成北西—南东走向水系南部边缘自西向东由一系列高程为 1 000~1 500 m 的北东向平行山列屏蔽于海岸线,形成西江南岸各支流和东江东南岸水系的分水岭北部边缘自西向东,由黔南高程为 1 500~2 000 m 近东西向苗岭高地和湘西南一系列高程 1 500~2 000 m 的北东向山岭(越城岭、都庞岭、萌渚岭)形成西江以北各支流分水岭, 向东则以高程 1 200~1 800 m 的近向南岭山脉作为北江和东江的分水岭。西江上游的南盘江、北盘江发育于云贵高原区,高原地形比较完整,地面起伏比较平缓,常有平坦盆地出现。由北向南逐渐降低,喀斯特高原石林、丛峰、溶洞、伏流河等岩溶地貌广泛分布。南、北盘江在黔桂边界汇合后直下广西盆地,向东南蜿蜒奔流,形成红水河。红水河流经广西西北高达 1 000~1 500 m 的山地,主要由砂页岩构成,次为灰岩。山地受到强烈切割,地貌反差大、山高坡陡,水系落差大,形成我国重要的开发水力资源基地。山脉和水系走向以北西向为主,都阳山和大明山成为红水河和右江的分水岭。广西北部山地地势由北向南递降,山脉走向自西向东,由北西向转南北向再转为北东向。山脉和水系受著名广西山字形构造控制,西翼走向北西—南东,有红水河、刁江、龙江,以喀斯特地貌为主中轴近南北向,有融江发育,也以喀斯特地貌为主;东翼走向北东—南北,由海洋山、大瑶山系组成的,长 700 km,宽 50 km,海拔 700~1 500 m,成为洛清江、柳江与桂江、濛江的分水岭,以流水侵蚀地貌为主,杂以喀斯特地貌。广西西部是著名的桂西喀斯特高原,溶蚀谷地、峰林和陷落盆地甚为发育,西南缘大青山高 600~1 200 m, 为流纹岩山地。在喀斯特高原内还贯穿有花岗岩山地和砂页岩山地,北东向构造断裂控制了右江水系的形成和发育。广西南部和东部为华夏型北东向构造带所控制,发育于古老的变质岩和大型中生代花岗岩侵入山地。如十万大山、六万大山、云开大山、大容山、都庞岭等北东向山脉构成广西盆地南部和东部屏障,山高 500~1 200 m。桂中是广西山字形弧顶部,两翼在黎塘的镇龙山分支,并受断裂和水系的影响形成宽谷,山字形构造的两翼都发育褶皱和逆掩断层以及很多的与之垂直的横断层。这些断层多为现今河流和谷地所在,若干大河横切山体,如红水河中段切割都阳山、大明山,黔江大藤峡谷段切割大瑶山。北江水系的地貌特征是由三列弧形山脉组成的,其间夹有谷地和盆地,形成北东向和北西向山地及谷地相间的支状水系,自北向南地势逐渐降低,北江纵切弧形山呈北北东—南南西向南流。最北一列弧形山是蔚岭—大庾岭;第二列弧形山是大东山—滑石山,其间夹有北东向的浈水和北西向的武水;第三列弧形山是连山、螺壳山—九连山，其间夹有北东向的滃江和北西向的连江。以北江为界，东西两侧地貌特征有很大差别，东侧以红岩盆地地形为主，而西侧以喀斯特石山地形为主。三列弧形山多为中生代岩浆岩侵入体，其下常覆盖古生代以前的岩层。

东江流域的地貌特征是由一系列向平行岭、谷相间排列，由西北向东南有六列平行相间岭谷：第一列是龙门—灯塔谷地，由红岩盆地、溶蚀谷地和冲积平原组成；第二列是罗浮山—桂山山地，由花岗岩体和硬砂岩组成；第三列是东江主干谷地，由冲积平原和红岩台地组成；第四列是东江与梅江之间的山地和丘陵，由花岗岩及火山岩组成；第五列是西枝江与梅江谷地，由红岩盆地和冲积平原组成；第六列是莲花山山地，由花岗岩组成 。

1.1.1.3 珠江流域地质构造概况

珠江流域位于东南地洼区一级大地构造单元之中，主要流域分布在滇桂地洼系、赣桂地洼系及浙粤地穹系的南端。区内经历过地壳强烈活动的地槽阶段自元古代—下古生代和地壳相对稳定期的地台阶段早泥盆世—早三叠世之后，从中三叠世起已进入新的地壳强烈活动的第三阶段地洼期。该区自第三纪以来进入地洼区的余动期。

珠江流域总面积的27.8%是在云贵地区。从地质构造上看，该区位于我国著名的南北区型断裂构造带南端的东侧（小江断裂带），也是南北强烈地震带南端东侧。它主要由二叠—三叠世石灰岩地层组成北北东向的主体构造断裂带，基本上控制了南盘江上游的水系发育；而北盘江则受到北西向构造的影响。燕山运动的断块隆起和新构造运动的大面积抬升并伴随有差异升降，使云贵地区形成今日壮观的喀斯特高原以及高原“断层湖”，如抚仙湖、星云湖、阳宗海、祀麓湖等。珠江流域面积约占广东省总面积的60%，在广东流域内的地质构造是以北东向拗陷和隆起为特色，它们的基底构造是加里东运动形成的，海西运动在该区比较稳定，大致呈北东向构造带发展，以升降运动为主，岩浆和变质作用均不明显。燕山运动使该区再次进入活动期，以块断为主，造成许多断陷盆地，并伴有多期大规模岩浆侵入活动。喜山运动以振荡运动为主。总之，广东境内的大断裂和断裂群多形成于早古生代，中生代强烈复活和加剧，对区内水系发育影响很大，成为主要河道和山岭隆起的基础。如东江大断裂控制东江干流。

广州—从化断裂控制流溪河发育，以及北江诸支流水系均受构造影响。在构造断裂交界处则多形成断陷盆地。如连江谷地、韶关盆地、英德盆地等为北东向和北西向交接断陷盆地；西江下游三水盆地为北西向于近东西向交截断陷盆地；珠江三角洲为北东向、南北向和东西向断陷溺谷。珠江流域面积占广西总面积的80%以上，在广西流域内的断裂、褶皱构造大多受到加里东运动形成的特有大明山—大瑶山弧形背斜褶皱的影响，在其东部受北北东和近南北走向褶皱影响，中生代以后受多期断裂和火成岩的侵入使东部构造形态更为复杂，而水系也多受构造带的影响，如桂江、贺江均属发育于上古生代向斜内的纵顺向河；桂北和桂西北亦受弧形山褶皱和断裂的影响，如河池—宜山—柳城一线的东西向断裂带以宜山为中心向南突出，控制龙江，形成向南突出的龙江河谷地貌，北北东向的三江—融安大断裂控制融江水系发育，北北东向的龙胜—永福断裂也影响洛青江的发育；桂西受广西弧西翼向断裂带控制河谷山系走向，如马山—都安断裂带控制红水河中游，右江大断裂控制右江发育；桂中南地区则以断陷盆地、谷地为主，如南宁盆地和郁江—浔江谷地。

1.1.1.4 堤防工程区域地质勘察要点

根据《堤防工程地质勘察规程》(SL 188—2005)和多年的堤防工程地质勘察经验,堤防的区域地质环境研究不同于水利水电枢纽工程,除特殊情况外,一般不需要进行专门的区域地质环境专题研究,而是对收集到的已有区域的地质资料和地震资料进行分析。

在堤防工程地质勘察中,要收集的区域地质资料主要包括堤防工程所在区域的地形图、地质图、奥维图片、河湖发育演化史、古河道、古冲沟及断裂活动性、历史地震、地震基本烈度等资料。通过对这些资料的分析和研究,对堤防工程所在区域的地形地貌、地层岩性、地质构造及活动性、区域水文地质条件、历史地震分布等有一个比较全面的了解。区域地质环境分析的目的是了解堤防工程所处的外围地质、地震背景和区域构造稳定性,并最终确定工程区的地震基本烈度。工程区地震基本烈度依据现行的《中国地震动参数区划图》(GB 18306—2015)确定。

1.1.2 堤防区地形地貌与地层岩性特征

堤防区的地形地貌特征,控制着堤防工程走向和布置,堤防区的地层岩性特征是影响堤型、堤基结构以及堤基处理的主要因素。

1.1.2.1 堤内外地形地貌特征

一般江河堤防和防潮(浪)海堤,分洪区、滞洪区、蓄洪区的堤防,滨湖圩堤等多兴建在河流中下游的河漫滩、低阶地上,或海湖滨、港区周边。这些地区地势平坦、低洼、宽广或狭长、微地形复杂,物理地质现象发育。

河流堤防区地形地貌受河流侵蚀堆积作用和人类工程活动影响而不断改变着。河流纵向变化,对游荡性河流、分汊形河流的河道往往窄段和宽段相间;弯曲形河流则弯段与直段相间,弯段分布着深槽,直段分布着浅滩,这种形态又促使了河流的冲淤变化。横向变化使顺直形、低弯形河流周期性展宽,使高弯曲形河流弯曲游移和裁弯取直,使游荡性河流河槽摆动和游荡,而分汊形河流则分汊和汇流。这种摆动和改道表现为边滩移动,心滩冲刷,沙洲下移,主流移夺另一股汊流,弯道裁弯取直,“地上悬河”的形成与河道大改道。河流的纵向和横向的这些变动是不间断统一进行的,共同塑造着河流堤防区的地形地貌。

堤内堤外地形地貌特征如下:

(1)地势低平和微地形复杂,控制了堤防线走向、堤距、料场产地条件、穿堤建筑物位置、堤防工程量和施工条件。

(2)地貌多为堆积成因类型,形态以河漫滩为主,一级阶地、冲积扇群或山麓台地次之。微地貌发育,如古河道、河曲、汊河、牛轭湖、碟形洼地、自然堤以及古文化遗址、古墓、古迹、巢穴等,从而形成了堤防地区复杂的地形地貌。

(3)动力地质作用明显,物理地质现象发育。如滑坡、崩塌、塌陷、冲沟、泥石流、陡崖、石锥、沼泽、湖泊、风化、岩溶、砂丘、暗沟、盐渍化、冻胀及道路翻浆等对堤防及建筑物稳定有一定影响,加大了行洪河床的糙率,影响了施工条件。

(4)在河流发育史背景下,由于河流动力学作用、现代侵蚀堆积作用(包括旁蚀)和河床演变、河流岸边不断冲蚀改造,河道水流动力轴线的位置及走势、岸线和洲滩分布的态势控制着堤防走向和护岸工程布置。

河流堤防区河谷地形地貌,不论宽阔和狭长,都适于堤防布设和施工。但埋藏的古河道易产生堤基渗透变形和渗漏。河漫滩和低阶地是由复杂的第四系松散沉积层组成的,其性质和厚度决定了堤基结构和筑堤材料,近堤岸坡的稳定性对堤防和建筑物也有显著的影响。对堤防区地形地貌的调查研究,重点在于阐明河谷的地貌形态,漫滩与阶地的发育程度,冲沟的深度和分水岭的高度,河流变迁史,河势、古河道、沟、塘、湖,以及崩塌、滑坡、泥石流、风化、岩溶、盐渍化、沼泽化等情况。

1.1.2.2 地层岩性

地层岩性对堤防工程的重要性,表现为河流堤防多位于第四纪松散沉积物上,由各种成因类型、各种岩性组合成多种堤基岩土层结构,构成各具不同的筑堤工程地质条件。

表层为抗渗强度低的砂性土时,堤防存在的首要问题是渗透稳定问题,其中地层结构是影响堤防渗透稳定的主要因素。

在边流顶冲、深泓逼岸、顺流淘刷等作用下,第四纪松散沉积层组成的岸坡是堤段岸坡稳定的内因条件,尤其是外滩窄小或无外滩的情况。

在饱水状态下,第四纪冲湖积沉积层的软土类土强度低,压缩性高,常引起堤防及建筑物的沉降变形问题和滑动稳定问题。

堤基存在饱和砂土及其他特殊土时,常常引起一系列工程地质问题,都会给工程带来危害。

因此,地层岩性是研究堤防和堤基工程地质问题的基础。以下简述不同土类筑堤的主要工程的地质问题。

1. 黏性土

一般黏性土有较高的黏聚力和较小的内摩擦系数,黏聚力自 0.1 kPa 到 100~200 kPa,而内摩擦系数 $\tan\varphi$ 仅为 0.2~0.35 甚至 0.1,尤其是饱和状态时,内摩擦系数更低。由于黏性土的渗透系数很小,自身所含水分很难排出,饱和状态时,估计到负荷后土尚未固结前土的抗剪强度减低,容易产生堤防塌滑。黏性土层的大量沉陷是这种堤基土的一个严重问题。黏性土在荷载下有较大压缩性。黏性土上的变形有时可达很大数值,这种过量的沉陷或位移可能导致堤体裂缝。黏性土之所以有上述特性与黏性土的黏土矿物组成、结构和含水状态有关,黏土颗粒有结合水膜,构成黏性土的颗粒彼此间结成团聚体,颗粒与颗粒或团聚体之间具有联结性。这种联结强度比颗粒本身的强度低得多,而黏性土的强度主要是取决于这一强度。黏性土的变形受其联结强度的破坏和结合水膜的变形所控制。当外荷载小于联结的强度时则土不压缩而表现出抗剪性和弹性。当外荷载与结构的强度相等时,此种联结为“有效联结”,相应的强度为有效强度。因此,当建筑荷重低于有效强度时,在一定条件(如保持土的天然结构)下可以保证建筑物的稳定,其变形可不超过危险变形。

2. 非黏性土

非黏性土指砂、砾、碎石及块石类土。砂质土的内摩擦系数 $\tan\varphi$ 为 0.45~0.70,大卵石和砾的内摩擦系数 $\tan\varphi$ 为 0.60~0.75 ,碎石的内摩擦系数 $\tan\varphi$ 则达 0.80~1.00。除细砂和极细砂外,建在非黏性土上的堤,其承载力都是足够的。堤基夹有薄层细砂和极细砂时,为慎重起见,往往挖除或处理。

通常,砂基的主要工程地质问题是渗透稳定和渗漏,须做防渗处理。而砂基的优点是孔隙率小,不到 50%,易压实,易固结,没有黏性土的长期沉陷问题。但砂基渗透变形、振动液化和剪切液化是比较严重的工程地质问题。堤防有时要跨越石锥或岩堆,由于存在架空层、疏松、渗透性较大等问题,应挖除;否则必须进行处理。总之,非黏性土的这些性质,是由其级配和密实度等决定的。

若非黏性土中含有黏性土或有机质土,则其工程地质问题就会复杂化。含量达一定值后,非黏性土的强度主要取决于土的强度。这种土类特点是变形快,实际上在加荷后立即出现,且是不可逆的。

3. 特殊土

不同的特殊土作为堤基,存在不同的工程地质问题。湿陷性黄土受水浸湿后产生附加沉陷,即所谓湿陷。一般在湿陷性黄土区建堤,都要采取措施,如预浸和在预浸同时预加荷重,使堤基湿陷在堤防修建之前完成。实践证明,不预加荷重,仅靠浸水,促使其湿陷的效果不大。

膨胀土的胀缩变形,使土遇水后力学强度急剧降低,失水后又干裂,给堤防带来较大的危害。亲水性黏土矿物含量过高和水的作用是膨胀土特性形成的主要因素。膨胀土地基处理的关键是保持土的天然含水状态。

软土指淤泥和淤泥质土,其正常压密和固结度极低,且具有触变性,因而孔隙比高,压缩性大,抗剪强度低,固结时间长,加荷变形量大,易产生滑动破坏。对于土堤,常用的处理方法有分级施工逐级加荷、反压平台和抛石挤淤等。对于穿堤建筑物,常采用换土、桩基和排水固结等处理措施。

盐渍土因含盐量过高和具有特殊的物理化学性质,作为堤基有一些不良地质问题。盐渍土中硫酸盐结晶时膨胀、脱水时缩小,受温度、湿度影响大,所以土体结构疏松,堤基易发生胀缩。盐渍土的抗剪强度与含水率关系十分密切。干燥时抗剪强度较高,潮湿时抗剪强度降低。盐渍土还具有湿陷性。

分散性土易被水冲蚀的特性比细砂和粉土还要严重。土体被雨水淋蚀产生冲蚀孔洞和孔道,被渗流水冲蚀产生管涌破坏和崩陷。这种土对水利工程的破坏是十分严重的,具有快速隐蔽的特点,潜在危险性大,作为地基必须经过特殊处理。处理这种土的原则是从工程中把分散性土全封闭,水土隔离;设专门反滤,保护胶粒土不被带走;改造土质,如掺加石灰、硫酸铝等掺和料。

填土的土质情况十分复杂,包括素填土、冲填土、杂填土、矿渣土、压实填土和决口口门堆积土等。堤防工程遇到填土的机会不少,要注意物质组成、分布、性质,判断地基均匀性、密实度、压缩性和抗剪强度,有机质含量较多的生活垃圾和对混凝土有腐蚀性的工业废料杂填土不宜作为地基。

1.1.3　堤防对地基的要求

总体说来,堤防对地基的要求是安全稳定的,能满足堤防及建筑物的承载力、抗滑和渗透稳定要求,重点是渗透稳定。

堤防大多为土石结构，对地基的要求与土石坝相当。堤防对地基的要求有以下几点：

(1)足够的地基承载力，防止堤防产生过大的沉陷量及不均匀沉陷。一般情况下中粗砂、砾石、黏性土的承载力和沉陷变形能满足或适应要求。而粉细砂、软黏土、软土、湿陷性土等特殊土则不然，堤防应尽可能避免通过这类地基，否则要谨慎对待。

(2)足够的地基抗剪强度，保证地基抗滑稳定，不致沿堤基岩土层或软弱夹层产生滑动。

(3)足够的地基抗渗强度，保证堤基渗透稳定。确保堤防挡水后堤基不因渗透压力而发生管涌、流土破坏，且渗漏量不致造成堤后水患和浸害。筑堤取土坑不可距堤太近，以防对堤基渗透稳定造成威胁。

(4)足够的水稳性和抗水性，湿陷性土、有湿陷性的盐渍土、分散性土等水稳性不良的岩土，遇水易溶解、分散、软化而产生裂缝、孔洞等，地基强度降低，堤体稳定性下降，必须避开或处理，以保证地基稳定。

(5)堤线附近的动力地质作用也会危及堤防安全，视需要采取必要的防护措施。堤基防渗处理要兼顾环境保护原则，维持当地天然状态水循环通道和地区生态平衡。

以下就地质结构、堤基抗渗性和堤内外地形条件简述堤防对地基的要求。

1.1.3.1　地质结构

堤基地质结构类型的划分将在以后的章节中讨论。需要说明的是，堤基地质结构类型是堤防工程设计、施工和运行管理的关键因素，表现如下：

(1)地质结构是判定堤基渗透稳定性和防渗处理的设计依据。

(2)地质结构是堤基承载力和抗滑稳定的控制条件和设计依据。

(3)地质结构是堤防和穿堤建筑物施工组织设计中基坑排水、降水和施工预报的基础。

(4)地质结构是抗洪抢险预案制定、险情分析的依据。

地质结构与堤基渗透破坏的关系，可归纳为如下三种情况。

1. 必然产生渗透破坏的堤基

(1)无反滤保护的砂土地基，且下层渗透系数大于表层10倍以上。

(2)双层地基且临水侧表土层缺失，背水侧有近堤脚的深塘。如果强透水层较厚，则背水侧表土层下的扬压力很大(可达净水头的60%)，加上深塘内表土层较薄且松软，极易被顶穿而产生渗透破坏。如果表土层下是细砂或粉细砂层，则往往会产生大的管涌险情。

2. 易于产生渗透破坏的堤基

(1)比较均一的砂土地基，若背水堤脚无反滤保护，易砂沸，以粉细砂层最明显。

(2)双层地基，临水侧表土层连续，但背水侧有近堤脚的坑塘，或背水侧表土层连续，但临水侧表土缺失。

3. 比较安全的堤基

(1)均匀的黏性土地基。

(2)双层地基，临水侧和背水侧表土层有一定厚度和长度，且连续分布。

1.1.3.2　堤基抗渗性

堤基抗渗性对保证堤防渗透稳定是至关重要的。为了评定堤防渗透稳定问题，并进行渗流控制,必须评定堤基土的抗渗性和堤基整体的抗渗性。

堤基抗渗性是指堤基土体抵抗渗透破坏的能力,亦称抗渗强度。

堤基抗渗性的研究内容包括堤基土体产生渗透变形可能性分析及提高抗渗稳定性的措施。渗透变形是堤基土体在渗透水流作用下产生破坏的现象。堤基的渗透破坏常表现为泡泉、砂沸、土层隆起、浮动、膨胀、断裂等。汛期背水侧堤基的渗透出逸比降增大,一旦超过堤基的临界比降就会产生渗透破坏,且在堤基薄弱处出现,如坑塘、表土层较薄部位。对近似均质的透水堤基,渗透破坏首先发生在堤脚处。堤基管涌,尤其是近堤脚的管涌,发展迅速,形成管涌洞,抢险不及时往往要溃堤。若堤体直接坐落在强透水的砂砾层上,或基岩上,则此结合面上可能发生接触冲刷破坏。

堤防的渗透破坏受渗透水流和土体自身性状两方面因素控制。不同的土层具有不同的渗透性,而不同渗透性的土层位置和分布,对堤防整体的抗渗能力有很大影响。

当汛期高水位时,堤防背水侧从坡脚到堤后地表,往往形成了渗流的出逸面。产生这种现象的因素有三种:一为堤体与地基的渗透性,它决定了土体饱和状态所需的时间长短,以及堤段渗透水量的大小。在多层地基中,渗透系数越低的土层,其渗水阻力越大,承受的水力比降越高。二为渗水出逸处土体承受的水力比降及出逸比降。在渗流作用下土体的渗透变形都发生在有渗流出口的地方,然后才向内部扩展,所以出逸比降很关键,它影响到出口部位的土体是否起动、变形。三为土体能够承受的不发生渗透变形的最大水力比降,称为临界比降,用来表示土体的抗渗强度。不同土质和不同的土体结构有不同的临界比降。

当土体实际承受的出逸比降小于出口处土体临界比降时,土体渗透稳定;前者大于或等于后者时,土体从临界状态到渗透变形或破坏开始。当堤防土体内饱和区域逐渐扩大向非饱和区域发展时,浸润面也逐渐升高后移。当饱和区的发展速度大于外江水位回落速度时,堤后就会形成出逸面,出逸比降随江水上涨而增大,出现了渗流作用(出逸比降)与土体抗掺能力(抗渗比降)之间的抗衡。一旦出逸比降接近或超过了土体抗渗比降,就会引发各种渗透破坏征兆,险象环生。这就是堤外江水位居高不退历时越长,险情越重的原因。

1. 各种土体的抗渗强度

1)无黏性土的抗渗强度

从渗透破坏机制角度将土的渗透破坏形式分为流土、管涌、接触流失和接触冲刷四种形式。前两种发生在单一土层中,后两种发生在成层土中。

流土是指在上升的渗流作用下周部土体的表面隆起、顶穿或粗细颗粒群同时浮动而流失的现象。前两种情况多发生在表层为黏性土与其他细粒土组成的土体或较均匀的砂土中,后者多发生在不均匀的砂性土中,而且都是发生在渗流出口无任何保护的情况下。

管涌是指在渗流作用下,土体中的细颗粒在骨架通道流失的现象,主要发生在砂砾石土。

接触流失是指在层次分明、渗透系数悬殊的两层土中,当渗流垂直于层面时,将渗透系数小的一层中的细颗粒带到渗透系数大的一层中的现象。其表现形式可能是单个颗粒进入邻层,也可能是颗粒群同时进入,所以包括接触管涌和接触流土两种形式。

接触冲刷是指当渗流沿着两种渗透系数不同的土层接触面,或建筑物与地基接触面流动时,沿接触面带走细颗粒的现象。在自然界,沿两种介质界面,如建筑物地基、堤与混凝土构件等接触面流动而促成的冲刷都属此类。

影响渗透变形的因素很多,如土的颗粒级配、细粒含量和紧密度等。上述四种破坏形式中以流土破坏危害最大,发生管涌破坏有一个时段过程,而流土破坏的这个时段很短。

2)黏性土的抗渗强度

黏性土的渗透破坏因素较多,其中最基本的因素有土的性质、密度、水流方向和渗流出口无保护的临空面的大小,而黏土矿物成分、含水率、交换阳离子数量和成分,孔隙水含盐量和成分等也有一定影响。分散性土比非分散性土更易冲蚀破坏,既会发生流土破坏,又会发生特殊形式的管涌破坏,而非分散黏性土只会发生流土破坏。有反滤保护时黏性土破坏水力比降可超过20,一般取抗渗允许比降为4~5。

黏性土抗渗比降一般很高,但在黏性土中一旦出现裂缝,则抗渗强度明显降低。黏性土的渗透破坏一是受渗透力(渗透比降)所致;二是渗流出口土体表面受土体在水中的水化作用,即水化崩解过程所溃;三是为渗透力和土体水化崩解同时作用下的破坏。这三种破坏过程都是表面土体成块成团的流失,可见流土是黏性土渗透破坏的主要形式。

黏性土的抗渗强度与渗流方向及渗流出口无保护的临空面大小有直接关系。试验结果表明,如果渗流向上,出口无任何压重,水压会以穿孔形式破坏;如果渗流向下,出口无保护,临空面的面积较大且出口位于水下,则在很小水力比降下也可发生渗透破坏。可见,外界条件对堤基土抗渗强度的影响是很大的,黏性土的抗渗强度只有在适当反滤保护下才有实际意义,并达最大值。

3)裂缝土的抗渗强度

裂缝土是指堤防防渗体受不均匀沉陷及水力劈裂时产生了裂缝的黏性土体。黏性土在发生裂缝后,抗渗强度明显降低。裂缝土的抗渗强度主要取决于土性、裂缝是否自愈及反滤层的粗细三个因素。红黏土的抗渗强度大于一般黏性土。而黏土矿物以蒙脱石为主的强碱性介质环境的黏性土最低。红黏土裂缝后抗冲刷流速可达100~500 cm/s,而一般黏性土只有10~50 cm/s,其他类型土小于10 cm/s,高度分散性土甚至小于1 cm/s。同种类土裂缝未愈合时抗渗强度最小,愈合后无反滤层保护的土次之。反滤层较细时仍具高抗渗强度,但低于未发生裂缝的情况。一般在合适的反滤层保护下裂缝会逐渐愈合,不会引起渗透破坏问题。

由一些土层与混凝土建筑物接触面间发生接触冲刷时的破坏比降除以1.5安全系数,得出在无渗流出口保护情况下地基允许的渗流比降(见表1-1)。

表1-1 各种土地基上水闸设计的允许渗流比降

地基土质类别	渗流允许比降		地基土质类别	渗流允许比降	
	水平段 J_x	出口 J_0		水平段 J_x	出口 J_0
粉砂	0.05~0.07	0.25~0.30	沙壤土	0.15~0.25	0.40~0.50
细砂	0.07~0.10	0.30~0.35	黏壤土夹沙壤土	0.25~0.30	0.50~0.60
中砂	0.10~0.13	0.35~0.40	软黏土	0.30~0.40	0.60~0.70
粗砂	0.13~0.17	0.40~0.45	较坚实黏土	0.40~0.50	0.70~0.80
中细砂	0.17~0.22	0.45~0.50	极坚实黏土	0.50~0.60	0.80~0.90
粗砾夹卵石	0.22~0.28	0.50~0.55			

允许抗渗比降的安全系数,是破坏比降(也用临界比降)与允许抗渗比降之比,一般情况下取1.5~2。对于破坏性危害较大、整体破坏的流土,安全系数取2,特别重要的工程也可取2,管涌比降是土粒在孔隙中开始移动并被带走时的水力比降。一般情况下,土体还有一定承受水力比降的潜力,故安全系数可取1.5。

2. 堤基渗透变形评价

对堤基渗透破坏形式的判别和允许水力坡降的确定方法见本书有关章节和现行规范。

堤基渗透破坏形式取决于地基土体的颗粒组成和密实程度。这里,地质结构起决定作用,如均一的砂砾石层和下层透水性比上层大的双层结构的砂砾石层,当颗粒级配曲线呈双峰时,即缺乏中间某一粒径的土体,渗透破坏主要形式为管涌;当砂砾石层级配正常,且细粒含量又大于35%时,其破坏形式为流土;对于上覆有相对不透水层,而下卧强透水层的,由于水平成层关系,水头损失小,当下游又不能自由排泄时,易产生流土。此外,也可根据土体的不均匀系数来判别,不均匀系数小于10的均匀砂土,其渗透破坏形式为流土。

渗透变形使水流挟带土粒通过堤体或堤基,形成隐蔽的集中渗流通道,造成管涌洞。实际上,堤基渗透破坏多发生于地下冲刷,因潜蚀作用形成管涌洞。这显然与天然土层不均匀性有关,特别是当地层中夹有粗粒透镜体,或地基与基础间接触不良或有裂缝时,导致渗流水集中形成内部冲刷,即管涌失事。至于盖层下第一透水层的结构分布形态及渗透特性也是渗透稳定的关键因素。因此,必须查出这些可能引起堤基管涌、流土等渗透破坏的重要土层,以便采取合理的渗控措施。

渗透稳定性评价时,按相关技术标准以破坏比降或临界比降为依据,确定允许比降,并与实际比降做比较,$J_{实际}<J_{允许}$为稳定,$J_{实际}\geq J_{允许}$为不稳定。实际比降可用直线比例法确定,即水头与堤基有效渗流距离之比为$J_{实际}$。破坏比降与临界比降可由室内或现场试验决定。没有试验和观测资料时,也可类比相关指标确定。

3. 堤基抗渗性与渗流控制原则

当堤基渗透稳定性得不到保证时,即应采取渗流控制措施。堤基渗流控制主要有三个任务:一是减少渗透量;二是提早释放渗透压力,保证地基及其建筑物有足够的静力稳定性;三是防止渗透破坏,保证渗透稳定性。通常采用的工程措施有三种:一是防渗;二是排渗,尽早释放渗透水流,以降低渗透压力;三是用反滤层保护渗流出口,直接防止渗透破坏。这就是防渗、排渗和保护渗流出口三结合原则。渗流控制的最终目的是控制堤防背水侧的剩余水头,降低扬压力和浸润面,保证建筑物和堤内边坡的稳定性;控制地下水位,避免下游的沼泽化和浸没;控制渗流场内的水力比降和流速,防止土体发生管涌和流土,保证工程地基渗透稳定;有时还要控制过大的渗漏量。

1)防渗

防渗是利用当地不透水或弱透水材料做成堤和地基的防渗体,以截断渗流,既减少渗透流量,又削减堤防背水侧的剩余水头,以防止渗透破坏。防渗体本身的稳定主要靠反滤层的保护。防渗体的材料以黏性土、碎(砾)石类土为主,也可用水泥黏土混合物、人工合成材料、混凝土和沥青混凝土等。防渗形式有水平防渗和垂直防渗,前者效用为延长渗径,后者效用为切断强透水层至相对不透水层。水平防渗一般布置在堤防临水侧,而垂直防渗一般布置在临水侧堤脚,也有与堤身防渗结合布置在堤顶附近的。垂直防渗的主要施工工法有置换成墙法、搅拌成墙法、高压喷浆法和挤压注浆成墙法等,其中置换成墙法又包括液压抓斗、射水法和锯槽法等。当堤基表层分布有较薄的透水层时,常在临水侧堤脚挖截渗槽防渗。在深厚成层透水堤基有时做成悬挂式帷幕,虽也能增长渗径,但对降低堤后渗透压力和减少渗漏量效果很小,一般不宜采用。

2) 排渗

排渗就是排水减压。是一种疏导方法,用透水的碎石、堆石或排水管(井)有目的地布置于堤体与堤基的水力比降较大部位作为排水体排泄渗流,提前释放压力,以保证建筑物整体安全。排渗形式有褥垫式排水、上昂式排水、贴坡式排水、垂直排水、堆石排水、减压井、排渗沟等。按防止流土和管涌准则设计。在均质堤内设一道垂直排水与底部的褥垫式排水相衔接,起到截断堤体渗流的作用,使下游堤体保持无渗流状态,以利堤体稳定。心墙或斜墙等防渗体下游面的反滤层实际上也是一道排水体,并兼有滤土功能,不仅能有效地控制通过防渗体的渗流,而且可以防止堤体发生各类渗透破坏,如裂缝的渗流冲蚀,水流出逸面接触流土等。在堤基为黏性土盖层的双层地基,往往由于承压水在堤下游渗流逸出处造成流土破坏,对此采取减压井或透水盖重来排水减压是有效措施。所以,排水可以有效地起到保证堤防整体稳定的作用。

3) 反滤层保护

反滤层用砂砾、碎石或人工合成材料做成,铺设在渗流出逸面上或防渗体下游面,具有滤土和排水双重功能,是堤防渗流控制中一项极其重要的措施。反滤层级配料一般要满足:①本身是非管涌土;②与被保护土之间的层间关系应满足反滤准则;③渗透系数一定要大于被保护土;④粗粒部分材质坚硬、耐水、不易风化;⑤填筑时不易粗细分离。

堤防渗流控制一般采用“前堵后排”,且堤防常以排为主。可视堤防重要性和等级,并根据堤型和堤基结构选择适当的防渗处理措施。江河大堤,河床冲淤无常,用铺盖防渗不理想,堤基垂直防渗又会影响两岸地下水消退,改变了地下水自然状态下的径流条件,引起环境问题。所以应以排渗为主,在背水侧设置排渗措施。如堤基有承压水,可设减压井或截渗沟,在背水侧设人工戗堤,盖重压渗、水平反滤垫层、填塘放淤等。

1.1.3.3 堤内外地形条件

堤内外地形对堤线和穿堤建筑物布设有决定作用。堤线要适应河势和流向,远离深涨并与溃口和大洪水主流线大致平行,尽量避开滑坡、塌岸、历史溃口及古冲沟,堤内外渊潭、湖塘、取土坑沟、水井、洼地、河流故道、河曲、沙丘、淤积物等,否则须做专门处理。外滩对堤防有重要的防护作用,可作为冲刷塌岸的缓冲地带,因此堤线选择要保持适当的外滩宽度。堤防设计和施工中要保护河谷堤防相关的自然地形原貌,以免因自然地形地物的改变而改变入渗边界,降低抗渗能力,强化河流冲淤能力,引发河床稳定的失衡,进而影响堤防及建筑物的防洪效果,降低堤防及建筑物防洪标准。因此,堤防工程勘察和设计对堤内外地形条件的研究是十分重要的。

1.1.4　建筑材料

筑堤材料一般本着就地取材的原则,使用当地的天然建筑材料。堤防附近天然建筑材料的分布情况对堤型选择、施工条件和工程投资等均有较大的影响。

堤防工程建筑材料的特点如下:

(1)堤线长、工程量大,要求大量合格的当地天然建材料源。

(2)就地取用,要求料场沿堤线分布。

(3)土、砂砾和石料为三种主要筑堤材料。

(4)料场选择与开采以不妨碍堤防渗透稳定为原则。

(5)料场分布要兼顾环境保护要求。

有机质土、盐渍土、软土类土、杂填土、冻土、膨胀土和分散性土一般不宜用于筑堤,否则需经处理后才能使用。除此而外,其他土料只要精心设计,均可用于筑堤。

1.1.4.1　堤防建筑对建筑材料的要求

堤防工程中,土料多用于堤身填筑和防渗、压浸,石料用于护坡,砂砾石料用于排水、反滤及混凝土骨料,当天然砂砾石缺乏时可用人工碎石料代替。

1. 产地条件

料场要选择在堤线附近,先近后远。但要注意不得因开采影响堤基和堤体的稳定,且尽量不占或少占耕地。根据工程经验,土料场距重要堤防的距离在堤内侧不少于1 000 m,在堤外侧不少于300 m,距一般堤防大于100~200 m。

2. 质量技术要求

一般均质堤填筑土质量要求与均质土坝基本相同,要求做到如下几点:

(1)黏性土的黏粒含量要求15%~30%,塑性指数10~20,且不得含植物根茎、砖瓦垃圾等杂质。

(2)填筑土料含水率接近最优含水率或塑限,其偏差不超过±3%。

(3)铺盖、心墙、斜墙等防渗体宜选用黏性较大的土。

(4)堤后盖重宜选用砂性土。

石料:致密坚硬、抗冲刷、耐风化。干湿条件下性状稳定,冻融损失率小于1%;砌墙石块质量可采用50~150 kg;堤护坡石块质量可采用30~50 kg;石料边长比宜小于4。

砂砾料:耐风化、水稳性好;含泥量宜小于5%。

根据《水利水电工程天然建筑材料勘察规程》(SL 251—2015),各种天然建筑材料的质量要求见表1-2~表1-7、图1-1。

表1-2　混凝土细骨料质量指标

序号	项目	指标	备注
1	表观密度/(g/cm^3)	>2.50	
2	堆积密度/(g/cm^3)	>1.50	
3	云母含量/%	< 2.0	
4	含泥量(黏、粉粒)/%	<3.0	

续表 1-2

序号	项目		指标	备注
5	碱活性骨料含量/%		不具有潜在危害性反应	使用碱活性骨料时，应做专门试验论证
6	硫酸盐及硫化物含量(换算成 SO_3)/%		<1.0	
7	有机质含量		浅于标准色	
8	轻物质含量/%		<1.0	
9	坚固性/%	有抗冻要求的混凝土	≤8.0	
		无抗冻要求的混凝土	≤10.0	
10	细度	细度模数	2.5~3.5 为宜	
		平均粒径/mm	0.36~0.50 为宜	

表 1-3 混凝土细骨料颗粒级配范围

筛孔直径/mm	细砂	中砂	粗砂
	累计筛余/%		
5	0	0~8	8~15
2.5	3~10	10~25	25~40
1.25	5~30	30~50	50~70
0.63	30~50	50~67	67~83
0.315	55~70	70~83	83~95
0.158	85~90	90~94	94~97
平均粒径/mm	0.31~0.36	0.36~0.43	0.43~0.66
细度模数	1.78~2.50	2.50~3.19	3.19~3.85

表 1-4 混凝土粗骨料质量指标

序号	项目		指标	备注
1	表观密度/(g/cm^3)		>2.6	
2	混合堆积密度/(g/cm^3)		>1.60	
3	吸水率/%	无抗冻要求的	≤2.5	
		有抗冻要求的	≤1.5	
4	针片状颗粒含量/%		< 15	
5	软弱颗粒含量/%		< 5	
6	含泥量/%		< 1.0	

续表 1-4

序号	项目	指标	备注
7	碱活性/%	不具有潜在危害性反应	使用碱活性骨料时，应做专门试验论证
8	硫酸盐及硫化物含量(换算成 SO_3)/%	<1	
9	有机质含量	浅于标准色	
10	轻物质含量	不存在	
11	坚固性/% 有抗冻要求的混凝土	≤5.0	
	坚固性/% 无抗冻要求的混凝土	≤12.0	
12	压缩指标/%		
13	粒度模数	6.25~8.30	

表 1-5　土料质量技术指标

序号	项目	一般填筑料	一般防渗料
1	黏粒含量/%	10~30	15~40
2	塑性指数	7~17	10~20
3	渗透系数(击实后)/(cm/s)	$\leqslant 1\times10^{-4}$	$\leqslant 1\times10^{-5}$
4	有机质含量(按质量计)/%	≤5	≤2
5	水溶盐含量(易溶盐、中溶盐，按质量计)/%	≤3	≤3
6	天然含水率/%	与最优含水率的允许偏差为±3	

表 1-6　碎(砾)石土、风化土质量技术指标

序号	项目	填筑料	防渗料
1	最大颗粒粒径/mm	<150 或碾压铺土厚度的 2/3	
2	>5 mm 颗粒含量/%	<50	20~50 为宜
3	<0.075 mm 颗粒含量/%		≥15
4	黏粒含量/%	占小于 5 mm 颗粒的 15~40	
5	渗透系数(击实后)/(cm/s)	$\leqslant 1\times10^{-4}$	$\leqslant 1\times10^{-5}$
6	有机质含量(按质量计)/%	≤5	≤2
7	水溶盐含量(易溶盐、中溶盐，按质量计)/%	≤3	≤3
8	天然含水率/%	与最优含水率的允许偏差为±3	

注：风化土料大于 5 mm 的颗粒含量为击实后试验成果。

表 1-7　石料质量技术指标

序号	项目	堆石料原岩	砌石料原岩	混凝土人工骨料原岩
1	饱和抗压强度/MPa	>30	>30	>40
2	软化系数	>0.75	>0.75	>0.75
3	冻融损失率(质量)/%	<1	<1	<1
4	干密度/(g/cm^3)	>2.4	>2.4	>2.4
5	吸水率/%		<10	
6	硫酸盐及硫化物含量(换算成 SO_3)/%		<1	<1
7	碱活性		不具有潜在危害性反应	使用碱活性骨料时，应做专门试验论证

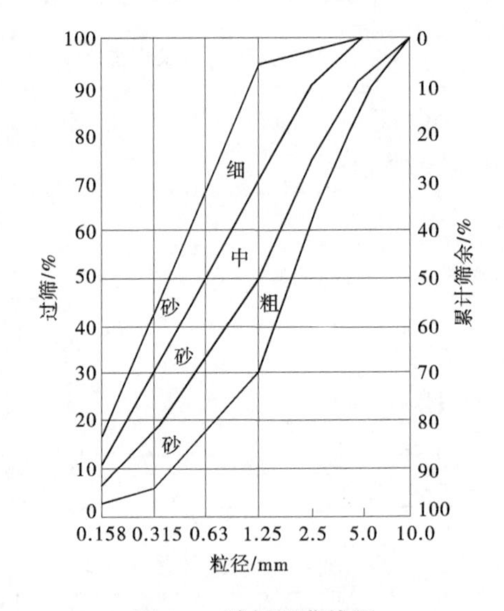

图 1-1　砂级配曲线图

1.1.4.2　天然筑堤材料基本工程性质

1. 黏性土

黏性土指土的粒径小于 2 mm、黏粒(粒径小于 0.005 mm)含量 10% 以上的土料。这种土多用于填筑堤防防渗体。

1) 土的矿物成分

一般黏性土矿物成分主要有三类:高岭石、伊利石和蒙脱石。高岭石构造单元的结合较为牢固,其物理力学性质较稳定;蒙脱石类矿物分散程度高,其物理力学性质极不稳定;伊利石特性介于高岭石与蒙脱石之间。土中黏粒含量和成分影响土的工程性质。

2) 土的界限含水率

土的界限含水率指黏性土在含水时的状态界限,主要有液限含水率、塑限含水率和缩限含水率。土的界限含水率与土的矿物成分、活动性吸附水表面电荷强度、颗粒的比表面积等有关。

土的界限含水率在某种程度上能反映土的基本特性。液限能较好地反映土的压缩性等,塑限能很好地反映土的可塑性与土的压实最优含水率;塑性指数则可反映土的可塑性大小。一般来说,塑性指数大于7的土可作为防渗材料。如果塑性指数过大,说明黏粒含量太高,堤体容易出现裂缝,不宜采用。土的界限含水率之间有密切关系,如液限与塑限间呈良好的线性关系,界限含水率与黏粒含量之间也有良好的线性关系。

3)土的击实特性

在一定的击实功能下,黏性土的干密度随含水率的增加而增大,且在某一含水率时达到最大值,之后随含水率的增加,击实干密度降低,这一最大干密度称为击实最大干密度,对应的含水率称为最优含水率。试验结果表明,最大干密度和最优含水率随击实功能的大小而改变。击实最大干密度与黏粒含量有一定关系。最大干密度随黏粒含量的增加而适当降低。

最优含水率与塑限成线性关系,最优含水率(W_{op})接近塑性含水量 W_p,这是由于黏性土接近塑限含水率时,土体具有良好的可塑性,利于压实。

大量试验证明,最优饱和度与塑限、黏粒含量等有密切关系,而与压实功能大小几乎无关。

最大干密度 γ_{dmax} 与天然干密度 γ_d 可用下列线性关系式表达:

$$\gamma_{dmax} = 0.775\gamma_d + 0.46 \tag{1-1}$$

统计表明,最大干密度为天然干密度的1.02~1.18倍。式(1-1)不适用于黄土类土,因为这种土料往往具有更高的压实最大干密度。

4)土的渗透特性与抗渗强度

这两项指标是评价土体防渗性能的重要指标。一般黏性土压实后的渗透系数都在 $i\times10^{-6}$ cm/s 量级,比较容易满足设计要求。黏粒含量是影响渗透系数的决定性因素,黏性含量愈高,渗透系数愈小。同一种土料,渗透系数随干密度变化很大,有时干密度提高10%而渗透系数可减小100倍。有资料表明,土的渗透性受填筑含水率影响很大,填筑含水率增大时,渗透性降低,到一定值后基本稳定。当其他条件相同,土体饱和度越大,渗透系数也越大。黏土矿物成分对渗透性也有影响,含水率不变时,蒙脱石对渗透系数的影响最大,伊利石次之,高岭石最小,即蒙脱石含量越高,渗透系数越小。

5)土的压缩性

土的压缩性主要指标为压缩系数 a_{1-2},是指固结压力0.1~0.2 MPa时的孔隙比之差与压力差的比值,土料压缩性随干密度增加而减小。

当有机质含量小于5%时,其对土的压缩性影响认为可以不做专门考虑。

6)土的抗剪强度

土的抗剪强度以 c、φ 值表示,其试验方法按所用仪器分为直剪和三轴剪两种。前者又分为快剪、固结快剪和慢剪;后者分为不固结不排水剪、固结不排水剪和固结排水剪。

在实际工作中,抗剪强度试验方法视建筑物所处状态、条件和承受荷载的性质而定。堤防稳定计算时,施工期用快剪或不排水剪的强度指标,稳定渗流期用慢剪或固结不排水剪,水位降落期用固结快剪或固结不排水剪。

影响黏性土抗剪强度的因素有孔隙(水)压力、土体干密度、黏粒含量和荷载性质等。黏性土抗剪强度随干密度增加而增高,随黏粒含量增高而减小。

2. 碎(砾)石类土

粒径大于5 mm颗粒的质量小于总质量60%的各类土,软岩及碾压后可碎的风化岩统称碎(砾)石类土。试验研究表明,碎(砾)石类土中黏粒含量达5%以上时,就具有最优含水率等黏性土的特性。碎(砾)石类土具有压缩性小、抗剪强度高、便于施工等特点,是一种良好的筑堤材料,既能作为防渗料,又能填筑堤壳。当砾石含量在某一范围内(通常为50%~60%),渗透系数较小,对裂缝能起自愈作用,有良好的抗震性。碎(砾)石类土愈来愈得到广泛应用,已有工程使用人工掺砂砾料的方法来获得碎(砾)石类土,以改善黏性土料的某些工程性质(如压缩性)。

1)碎(砾)石类土的击实特性

碎(砾)石类土的击实特性兼有砂砾和黏性土的某些性质。压实最大干密度随着砾石含量(P_5)的增加而增大,当P_5增大到某一值时,干密度达到最大值,之后减小。有的碎(砾)石类土砾石含量达到45%左右时干密度最大,而一般天然碎(砾)石类土当砾石含量为60%~75%时,干密度达到最大值。碎(砾)石类土的压实,应将其中的细粒部分压实到最大干密度,故所需的压实功能比单独的细粒土大2~2.5倍。试验结果表明,有两个特征砾石含量值,一是当砾石(粒径>5 mm)含量小于30%~40%时,干密度随砾石含量成比例增加,且在这一范围内,碎(砾)石类土中的黏性土都可以压实到最大干密度,因此称此砾石含量为第一特征值,用P_5^{I}表示。二是当砾石含量大于30%~40%时,由于砾石的骨架作用和砾石的不匀分布等因素,碎(砾)石类土中的细粒部分(指粒径小于5 mm的部分)不会得到充分的压实,达不到最大干密度,此时碎(砾)石类土的最大干密度不再与砾石含量成比例关系。但当砾石含量[天然碎(砾)石类土]增加到60%~75%时,碎(砾)石类土会击实到最大干密度,因此称此砾石含量为第二特征值P_5^{II}。

2)碎(砾)石类土的渗透性和渗透稳定性

碎(砾)石类土的渗透特性随着砾质含量的多寡而有很大变化。试验证明,渗透系数在$P_5 \leqslant P_5^{\mathrm{I}}$时,随砾石含量的增加有减少的趋势;当$P_5 = P_5^{\mathrm{I}}$时,渗透系数可能最小;当$P_5 > P_5^{\mathrm{I}}$时,渗透系数随砾石含量的增加而迅速增大。另外,渗透系数与小于0.074 mm颗粒含量密切相关。当小于0.074 mm颗粒含量大于10%时,碎(砾)石类土才有可能作为防渗体,渗透系数可达$i \times 10^{-5}$ cm/s。

碎(砾)石类土的渗透稳定性是十分重要的。当P_5^{II}时砾石已出现架空,因其间细粒土得不到足够压实很易渗透变形发生管涌。关于碎(砾)石类土的抗渗比降,理论上研究还不充分,实际中允许比降采用2~3。

3)碎(砾)石类土的变形特性

碎(砾)石类土有很好的抗变形特点。总的趋势是随着砾石含量的增加,压缩系数减小,碎(砾)石类土的压缩性较低。

4)碎(砾)石类土的抗剪强度特性

一般的碎(砾)石类土抗剪强度指标是随砾石含量的增加而增大。当砾石含量小于

P_5^{II} 时,抗剪强度主要取决于其中细粒土的强度;当砾石含量大于 P_5^{II} 时,抗剪强度主要取决于砾石强度特性。

5) 关于风化料和软岩作为防渗材料问题

近年来,风化料和软岩用于防渗材料的情况日益增多。实践证明,全风化、强风化的岩石,以及残积土、黏土岩、页岩、泥质砂岩、板岩等,经过专门设备碾压可以达到不透水料要求。这类碎(砾)石类土有以下特性:经过碾压、级配变细形成新的土体物理力学性质;击实试验要用野外碾压试验修正;压缩性低、抗剪强度高;抗拉强度较低;塑性差,适应变形能力较差,容易产生裂缝,设计上要采取相应措施。

3. *砂及砂砾石*

砂及砂砾石主要用作反滤层、过渡层、垫层、混凝土骨料。

1) 砂砾料级配特性

砂砾石有连续级配和间断级配两种。连续级配的砂砾石,不均匀系数(C_u)较大,可能达到 100~200 以上,与砾石含量有关;当 $P_5<25\%$ 左右时,砾石含量对砂砾石料的不均匀系数几乎无影响;当 $P_5>30\%$ 时,不均匀系数随砾石含量成比例增大。砂砾石的不均匀系数大小一方面反映其渗透破坏形式,另一方面在一定程度上反映压实的难易,通常认为 $C_u<25$ 是较容易压实的。

间断级配即所谓的缺乏中间粒径的砂砾石,大都缺少 1~5 mm 的砂粒或细砾,级配曲线显示“双峰土”,破坏比降一般很小。

砂砾石的含泥量(粒径<0.1 mm 含量)对其工程性质有明显影响,不同用途的砂砾料,其级配等质量有不同的要求。

2) 砂砾石的压实特性

砂砾石需在一定静力下用振动法压实,以获取最大干密度。砂砾石压实干密度随砾石含量 P_5 而改变,达到最大干密度的砾石含量为 60%~75%。达到最大干密度时的砾石含量用 P_5^m 表示。在确定砂砾石的压实标准即确定设计干密度时,必须考虑最大粒径。

3) 砂砾石的渗透稳定性

试验结果表明,当 $P_5=P_5^m$ 时,砂砾石的临界比降最大;但当 $P_5>P_5^m$ 时,砂砾石的临界比降急剧减小。由此可见,砂砾石的渗透稳定性取决于细料的填充程度。砂砾料的渗透系数与破坏比降有一定关系,当渗透系数接近 10^{-1} cm/s 时破坏比降仅为 0.1 左右。砂砾料的相对密度对渗透系数影响并不大,而对破坏比降有明显影响。砂砾石的渗透破坏形式可根据不均匀系数、级配连续性等确定。

4) 含泥量对砂砾料性质的影响

含泥量(指粒径<0.1 mm 含量)对连续级配砂砾石的工程性质有很大影响。一般认为当砾石含量小于 50%~60%,如含泥量为 5%~15%,渗透系数为 10^{-4}~10^{-3} cm/s;如含泥量小于 5 %,渗透系数大于 10^{-2} cm/s。当含泥量超过 12%时抗剪强度急剧下降。含泥量在 6%~8%时浸水下沉变形量比含泥量为 11%~16%时成倍地减小。含泥量在 5% 以内,对压实密度影响较小,含泥量大于 10%时有严重影响。

5) 砂砾石的强度特性

砂砾石的抗剪强度与砾石含量 P_5 关系甚为密切。当 $P_5 \leqslant P_5^m$ 时,抗剪强度随 P_5 的增大而增加；当 $P_5=P_5^m$ 时，φ 值达到最大值。砂、砂砾石的压实程度对抗剪强度的影响较大，有些工程砂砾石相对密度达到 0.75 左右、平均含泥量小于 5 % 左右时，砂砾料内摩擦角达 35°~40°。砂砾石处于水下饱和状态时，内摩擦角比水上时低 1°~2°。

6）砂砾石的变形性质

在所有的筑堤材料中，压实很好的砂砾石变形很小，几乎没有浸水变形。

7）砂砾石的动力特性

饱和砂砾石受到地震作用时产生压密变形，体积收缩，颗粒重新排列，因而产生振动孔隙水压力，甚至发生液化。振动孔隙水压力的大小（或振动液化度大小）与其级配、动力加速度大小、振动频率、作用历时、相对密度、上覆盖重等因素有关。试验结果表明，当砾石含量超过 60%~70%时，震动液化度几乎为 0；当相对密度 $D_r=0.70\sim0.80$、$P_5>40\%$ 时，液化度接近 10%~20%，即振动时孔隙水压力已很小，所以提高砂砾料的压实标准对堤坝工程抗震具有重要意义。

1.1.5 堤身堆积体的特征

堤防按堤身堆积土体的物质组成分为土堤、砌石堤、土石混合堤、钢筋混凝土和圬工防洪墙等，其中大量而广泛的是土堤。土堤可以就地取材，施工容易、投资较少，但堤线很长，土料成分复杂，筑堤质量不易掌握。由于堤防千百年来经过多次维修、改扩建、决口复提等，堤身堆积物质组成十分复杂，既有黏性土，也有砂性土，即使在同一堤身断面上，不同时期加高培厚的用土也可能不一样。

堤身填土的结构对土的整体稳定或渗流状态起控制作用。易于引起堤身隐患的不良结构主要有以下几种：

（1）土质不均匀、土质差，局部填土疏松。填土中夹杂粉细砂、杂填土、粉煤灰、煤矸石等不稳定不均匀物质；填土压实质量差，存在松软部位。

（2）裂缝。主要裂缝有堤身土不均匀沉降产生的裂缝和内部裂缝；不同时期填土时清基面；填土与其他结构物间接触面处理不好产生的接触缝；高塑性黏土裂缝等。

（3）强透水夹层。包括堤身中分布的呈夹层、透镜体、“鸡窝状”透水性强的砂性土和加高培厚时没有清基或清基不彻底形成的不良层面。

（4）各洞穴、通道。生物、人类活动造成的各种孔洞和通道。由于堤身土料本身的不均匀性，各种结构面的结构体的复杂组合，致使堤身各种隐患随机发生，而且分布无规律。

1.1.6 堤防填筑土体质量评定

1.1.6.1 堤防填筑土体质量分类要素

堤防填筑土体质量分类要素为堤基土体工程性质、筑堤土料工程性质和堤防工程土体填筑质量等因素。

1. 堤基土体工程性质

不良堤基，如松软淤泥土、沙土、盐渍土及未经夯实的杂填土等，往往会引发堤防工程沉陷、岸坡塌滑、渗透变形、地震液化等工程问题，因此在对堤防工程质量分类中，应首先分析研究堤基土体的工程特性，判断其可能存在的工程地质问题及其对堤防工程稳定性的影响。

2. 筑堤土料工程性质

筑堤土料是构成堤防工程的材料，其工程性质的优劣直接影响堤防工程填筑施工的难易和堤防工程的质量，亦是导致堤防工程质量隐患的重要原因。比如：运用淤泥质软土或黏土筑堤时，筑堤施工时含水率不易控制，一旦控制不好，要么呈现干裂或沉陷，要么不易压实，堤身土体异常松散，形成大空隙，遇水产生沉陷或流土、塌滑等破坏。如果用粉细砂填筑，堤身土体则易引发渗透变形、散浸或崩塌等破坏问题。所以，确保筑堤土料质量，是保证堤防工程质量的重要前提。

3. 堤防工程土体填筑质量

堤防工程土体填筑质量是控制堤防工程质量的关键。即当堤基土体没有大的工程地质问题、上堤土料满足规范技术要求时，堤防工程土体填筑质量就成为堤防工程是否存在隐患的关键因素。

我们知道，土体的组成为三相体——土颗粒、空气和水，土粒间的空隙中充满着空气和水，细小的土颗粒带有静电，水分子为偶极体，所以土颗粒周围吸附着数层水分子，形成水化膜（故称薄膜水或结合水）。由于颗粒表面向远离颗粒表面方向，土颗粒与水分子间的引力逐渐变弱，逐渐过渡为毛细水和重力水（自由水）。当土体结构密实，单个空隙很小时，两土颗粒间形成公共水化膜，土颗粒间充填的为结合水，两土粒为分子联结。水化膜的力学强度高，所以土体的力学强度比高土颗粒间形成的水化膜力学强度高（结合水抗剪强度），此时重力水要通过土粒间的空隙，就必须遵循运动规律：

$$v = K(I - I_0) \tag{1-2}$$

式中：v 为流速；K 为渗透系数；I 为水力坡度；I_0 为起始水力坡度（结合水抗剪强度）。

对于同一类土而言，土体结构密实时，空隙少，单个空隙小，土颗粒形成以结合水为主的分子联结，土体力学强度高，土体具有的起始水力坡度（I_0）大，当 $I=I_0$ 时，$v=0$，水在土体空隙中不会产生流动，但在重力水的作用下，于土体表部形成很薄的含水带和毛细水带，此时土体内部和背水坡土体均呈干燥状态，即呈现出黏性土隔水性和土体力学强度较高的工程特性。反之，土体结构疏松，土体空隙多，单个空隙大，在重力水作用下，空隙中充填着毛细水乃至重力水，土颗粒间形成水联结，土体起始水力坡度（I_0）很小，土体内形成较厚的含水带和毛细水带。土体的力学强度亦大大降低，甚至失去其设计工程特性，造成事故。

综上所述，在水与土颗粒相互作用中，土体空隙多少和空隙大小，是决定水在土体中的存在形式、运动规律和土体力学强度的主要因素。对于堤身土体而言，选用土体密度作为设计质量参数、土体填筑质量控制指标或已建堤防工程体质量检测标准是科学的，同时亦具有较好的可操作性，简便易行。

对于采用粗粒土砂砾石填筑的工程，如果所采用的砂砾石级配良好，在同样压实功能下，粗砾形成骨架，细砾填充空隙，土体不易形成架空，土体密实度大，力学强度高，抗剪强度亦高，水在粗粒土体中的运动遵守的运动规律为

$$v = KI^{1/m} \tag{1-3}$$

式中：m 为渗流指数，取 1~2；其他符号意义同前。

此时的 m 值接近 2，土体透水性相对较弱；反之，砂砾石级配不良，填筑土体易产生架空，空隙大，土体疏松，力学强度低，抗震强度亦低，水在其土体中运动虽亦遵守 $v=KI^{1/m}$ 运动规律，但 m 值接近 1 或等于 1，土体透水性相对较强。在砂砾石料级配相同的情况下，填筑土体密度或相对密度的大小，取决于压实功能的大小。压实功能大，填筑土体密度大，土体工程特性较好；压实功能小，填筑土体密度就小，土体的工程特性差。

1.1.6.2　堤身工程质量分类建议标准

已建堤防工程土体填筑质量分类，目前国家或行业尚无统一的标准，可借鉴海河流域平原区堤防工程土体质量分类建议标准，以宏观了解堤防工程质量现状，安排堤防工程加固，保障防洪防汛安全等(见表 1-8)。

表 1-8　已建堤防工程质量分类建议标准一览

堤防级别	堤防分级	堤基物质构成	填筑料	填筑质量		堤身土物探参数	
				设计标准	控制标准	地震波速度/(m/s)	试件声波速度/(m/s)
				黏性土压实度/无黏性土相对密度	85%试样黏性土压实度/无黏性土相对密度		
一级堤防	I_1	黏性土、粉土	黏性土、粉土	≥0.94	≥0.94	320~360	500~700
	I_2	黏性土、粉土	黏性土、粉土	≥0.94	≥0.92	280~320	400~500
			无黏性土	(8度)≥0.75	(8度)≥0.75		
				(7度)≥0.70	(7度)≥0.70		
				(6度)≥0.65	(6度)≥0.65		
		不良堤基	黏性土、粉土	≥0.94	<0.94	320~360	300~400
	I_3	黏性土、粉土	黏性土、粉土	≥0.94	<0.92	240~280	300~400
			无黏性土	(8度)≥0.75	(8度)<0.75		
				(7度)≥0.70	(7度)<0.70		
				(6度)≥0.65	(6度)<0.65		
		不良堤基	黏性土、粉土	≥0.92	<0.92	280~320	400~500
			无黏性土	(8度)≥0.75	(8度)<0.75		
				(7度)≥0.70	(7度)<0.70		
				(6度)≥0.65	(6度)<0.65		

续表 1-8

<table>
<tr><th rowspan="3">堤防级别</th><th rowspan="3">堤防分级</th><th rowspan="3">堤基物质构成</th><th rowspan="3">填筑料</th><th colspan="2">填筑质量</th><th colspan="2">堤身土物探参数</th></tr>
<tr><th>设计标准</th><th>控制标准</th><th rowspan="2">地震波速度/(m/s)</th><th rowspan="2">试件声波速度/(m/s)</th></tr>
<tr><th>黏性土压实度/无黏性土相对密度</th><th>85%试样黏性土压实度/无黏性土相对密度</th></tr>
<tr><td rowspan="14">二级堤防</td><td>Ⅱ$_1$</td><td>黏性土、粉土</td><td>黏性土、粉土</td><td>≥0.92</td><td>≥0.92</td><td>280~320</td><td>400~500</td></tr>
<tr><td rowspan="5">Ⅱ$_2$</td><td rowspan="4">黏性土、粉土</td><td>黏性土、粉土</td><td>≥0.92</td><td>≥0.90</td><td>240~280</td><td>300~400</td></tr>
<tr><td rowspan="3">无黏性土</td><td>(8度)≥0.75</td><td>(8度)≥0.75</td><td></td><td></td></tr>
<tr><td>(7度)≥0.70</td><td>(7度)≥0.70</td><td></td><td></td></tr>
<tr><td>(6度)≥0.65</td><td>(6度)≥0.65</td><td></td><td></td></tr>
<tr><td>不良堤基</td><td>黏性土、粉土</td><td>≥0.92</td><td><0.90</td><td>280~320</td><td>400~500</td></tr>
<tr><td rowspan="8">Ⅱ$_3$</td><td rowspan="4">黏性土、粉土</td><td>黏性土、粉土</td><td>≥0.92</td><td><0.90</td><td>200~240</td><td>250~300</td></tr>
<tr><td rowspan="3">无黏性土</td><td>(8度)≥0.75</td><td>(8度)<0.75</td><td></td><td></td></tr>
<tr><td>(7度)≥0.70</td><td>(7度)<0.70</td><td></td><td></td></tr>
<tr><td>(6度)≥0.65</td><td>(6度)<0.65</td><td></td><td></td></tr>
<tr><td rowspan="4">不良堤基</td><td>黏性土、粉土</td><td>≥0.92</td><td><0.90</td><td>280~320</td><td>400~500</td></tr>
<tr><td rowspan="3">无黏性土</td><td>(8度)≥0.75</td><td>(8度)<0.75</td><td></td><td></td></tr>
<tr><td>(7度)≥0.70</td><td>(7度)<0.70</td><td></td><td></td></tr>
<tr><td>(6度)≥0.65</td><td>(6度)<0.65</td><td></td><td></td></tr>
</table>

注:1. 不良堤基指淤泥质土、砂土、盐渍土以及未经夯实的人工填土等;

2. 有可能发生地震液化、渗透变形、沉降变形、散浸或塌岸等破坏的堤段,均属有工程隐患;

3. 表中物探参数是指地下水位以上数值。

说明如下:

(1)本标准仅对一、二级堤防工程质量按三类进行分类。如Ⅰ$_1$表示一级堤防一类、Ⅱ$_2$表示二级堤防二类;Ⅰ$_1$、Ⅱ$_1$类堤防工程现有断面能满足岸坡稳定、渗透变形、沉降变形和抗滑稳定的技术要求,不需加固或防渗处理。Ⅰ$_2$、Ⅱ$_2$类堤防工程则局部堤段需做加固或防渗处理;如果不合格的试验点的空间分布比较分散或合格的试验点所占百分数接近合格率的堤段,亦可不做处理。Ⅰ$_3$、Ⅱ$_3$类堤防工程则需要进行加固或防渗处理。

（2）鉴于堤防工程为线形已建挡水建筑物，堤身土体颗粒组成复杂，故堤身土体质量分类以相应土的压实度和砂砾石的相对密度为控制性指标；堤身土体的抗剪强度、压缩性、渗透性、堤内外微地貌和物探物性指标等作为分类的参考标准。

（3）堤身土体质量，85%试样的压实度和相对密度应满足相应等级堤防工程要求堤身土体的压实度和相对密度；15%试样的压实度或相对密度可降低一级要求，但不能有集中或连续分布的现象。

（4）粉细砂不能作为筑堤材料，所以按正常设计断面为粉细砂的堤段，均划归为三类堤。

（5）堤基亦按三类划分，依据堤基土体颗粒组成、土层结构、土体物理力学性状等划分堤基土体类别；对于砂和粉细砂层，且在堤内、外临空，均划为三类堤基；近海地带的淤泥、淤泥质软土等压缩性高、沉降量大、土体强度低，只要原设计已考虑了上述软土工程特性，可不划归为3类堤基。

1.1.6.3　堤身土体质量分类标准的应用

为了运行管理和防洪工作的方便，对堤身土体质量进行分类，对堤身土体质量给以宏观的分段，以供防洪规划、堤防工程加固等决策参考。

我国大部分堤防是由人工就地取土填筑的，一般都没有经过正规施工机械碾压，仅少数堤段施工时用履带拖拉机稍微碾压。由于各流域情况不同，有的堤防已多年没有挡过水，即没有经过洪水考验，因此多年来有关部门虽对堤身土体屡加修整、加固，但其效果不明显。对于这样一个挡水的线形土体工程质量如何进行评价，确实难度很大，仅影响其质量的因素很多，当其挡水运行时，使其破坏的不确定因素亦很多。上述分类仅从水、土相互作用下的土体工程特性及土体质量对堤防工程的有效性，把干密度和相对密度作为控制堤身土体工程质量的主要指标，而没有考虑后期加固和各种地质工程措施。因此，在应用该分类标准时，应注意下列问题或条件：

（1）在堤身土体质量分类中，采用黏性土干密度和砂土的相对密度为主要分类指标。

对于黏土而言，土体干密度是控制土体压缩性、抗剪强度、抗渗强度等物理力学特性的关键。因此，同一类土，土体干密度大，土体密实，空隙小而少，土体空隙内以充填结合水为主，土体压缩性低、抗剪和抗渗强度高。反之，土体空隙内以充填重力水（自由水）为主，则土体压缩性高、抗剪和抗渗强度低。但是，对于同一类土，土体干密度多大时土体空隙内以结合水为主，干密度多大时空隙内以毛细水为主，干密度多大时空隙内则以重力水为主，亦即干密度与土体空隙内水的存在形式之间的关系，或土体干密度小到多少时，土体就失去其工程特性，这确实是有待进一步研究的问题。

（2）堤身土体质量分类目前仅考虑了堤内外微地貌形态及其对堤防工程稳定性的影响，而没有考虑堤身土体断面的大小。因为，堤身土体填筑质量虽稍差，但其堤身土体断面较大，对于临时挡水建筑物而言，挡隔几小时洪水，可能不会有太大的问题。因此，在应用该分类标准时，应对现有的堤身土体断面的渗透稳定、抗滑稳定及岸边稳定等进行复核。

（3）该堤身土体质量分类，没有考虑部分堤段后期已加浆砌石或干砌石护坡和前戗台或后戗台等加固措施，以及局部堤段已经进行灌浆处理等，这些加固措施对上述分类有多大影响,这里没有进行研究。应用此分类标准时,应予以注意。

(4)对于少黏性土填筑的局部堤段,饱水时遇有7级地震为液化材料,在分类中没有定量考虑。少黏性土堤段的震动液化问题是否需要考虑,这也是应该注意的问题。

(5)在分类中,没有考虑穿堤建筑物对局部堤段堤身土体质量的影响,对于穿堤建筑物与堤身土体接触带的加固处理是必要的,应予以重视。

1.1.6.4　堤身土体质量检查方法

作为"地质体"的土体,是在地质历史时期或近代,在内、外营力作用下形成的土体。其工程特性受成因类型、矿物组成、颗粒组成、土体结构、含水状态和固结作用等诸多因素的控制,有较强的规律性。因此,现行的相对较系统、完整的勘察手段和方法,即地质测绘、钻探、物探、坑探、试验和观测等相结合的方法,对于研究地质历史时期形成的土体是有效的和可行的,可以获取反映土体工程特性的资料。而堤身土体是线形的"工程体",由人工填筑而成。其质量优劣受填筑土料质量、设计标准、施工方法等诸因素的控制和影响。因此,堤身土体质量具有极大的随机性。在冲积平原(古河道与河间地块相间分布地段)区堤身土体填筑质量变化更大,堤身土体每一点的质量都不尽相同,点与点或点与面间质量没有较好的理论联系,故不宜用地质理论推测点与点或点与面间的质量关系。那么,堤身土体质量检查采用什么手段和方法呢?这是地质工程师遇到的新的问题。由于现阶段尚没有形成统一的、行之有效的检查评价方法,实际工作中使用的方法五花八门,有的仅用有无动物洞穴和裂缝来评价堤身土体质量;有的采用钻探和孔内标准贯入试验资料,来评价堤身土体质量;有的则采用钻探和部分土样品常规的物理力学参数,来评价堤身土体质量,等等。应该说以上这些都是仅根据某一方面资料评价堤身土体质量,尚未抓住土体工程特性的本质,且具有极大的偶然性或随机性,其评价结果不能全面地反映堤身土体质量。

根据海河流域堤防工程堤身土体质量检查经验,认为评价程序采用与堤防工程建设程序相逆的思路,设计和确定勘察程序、手段和内容,即了解堤防工程环境→了解施工工艺和质量检测成果→了解原设计标准和设计依据→了解原勘察成果和结论→堤身土体填筑质量→堤身土体质量指标与现行堤防工程有关的规程规范规定技术标准的一致性。根据这样的思路,采用的手段和方法如下。

(1)地质调查:地质调查的内容与通常调查的内容和侧重有较大的不同,在此着重了解堤防工程地段的地形地貌(主要是了解微地貌)及环境、堤防工程运行中出现的问题及处理措施、堤防工程运行后的加固情况、原施工工艺和设计标准等。

(2)钻探:基本与水利水电工程钻探规程的技术要求和内容一致;根据实际情况,个别堤段会有特殊的地质要求,如配合剪切波测试等。

(3)土工试验:试验方法与《土工试验方法标准》(GB/T 50123—2019)相同;试验项目,除研究堤身土体工程特性外,还要兼顾土料试验的部分项目。

(4)物探:采用地质雷达、高密度电法、地震探测、微动等方法,但要求物探必须与土工试验相结合,把土工试验成果转换成物探参数,再根据物探成果把钻探资料点与点、点与面连接起来。其中心意思是以物探方法代替地质理论的推测。此方法简便、省时、节约投资,且行之有效。

1.2 堤防工程地质问题

1.2.1 堤防主要工程地质问题概述

本书所讲的堤防工程地质问题主要针对堤基及堤身的工程地质问题,而不涉及大堤隐患及老口门堤基问题。根据《黄河堤防》,大堤隐患及老口门堤基问题主要指埋藏于堤身及堤基内的动物洞穴、人类活动遗迹、腐朽树洞、洞、决口的老口门及堤身裂缝(由新老堤身交接、口门堆积杂料引起)。

堤基及堤身的工程地质问题,《黄河堤防》认为主要包括渗透稳定问题、堤坡变形及滑动问题、堤基土的震动液化问题、不均匀沉陷问题;《长江中下游堤防工程地质研究》认为主要包括渗漏与渗透变形问题、岸坡稳定问题、软土引起的不均匀变形及抗滑稳定问题,另有偶然发生的、很少发生的和极少发生的三类问题,主要包括饱和砂土震动液化问题、特殊土(除软土)问题、岩溶地面塌陷问题、环境地质问题、地下有害气体问题;《堤防工程地质勘察规程》(SL 188—2005)指出主要包括渗漏与渗透稳定问题、抗滑稳定问题、强震区饱和砂土的地质液化及软土震陷问题、沉降变形问题。本书结合珠江流域堤防的主要工程地质问题特点,提出堤防的工程地质问题类型主要有抗渗稳定问题、抗冲稳定(堤岸坡稳定)问题、抗滑稳定问题、地震液化问题。

1.2.2 抗渗稳定问题

堤防的抗渗稳定问题一般涉及堤身、堤基(堤岸)等,堤身大多用土料填筑而成,堤基(堤岸)多为第四纪松散土层。土体具有一定程度的透水性,堤防挡水时在持续高水位作用下,由于填筑土料不达标或质量不均一,堤基分布有砂性土层等,往往造成堤内坡和堤基不断有水渗出的现象,称为渗水或渗漏。如果外河水位不断上升,大堤内、外形成了较大的水位差,从而促使堤基的渗透压力增大,当渗透比降超过土体的抗渗强度时,在渗流的作用下,堤基、堤身土体中的一些颗粒甚至整体发生移动,导致其组成和结构发生变形和破坏的作用或现象,即称为渗漏及渗透稳定问题。

堤防发生渗漏与渗透稳定问题时,土体往往发生了移动破坏,由于土体颗粒级配和土体结构的不同,存在流土、管涌、接触冲刷、接触流失四种破坏形式。

流土:在上升的渗流作用下局部土体表面的隆起、顶穿,或者粗细颗粒群同时浮动而流失称为流土。前者多发生在表层为黏性土与其他细粒土组成的土体或较均匀的粉细砂层中,后者多发生在不均匀的砂土层中。

管涌:土体中的细颗粒在渗流作用下,由骨架孔隙通道流失称为管涌,主要发生在砂砾石地基中。

接触冲刷:当渗流沿着两种渗透系数不同的土层接触面,或建筑物与地基的接触面流动时,沿接触面带走细颗粒称为接触冲刷。

接触流失:在层次分明、渗透系数悬殊的两土层中,当渗流垂直于层面将渗透系数小的一层中的细颗粒带到渗透系数大的一层中的现象称为接触流失。

在渗漏与渗透变形问题中,除了需划分渗透变形类别,还需计算临界水力比降和允许水力比降,均需要土的颗粒分析。需要强调的是对水利水电工程传统定名为“壤土”的土层,可能涵盖了粉质黏土和粉土,需要用颗粒分析资料才能进一步鉴定。粉土可以通过计算获得临界水力比降并据此获取允许渗透坡降,粉质黏土计算获得的临界水力比降明显偏小。

1.2.3 抗冲稳定问题

抗冲稳定问题主要涉及岸坡及堤基受水流冲刷后发生坍岸、崩塌、倾倒、滑坡等破坏的问题,《堤防工程地质勘察与评价》提出影响堤基与岸坡抗冲稳定的因素主要有内在因素和外部因素,内在因素如岩土类型和性质、地质结构、地下水的作用等;外部因素如岸坡形态、水流条件、气候条件及施工因素等。本书重点研究堤基与岸坡的岩土类型及性质、地质结构、现状岸坡形态对抗冲稳定问题的影响,并提出今后研究的方向是上游水流条件、岸坡形态随时间发生变化后堤防抗冲稳定性的变化。

1.2.3.1 岩土类型和性状

涉及抗冲稳定问题的岩土主要指弱抗冲性的土体,如粉土、粉细砂及不良土质如软土、膨胀土等,其允许抗冲流速一般小于 0.5 m/s,可合称为弱抗冲层。当弱抗冲层分布在堤外滩岸及堤岸中时,受水流冲刷后坍岸严重,这时堤防的抗冲稳定问题突出,甚至可能危及临岸堤基稳定。

研究弱抗冲层的性状主要针对堤外(尤其是河床)土层安排颗粒分析,为设计计算冲刷深度提供中值粒径 d_{50} 或细颗粒区分粒径 d。弱抗冲层中粉土或粉细砂层在河岸冲积层中上部普遍存在,软土层在三角洲地区普遍存在,当弱抗冲层分布在冲刷岸时,则必然发生严重的坍岸情况;当处于淤积岸,则抗冲问题不明显,岸坡现状稳定。如粉土、粉细砂组成的岸坡以坍岸破坏为主;黏土与粉细砂组成的岸坡以崩塌或倾倒为主;黏性土、淤泥质土组成的岸坡以滑坡为主。

研究弱抗冲层主要从颗分、抗剪强度两方面分析:①主要针对堤外(尤其是河床)土层安排颗粒分析,为设计计算冲刷深度提供中值粒径 d_{50} 或细颗粒区分粒径 d,一般来说,不同物质的抗冲能力不一样,粒径在 0.05~0.5 mm 的细砂最容易被侵蚀,随粒径的增大(中、粗砂、卵石)或减小(粉质黏土、黏土),抗冲能力都增大。②研究软土、粉土、粉细砂各类土的内摩擦角和黏聚力的大小与岸坡抗冲稳定性的关联性。

1.2.3.2 地质结构

主要针对不同岩性组合形成的地质体构成具有不同的抗冲稳定性,如均一黏性土岸坡抗冲稳定性较好,而均一的砂性土岸坡则抗冲稳定性差,对于双层或多层结构岸坡,其抗冲稳定性除受各土层的厚度影响外,层面的倾向、倾角也影响较大。

1.2.3.3 岸坡形态及水流条件

岸坡的坡度愈陡,稳定性愈差;各土层的层面倾向和边坡倾向一致,倾角小于坡角,易产生顺层滑动。一般来说,坡度小于 15°的顺直岸坡抗冲稳定性较好,而弯曲且坡度为 15°~25°的岸坡抗冲稳定性较差,坡度大于 25°的岸坡抗冲稳定性差。

迎流顶冲的堤岸,在地表水和波浪的作用下,常造成岸坡或坡脚冲刷、淘蚀,影响岸坡抗冲稳定。

1.2.4　抗滑稳定问题

抗滑稳定问题主要涉及堤身抗滑稳定、堤基抗滑稳定。堤身抗滑稳定主要取决于堤身结构及填筑土的质量。首先,堤基抗滑稳定主要取决于堤基的土质及弱抗冲层组合结构,当堤基遇到不良土质和具有不利结构的不良土体时,抗滑稳定问题突出;其次,不利环境也是导致堤基失稳的重要因素,尤其是对堤基的动态稳定有重大影响。从影响堤基稳定的角度可以将堤基分为均质和非均质两大类,具体分类见表 1-9。前者以土质控制堤基稳定,后者以土体结构控制堤基稳定。因此,对堤基抗滑稳定问题主要因素是不良土质及不良土体。

堤防工程中的不良土质包括软土、砂土、盐渍土、膨胀土及人工填土,对堤防抗滑稳定影响突出的主要是软土,其次是膨胀土。

堤防工程中的不良土体是指具有不利结构的土体,对堤基抗滑稳定不利的结构主要是土体中具有不利产状的软弱夹层、弱抗冲层及硬卧(阻水)层。

表 1-9　堤基结构分类

分类	亚类	堤基类型	堤基稳定问题
均质堤基	一般土质	一般均质	一般不存在
	不良土质	软土	施工期稳定
		膨胀土	长期稳定
非均质堤基	一般土体	一般非均质	一般不存在
	不良土体	具软弱夹层	夹层控制堤基稳定
		具弱抗冲层	冲刷危及堤基稳定
		具硬卧(阻水)层	阻水顶板控制堤基稳定

1.2.5　地震液化问题

主要针对Ⅶ度及以上地区的堤防,当堤基存在饱和砂土时在地震作用下可能发生地震液化。其主要作用机制为:饱和砂土在地震作用下,孔隙水压力上升来不及消散,土中的有效应力减小乃至于完全丧失时,砂粒悬浮于水中,以致抗剪强度和承载力完全丧失,而出现砂土液化。地震导致的液化是区域性的,对建筑物的破坏较为严重。地震液化对堤防工程的危害主要表现为堤基失效,破坏形式主要是因大量的喷砂冒水,引起地下淘空而导致地面塌陷、堤身严重滑塌等。

因此,当堤防位于高烈度地震区,且堤基浅部分布有饱水的壤土、粉细砂层时,应研究其液化的可能性,判定其可液化程度,并提出相应的工程处理措施和建议。

地震液化的影响因素主要有砂土性质、埋藏条件、地震强度及历时。

1.2.5.1　砂土性质

砂土性质包括颗粒特征、密度、状态及渗透性等。大量的研究结果证明,颗粒愈细,不均匀系数越小,砂土愈容易液化,圆形颗粒的砂比棱角形砂容易液化,细砂较粗砂容易液化。最容易发生液化的砂层,其中值粒径 d_{50} 为 0.02~0.10 mm,不均匀系数 C_u 为 2~8,黏粒含量小于 20%。这是因为粉细砂颗粒细小而均匀,透水性较小,水不易立刻排出,在振动作用下容易形成较高的附加孔隙水压力。其次,疏松的砂较密实的砂易液化,即砂的相对密度越高,液化的可能性越小,正常压密砂土比超压密砂土易液化;渗透性小的比渗透性大的砂土易液化;新砂层比老砂层易液化。

1.2.5.2　埋藏条件

砂层本身及其上覆非液化的黏性土层的厚度以及地下水埋深,决定了附加孔隙水压力和有效覆盖压力的大小。饱和砂层愈厚,振动变密时产生的附加孔隙水压力愈大,特别当砂层较疏松时,愈容易液化。从埋藏条件看,砂土埋藏愈深,地下水埋深愈大,愈不易液化,这是因为上覆非液化的黏性土盖层形成的自重压力和侧压力抑制了孔隙水压力的上升。此外,如果饱和砂层不厚并与黏性土层相间分布,可有效减轻液化震害甚至很少液化。一般规范中确定砂土液化的深度为 15 m,而饱和砂层埋深在 20 m 以下则难以液化。

1.2.5.3　地震强度及历时

在一定的条件下,地震强度愈大,历时愈长,砂土愈容易液化,而且波及范围愈广,破坏也愈严重。如 1975 年辽宁省海城里氏 7.3 级地震时,Ⅵ度区出现液化现象很少,Ⅶ度区水工建筑物震害率达 90% ,Ⅷ度区为 100%。1976 年唐山里氏 7.8 级大地震时,因振动持续时间长,即使在Ⅵ度区也出现了大面积液化。

1.3　堤基地质结构

任何工程建筑都离不开它所依托的地质体,堤防工程建筑也不例外。堤防工程设计的一个重要内容就是根据堤防工程堤基地质结构因地制宜地选择堤防工程的基础形式及埋置深度。相应地,堤防堤基地质结构类型不同,其水文、工程地质条件和存在的工程地质问题也有所不同,因此只有查明堤基地质结构类型,才能从本质上把握堤基岩土性状、组合特点、水文地质条件等各要素的地位和作用,并依据工程性状,合理划分堤基地质结构类型,对所暴露出的工程地质问题进行分析评价,从而提出合理的治理措施和方案。

堤基地质结构也称为堤基地层结构,各类堤防地基的地质条件由于沉积环境、所处地貌单元不同,堤基地质结构千差万别,且绝大多数情况下以第四纪各种成因类型松散层为主,其土的类型、性状、分布规律、厚度、成层性、透镜体、夹层、渗透性等在空间上的变化即各向异性十分复杂。

1.3.1　按工程地质条件分类

《堤防工程地质勘察规程》(SL 188—2005)中,堤基地质结构宜根据勘探深度范围内岩石、黏性土、粗粒土和特殊性土的分布与组合关系,分为单一结构、双层结构和多层结构。具体详见表 1-10。

表 1-10　堤基地质结构分类

类	地质结构特征	亚类	结构特征	堤基工程地质条件分类
单一结构（Ⅰ）	堤基由一类土体或岩体组成	黏性土单一结构I_1	抗渗条件好，堤岸耐冲、稳定	A 类或 B 类
		粗粒土单一结构I_2	抗渗条件差，易崩岸，是汛期的险工险段	C 类或 D 类
		特殊土单一结构I_3	取决于特殊土类型	C 类或 D 类
		岩石单一结构I_4	基本存在工程地质问题	A 类
		…		
双层结构（Ⅱ）	堤基由两类土（岩）组成	上薄黏性土、下粗粒土II_1	堤岸抗冲性及堤基抗渗性能较差，汛期易出险	C 类或 D 类
		上厚黏性土、下粗粒土II_2	在黏性土无破坏条件下抗渗性好	B 类或 C 类
		上粗粒土、下黏性土II_3	抗渗条件差，易崩岸，是汛期的险工险段	C 类或 D 类
		上黏性土、下淤泥质土II_4	抗冲、抗滑稳定性差，若无外滩保护，易产生滑塌	C 类或 D 类
		上黏性土、下岩石II_5	抗渗条件好，堤岸耐冲、稳定	A 类
		…		
多层结构（Ⅲ）	堤基由两类或两类以上的土（岩）组成，呈互层或夹层、透镜体等复杂结构	堤基表层为粗粒土III_1	抗渗条件差，易崩岸，是汛期的险工险段	C 类或 D 类
		堤基表层为薄黏性土III_2	若下部为粗粒土，抗冲性及堤基抗渗性能较差	C 类或 D 类
		堤基表层为厚黏性土III_3	抗渗性好	B 类或 C 类
		堤基表层为淤泥质土III_4	抗冲、抗滑稳定性差，易崩岸	C 类或 D 类
		…		

注：1. 特殊土是指填土、软土、红黏土、湿陷性土等。

2. 厚与薄以黏性土临界厚度为划分依据，临界厚度可取堤防最大挡水高度的 1/2（最高水位高程与堤后地面高程差的 1/2）。

3. 堤基工程地质条件分类。

A 类：不存在抗滑稳定、抗渗稳定、地震液化问题和特殊土引起的问题，已建堤防无历史险情发生，工程地质条件良好，无须采取任何处理措施。

B 类：基本不存在渗漏及渗透稳定问题、地震液化问题和特殊土引起的问题，局部坑（塘）处存在渗透变形问题，已建堤防局部有险情，工程地质条件较好。

C 类和 D 类：至少存在一种主要工程地质问题，历史险情普遍，根据主要工程地质问题的严重程度、历史险情的危害程度分为工程地质条件较差（C 类）和工程地质条件差（D 类）。

需要说明的是,上述堤基地质结构是根据勘探深度范围内揭露的岩土层进行分类的,勘探深度不同,分类的结果可能不同。如堤基下地层结构上部为厚约15 m的黏性土,中部为厚约5 m的砂层,下部为岩石,若勘探深度小于15 m,则堤基地质结构分类为I_2;若勘探深度为15~20 m,则堤基地质结构分类为II_2;若勘探深度大于20 m,则堤基地质结构分类为Ⅲ。显然,纯粹为了分类,意义不大。

《堤防工程地质勘察规程》(SL 188—2005)要求,勘探孔的深度宜为堤身高度的1.5~2.0倍(不包括已建堤防堤顶孔的堤身段),当相对透水层或软土层较厚时,孔深应适当加深并能满足渗流与稳定分析的要求;堤岸钻孔宜深入河床深泓以下5~10 m。因此,堤基地质结构分类中,并不是完全按照勘探孔深度来进行分类,而是根据合理的勘探孔深度进行分类的。

1.3.2 按土层的透水性分类

根据土层的透水性分类见表1-11。

表1-11 按土的透水性分类

分类	土类	透水性及渗透系数	示意图
单透水层结构	砂至砂砾	中等至极强透水,$K=10^{-4}\sim10^{0}$ cm/s	
双透水层结构	砂至砂砾中夹厚度大于2 m的黏性土	砂至砂砾,中等至极强透水,$K=10^{-4}\sim10^{0}$ cm/s;黏性土,微至极微透水,$K\leqslant10^{-5}$ cm/s	
多透水层结构	砂至砂砾与厚度大于2 m的黏性土呈互层、间互层状或呈透镜层状		

1.3.3 按工程地质问题分类

根据工程地质条件及相应的工程地质问题进行划分,如渗透变形问题类,主要出现在单一砂土结构、上砂土下黏性土双层结构和以砂土为主的多层结构或单透水、双透水和多透水层结构;堤基稳定及沉降变形问题类,主要出现在淤泥质土或淤泥堤段;冲刷稳定问题类,主要出现在以砂性土为主,堤外无滩或迎流顶冲堤岸。

第 2 章　堤防工程地质问题的系统分析

2.1　堤防工程地质系统

自然界的一切物质客体都是系统,堤防工程地质工作的对象是自然地质体。这种地质体为堤防工程所依托,二者相结合构成初步的系统,可称之为初步的堤防工程地质系统。地质体作为堤防基础持力层构成堤基,堤防为外在工程条件。

堤防工程地质系统勘察选择系统观,把工程地质系统作为勘察工作的对象,无论是对工程地质勘察理论的完善,还是对指导工程地质勘察实践都具有以下几方面的重要意义。

首先,可以在整合运用已有的工程地质基本理论的基础上,进一步探索系统工程地质勘察原理,完善工程地质勘察理论。如根据地质结构控制论,可以提出工程地质系统功能的结构控制原理。

其次,堤防工程地质系统勘察的首要任务就是为工程地质问题的分析提供堤基地质结构模型,堤基地质结构及组成是地质体承载性能、抗滑性能、渗漏渗透稳定性能、地震液化性能等相关方面的重要依据。运用 SEG(System Engineering Geology,SEG)的动态建模理论,把构建工程地质模型作为系统工程地质勘察的最终目标,把工程地质勘察过程作为一个构建堤防工程地质模型的过程。

最后,勘察工作的对象是工程地质系统,系统方法自然成为分析工程地质问题和获取工程岩土参数的有效方法。

结合系统观,堤防工程地质系统不能脱离周边的环境因素。未建堤防工程之前,考察的是自然地质系统的环境。考虑具体工程之后,考察的是工程地质系统的环境,简称为工程地质环境。如堤防工程地质系统所在的河段岸坡形态(拐弯凹岸、束窄、顺直、江心洲分流等)、冲刷淤积状况及堤后是否存在房屋、管线等市政设施,均可以认为是该工程地质系统的环境。每个具体的堤防工程地质系统都与外部环境存在着联系。外部环境的变化或多或少会影响到工程地质系统,改变工程地质系统与外部环境的联系方式,往往还会改变工程地质系统内部组成元素的联系方式,甚至会改变工程地质系统组成元素本身。环境的变化对地质体系统的动态稳定影响很大,如在软土地区,因岸坡冲刷变化而改变工程地质系统性状的工程事故屡见不鲜。珠江三角洲中顺大围西干堤航标段因岸坡土体冲刷严重,该段堤防工程产生滑动变形严重成为险段。工程地质是为工程服务的,而工程又是人类改造自然的活动,所以工程地质系统的环境还应包含人造环境(建筑物或构筑物)、人为改造甚至破坏过的环境。较之于自然环境因素,有些人为环境因素可能使环境变化更加剧烈,所以环境因素对堤防工程地质系统影响也相当重要。故一个较为完善的堤防工程地质系统应由地质体(堤基)、堤防工程和环境(自然环境和人造环境)三因素构成。在进行堤防工程地质问题分析时,需采用系统方法全面地考虑地质体(条件)、工程条件和环境因素对工程地质系统的影响。

下面通过简图阐明堤防工程地质系统的地质(体)条件、工程条件和环境三因素相互作用、相互影响的关系,见图2-1。从图2-1中可以看出堤防工程和其下地质体(由软土、粉细砂和全风化花岗岩组成的上软下硬的堤基地质结构)构成初步堤防工程地质系统,环境因素为岸坡。修建堤防之前,洪水期河水可以大面积漫流[见图2-1(a)]。修建堤防之后,河道束窄,水流归槽,流速变大,然而软土和粉细砂层属于弱抗冲土体,易被冲刷淘蚀,初始岸坡(缓坡)在水流持续冲刷淘蚀作用下逐渐变陡并在后期演变为深槽迫岸,形成临空面。其变化过程见图2-1(b)、2-1(c)。进而影响并危及堤防工程地质系统的稳定性。在进行堤防工程设计时不仅需要根据堤防高度和荷载的大小考虑软土是否需要进行加固处理的问题以及堤基存在透水砂层所带来的渗透稳定问题,还要考虑环境变化如束窄河道水流速度变化造成河岸冲刷稳定问题。

堤防工程地质勘察在建立地质模型过程中要充分考虑地质体(堤基)、堤防工程和环境三因素,才能使堤防工程地质问题分析更加全面和科学,从而提出合理的治理方案和针对性的措施。

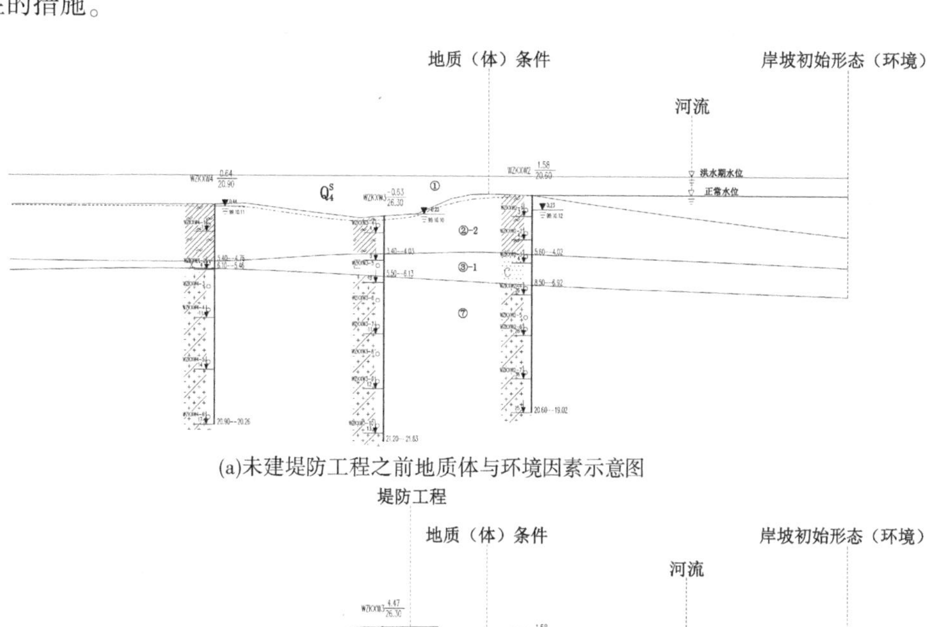

(a)未建堤防工程之前地质体与环境因素示意图

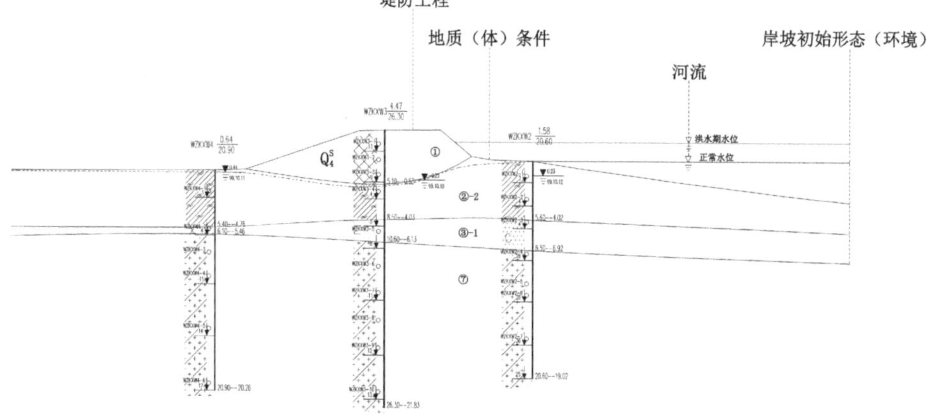

(b)堤防工程地质系统三因素相互影响示意图(岸坡初期)

图2-1　堤防工程地质系统的地质(体)条件、工程条件和环境三因素相互作用、相互影响的关系

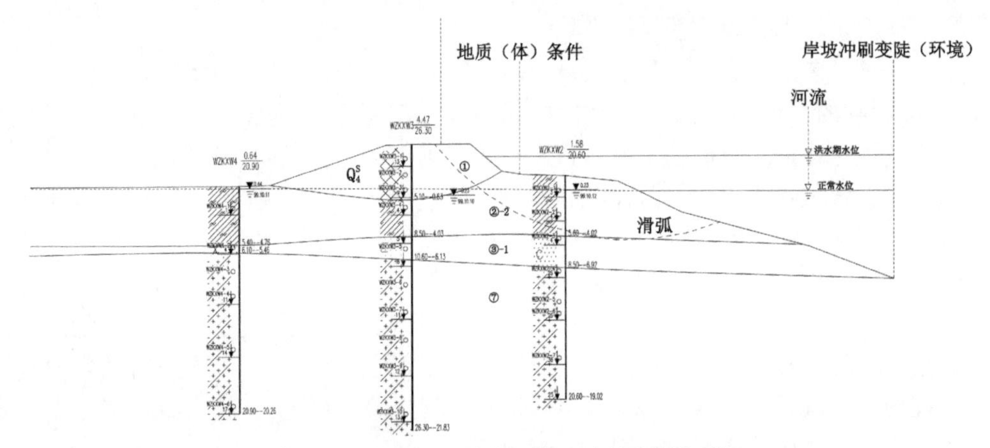

(c)堤防工程地质系统三因素相互影响示意图(岸坡后期)

续图 2-1

2.2　堤防工程地质问题与堤基地质结构

如前文所述，堤防工程依托于堤基，又受环境因素影响。而堤基由各种岩土体组合而成，具有结构性。堤防工程设计的重要内容就是根据堤基地质结构因地制宜地选择堤防工程的基础形式和埋深。不同的地方堤基地质结构类型和存在工程地质问题也有所不同。因此，只有查明堤基地质结构类型，才能从本质上把握堤基岩土体性状、组合特点、水文地质条件等各要素的地位和作用，并依据工程性状合理划分堤基地质结构类型，对所暴露的工程地质问题进行分析评价，并结合环境影响因素提出合理的治理方案和措施。

珠江流域河网纵横，水系发育，河道变化较大，堤基地质结构复杂。但总的特点为西部高原山区堤基地层以黏性土、砂层和基岩为主，中部河流冲洪积盆地、冲洪积平原、东南部珠江三角洲平原地区则以第四系松散土层为主。根据堤基地层结构特点及工程性能、岩性组合、层位埋深等综合分析。

堤防工程地质勘察的目的在于从系统观出发研究工程地质问题，分析其原因、性状、形成和发展过程，找出堤防工程地质问题的控制因素（堤基土层的物理力学性质、土体的结构）和影响因素（环境），预测其未来的发展趋势，并对所存在的工程地质问题进行总结、分类与归纳，为堤防设计提供地质依据。

因此，堤防工程地质勘察所要解决的主要问题是堤防工程地质问题的分析评价和分段归类问题，《堤防工程地质勘察规程》（SL 188—2005）指出该类问题主要包括渗漏与渗透稳定问题、抗滑稳定问题、强震区饱和砂土的地质液化及软土震陷问题、沉降变形问题。本书结合珠江流域堤防的主要工程地质问题特点，从系统观出发，提出堤防的工程地质问题类型主要有渗漏与渗透稳定问题、抗冲稳定（堤岸坡稳定）问题、抗滑稳定问题、地震液化问题。

2.2.1　渗漏、渗透稳定问题与堤基地质结构

渗透稳定及渗漏问题是任何水工挡水建筑物所面临的主要问题之一。渗透稳定问题

直接关系到防洪堤坝的安全,因此渗透稳定及渗漏问题也是堤防工程设计所要考虑的主要问题。

从系统观出发,此类问题主要出现在单一砂层堤基结构(I_3)、上砂层下黏性土层或上薄层黏性土层下砂层双层堤基结构(Ⅱ)和以砂层为主的多层结构(Ⅲ)堤基结构中,见图 2-2。由于堤基中砂层透水性较强,当外江水位增大时(环境因素改变),就会通过堤基透水层产生横向渗流。如果背水侧堤基的渗透比降超过堤基土的临界水力比降,堤基土就会产生渗漏或渗透破坏。渗漏和渗透变形破坏一般为流土、管涌、接触冲刷、接触流失四种破坏形式。

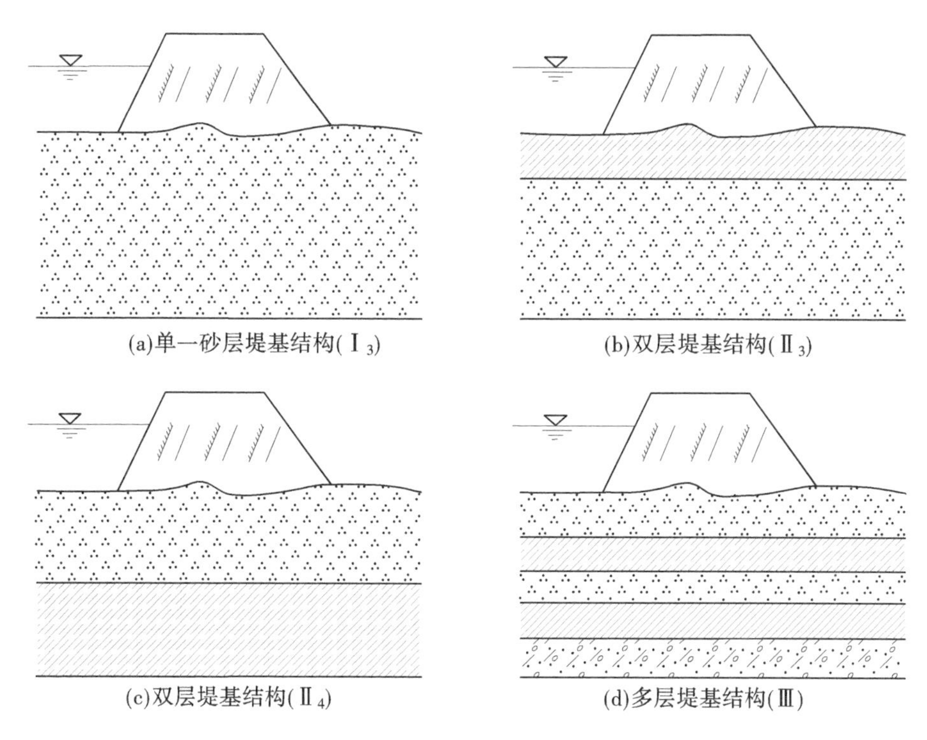

(a)单一砂层堤基结构(I_3)　(b)双层堤基结构(II_3)

(c)双层堤基结构(II_4)　(d)多层堤基结构(Ⅲ)

图 2-2　堤基结构示意图

在渗漏与渗透变形问题中,除了需划分渗透变形类别,还需计算临界水力坡降和允许水力坡降。土体的允许水力坡降与土体的颗粒组成及密实度有关,因此需进行堤基土的允许水力坡降计算,计算可按《水利水电工程地质勘察规范》(GB 50487—2008)附录 G 所介绍的方法进行。

2.2.2　抗冲稳定问题与堤基地质结构

抗冲稳定问题主要涉及堤基受水流冲刷后发生崩塌、倾倒、滑坡等破坏的问题。《堤防工程地质勘察与评价》提出影响堤基抗冲稳定的因素主要有内在因素和外部因素,内在因素如岩土类型和性质、地质结构等,外部因素如岸坡形态、水流条件、气候条件及施工因素等。

本书从系统观出发,重点研究堤基与岸坡的岩土类型及性质、地质结构、现状岸坡形态对抗冲稳定问题的影响,并提出今后研究的方向是上游水流条件、岸坡形态随时间发生变化后堤防抗冲稳定性的变化。

2.2.2.1　岩土类型和性状

涉及抗冲稳定问题主要指弱抗冲性的土体(如粉土、粉细砂)及不良土质(如软土、膨胀土等),其允许抗冲流速一般小于 0.5 m/s,可称之为弱抗冲土层。当弱抗冲土层分布在堤基中时,堤防的抗冲稳定问题突出。

研究弱抗冲层主要从颗粒分析、抗剪强度两方面分析:①针对堤外土层安排颗粒分析,为设计计算冲刷深度提供中值粒径 d_{50} 或细颗粒区分粒径 d。弱抗冲层中粉土或粉细砂层在堤基冲积层中上部普遍存在,软土层在三角洲地区普遍存在,当弱抗冲层分布在冲刷岸时,堤基必然发生严重的破坏情况;当弱抗冲层分布在淤积岸时,则抗冲问题不明显,堤基现状稳定。②研究软土、粉土、粉细砂各类土的内摩擦角和黏聚力的大小与堤基抗冲稳定性的关联性。

2.2.2.2　堤基地质结构

主要针对不同岩性组合形成的地质体构成具有不同的抗冲稳定性,如单一黏性土堤基地质结构(I_2)抗冲稳定性较好,而单一砂性土堤基地质结构(I_3)的抗冲稳定性差。对于双层或多层堤基结构,其抗冲稳定性除受各土层的性状和厚度影响外,层面的倾向、倾角影响也较大(见图 2-3)。

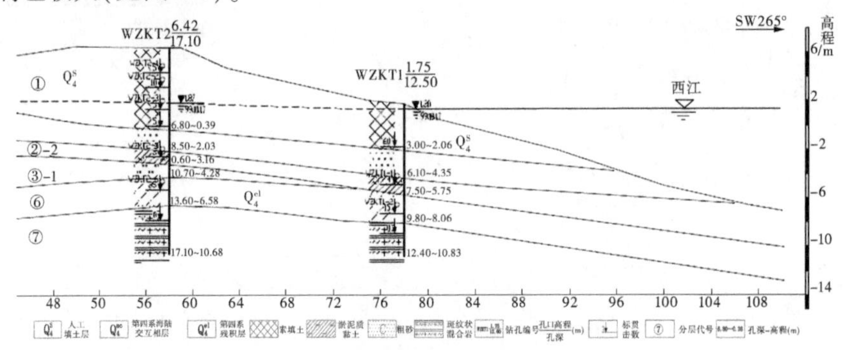

图 2-3　堤基结构示意图

2.2.2.3　岸坡形态及水流条件

岸坡的坡度愈陡,稳定性愈差。各土层的层面倾向和边坡倾向一致,倾角小于坡角,易产生顺层滑动。一般来说,坡度小于 15°的顺直岸坡抗冲稳定性较好,而弯曲且坡度为 15°~25°的岸坡抗冲稳定性较差,坡度大于 25°的岸坡抗冲稳定性差。

迎流顶冲的堤岸,在地表水和波浪的作用下,常造成岸坡或坡脚冲刷、淘蚀,影响岸坡抗冲稳定。

2.2.2.4　上游水流条件改变

为满足生态环境及压咸补淡的需要,大藤峡水利枢纽枯水期加大流量向下游补水,压制珠江口咸潮和珠江三角洲城乡居民生活用水安全保障。这种清水下泄势必造成下游两岸河道侵蚀下切,增大河流对堤基的冲刷,进一步危及堤防的稳定性。

2.2.3　抗滑稳定问题与堤基地质结构

根据一般系统论原理,控制系统功能的三要素是:单元的性质、系统的结构和环境的影响,三者对不同系统功能的控制程度不同;复杂系统的功能更多地受结构控制。对堤基土体系统理论而言,控制堤基稳定的三要素分别是:土层的物理力学性质、土体的结构及环境的影响。显然,均质堤基的稳定性主要取决于土层的物理力学性质;非均质堤基的稳定性则由土体结构控制;环境因素多起诱发或累积作用,对堤基动态稳定常起控制作用。概括起来说堤基抗滑稳定主要取决于堤基地质结构类型。均质堤基的稳定性比较容易查明,但具有不良土体的非均质堤基抗滑稳定问题突出,不易查明,更具危险性。

2.2.3.1 堤基地质结构分类

从堤基抗滑稳定角度,堤基地质结构影响抗滑稳定,一般可以将堤基分为均质和非均质两大类。前者以土质控制堤基稳定,后者以土体结构控制稳定。分类见表1-9。

表1-9中不良土质是指软土、砂土、盐渍土、膨胀土和人工填土等。与堤基抗滑稳定问题有关的主要是软土及膨胀土。显然,不良土质及不良土体是研究堤基抗滑稳定问题的主要对象。

2.2.3.2 不良土质堤基

堤防工程中的不良土质包括软土、砂土、盐渍土、膨胀土及人工填土。抗滑稳定问题突出的主要是软土,其次是膨胀土。

1. 软土

软土主要指淤泥和淤泥质土,是静水或缓流环境沉积,并经生物化学作用形成。其天然含水率大于液限,天然孔隙比大于或等于1.0,不排水抗剪强度一般小于30 kPa。由于软土的抗剪强度低,在有软土分布的堤段,软土控制着堤基抗滑稳定。软土的其他特性,如渗透性微弱、排水固结缓慢、灵敏度高、压缩性高及中微观尺度下的不均一等,均对堤基稳定性分析评价有重大影响。

2. 膨胀土

膨胀土是一种含大量亲水黏土矿物(蒙脱石等),具有遇水膨胀、失水收缩特性的黏土。天然状态下较为致密,抗剪强度高,但遇水后力学强度急剧降低,失水后干裂松散。每一次失水干裂又为下一次浸湿提供更多渗水通道。在水位变幅范围,膨胀土经过浸湿—干燥—再浸湿后,黏聚力一再降低,长期强度趋于残余强度,影响堤基的长期稳定。膨胀土自然稳定的坡角很小,实质就是由其残余强度所决定的。

2.2.3.3 不良土体

不良土体是指具有不利结构的土体。对堤基抗滑稳定不利的结构主要是土体中具有不利产状的软弱夹层、弱抗冲层及硬卧(阻水)层。

1. 具软弱夹层土体

堤基土体中存在明显的软弱夹层,如软土、饱和粉土或含泥粉细砂,其天然含水率大,抗剪强度低,易成为堤基或岸坡的剪应力集中层,如遇产状不利,尤其是倾向坡外且外露临空,其上覆土体(堤基或岸坡)的抗滑稳定问题突出。

2. 具弱抗冲层土体

堤外滩岸坡及堤基土体存在抗冲能力差的粉土、粉细砂或软土层时,受水流冲刷后塌岸严重,危及临岸堤基稳定。这类堤基稳定性,与堤前水流条件变化密切相关。

3. 具硬卧(阻水)层土体

河岸高漫滩或阶地堆积中,因存在沉积间断,早期冲积层形成一层密实黏土,上覆新近沉积土或人工填土。相比之下,上覆土层土质松软,透水性稍强,抗剪强度低;下卧层密实坚硬,透水性微弱,抗剪强度高。近岸地带为地下水排泄场所,下卧层的阻水、滞水造成二者界面附近土长期饱水软化,形成较明显的软弱接触带,加之沉积间断面的起伏变化,遇不利产状,对堤基及岸坡稳定极为不利,尤其是在洪水消落期。

2.2.3.4　不利环境影响

堤基土体为一开放系统,外受动荡不定的河道和复杂多变的水流变化的影响,内受人类生产或生活场所,各种人为干扰力影响很大。因此,堤基稳定问题不仅要解决假定边界条件下的静态稳定问题,还必须重视不利环境影响下的动态稳定问题。虽然动态稳定定量预测尚难以实现,但加强定性分析既是必要的,也是可行的。

对堤基抗滑稳定影响显著的不利环境因素主要有上部结构变化、堤前水流条件变化、堤后水文地质条件变化。

2.2.4　地震液化问题与堤基地质结构

地震液化机制是饱和砂土在地震作用下,孔隙水压力上升来不及消散,土中的有效应力减小乃至于完全丧失时,砂粒悬浮于水中,以致抗剪强度和承载力完全丧失,而出现砂土液化。地震导致的液化是区域性的,对建筑物的破坏较为严重。地震液化对堤防工程的危害主要表现为堤基失效,破坏形式主要是大量的喷砂冒水,引起地下淘空而导致地面塌陷、堤身严重滑塌等。堤基均位于堤防工程之下,且大部分为饱水堤基。地震液化多发生在单一砂层堤基结构($Ⅰ_3$)、上薄层黏性土下砂层的双层结构($Ⅱ_3$)及以砂层为主的多层堤基结构(Ⅲ)类堤基地质堤基结构中(见图 2-4)。饱和砂层可能发生震动液化进而引起堤基失稳,造成防洪堤下沉、滑动破坏。

根据《堤防工程设计规范》(GB 50286—2013)在地震基本烈度Ⅶ度及以上地区的一级堤防工程才需进行抗震设计,相应的饱和砂层堤基应进行地震液化判别。其判别手段应现场和室内相结合。现场则以标准贯入试验为主,室内土工试验以颗粒分析为主,同时,还需查明此类土的成因类型及时代、地下水埋深、工程区地震烈度,必要时还需进行土的波速试验。对此,《堤防工程设计规范》(GB 50286—2013)及《水利水电工程地质勘察规范》(GB 50487—2008)附录 P 已有较为详细的介绍,在此不再赘述。

查明了堤基饱和砂土的液化可能性,才能对此类堤基提出相应的处理措施。如韩江南北堤堤基地层有部分液化粉细砂层,堤防重要的附属建筑物建设时,针对将饱和砂层应采取合适的工程处理措施(振冲、挤密碎石桩、砂桩、强夯、爆破振密、换填、增加盖重、围封),才能避免砂层地震液化对防洪堤及附属建筑物的破坏。

从系统观方面分析,堤防工程是外在因素,饱水砂层堤基是核心因素,地震为环境因素。只有将三因素结合起来考虑,才能使堤基地震液化问题分析得更具有针对性和全面性。

2.2.5　堤防工程地质系统三因素与主要工程地质问题关系

珠江流域堤防主要工程地质问题为堤基渗漏与渗透变形、堤基抗冲稳定、抗滑稳定与地震液化问题。通过工程地质问题与堤基地质结构关系分析可知,堤基地质结构是核心,是控制因素;环境是影响因素;堤防工程是外在因素。堤防工程地质问题多与堤基地质结

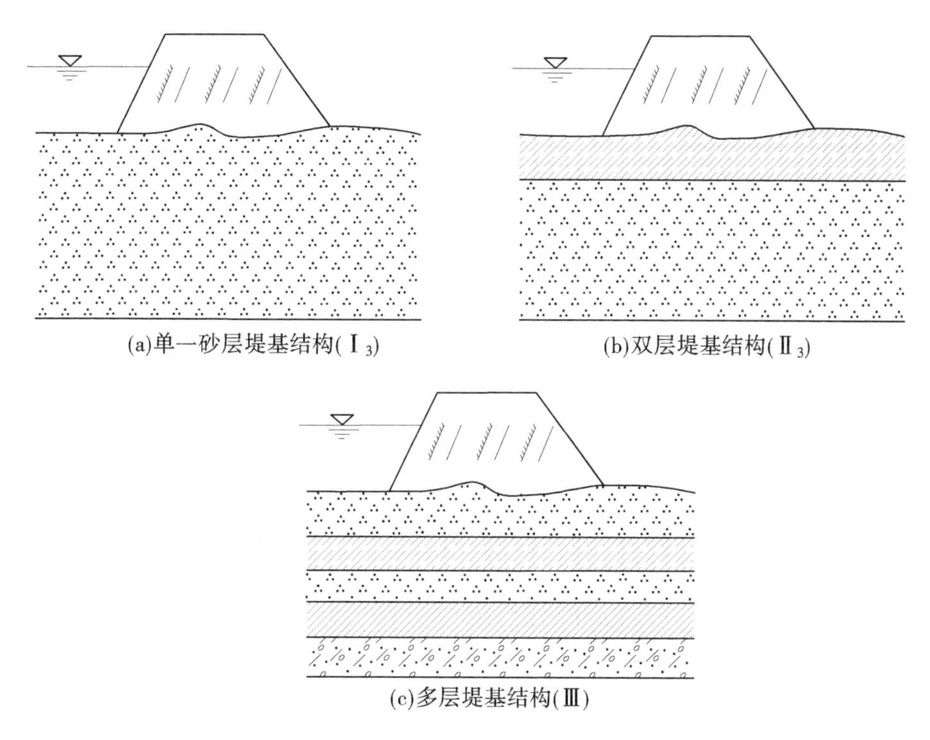

图 2-4　堤基结构示意图

构密切相关,对堤防稳定起主导作用。环境因素多起诱发或累积作用,对堤防堤基动态稳定常起控制作用。堤防工程地质问题与系统三因素关系示意图见图 2-5。

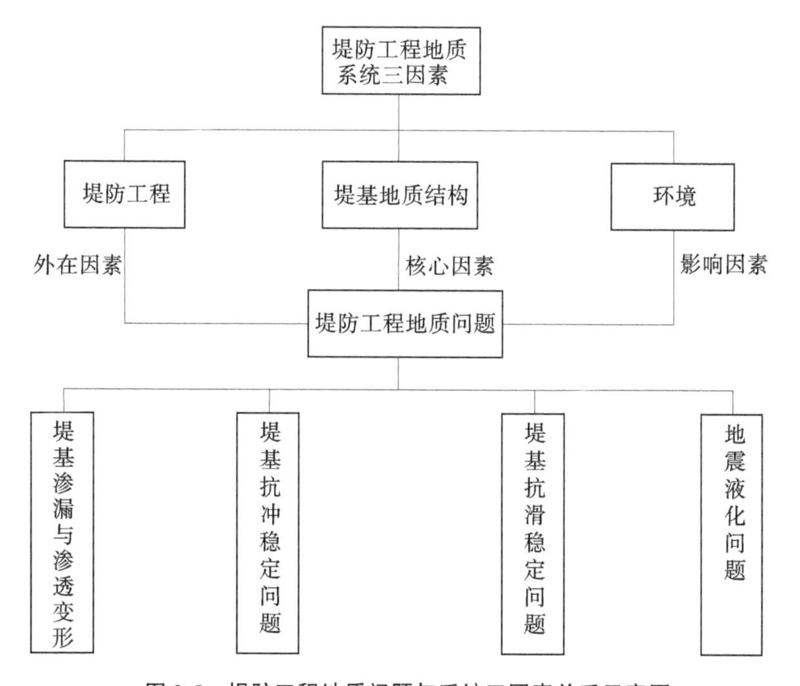

图 2-5　堤防工程地质问题与系统三因素关系示意图

2.3　堤防工程地质问题的系统分析思路

按传统勘察思路,工程地质问题的分析在建立、完善工程地质模型后进行。按系统工程地质勘察思路,工程地质问题的定性分析贯穿于勘察全过程,必须在完善工程地质模型后才能进行工程地质问题定量分析。

从系统观点看,堤防工程地质问题的分析,实际上是对工程地质系统性能(功能)的分析。而影响工程地质系统性能的因素是系统的结构(堤基地质结构+堤防)和外部环境。

因此,堤防工程地质问题的分析适合采用系统分析方法,即把分析的对象作为系统,全面考察影响工程地质系统性能的三因素,运用系统的整体突现原理和系统与环境互塑共生原理,从整体协调和环境协调上进行分析,可以有效提高分析的全面性;针对工程地质系统的结构特点,运用层次结构原理和结构功能原理,可以有效提高分析的正确性。

对于堤防工程地质系统这种自然系统而言,若局限于勘察评价阶段,还属于分析评价其功能阶段,系统分析的目的主要是通过分析系统组成元素的层次结构关系,针对不同层次的问题,找准层次建立模型,分层次分析系统基本组成元素之间及系统与周边环境之间的协调达到何种状态,为工程处理设计(系统决策)提供依据。

堤防工程地质系统分析采用的系统结构模型主要有图件和文字表达,如附有分区(段)标示、说明和工程设计意图的工程地质平面图,表示的就是工程地质平面分区(段)模型;标示了工程设计意图的各建筑物纵横剖面图及其分段工程地质说明,就是各建筑物工程地质系统的剖面模型。二者综合即可表达出工程区或建筑物区的工程地质系统的整体结构特点(差异),是方案比选的地质依据,后者还能表达出各区(段)若干层次的工程地质系统结构特点,是最为常用的二维分析模型。

2.3.1　工程地质结构模型的层次分析

与工程有关的工程地质系统是一个多层次系统,如巨观层次的地块系统、宏观层次的山体系统、中观层次的岩土体系统、细观层次的岩层或土层(系统)和微观层次的岩土块或岩土颗粒系统。可以说工程地质结构是某层次工程地质系统基本组成元素之间的排列、组合方式及其空间分布。

对不同规模或层次的工程地质问题,可以按相应层次的工程地质系统进行评价,南京大学施斌等"将土体结构作为一个系统来考虑",提出了一套较为完整的土体结构系统层次划分方案——土区、土体、土层、土块、土粒、微粒和粒子共7个层次。根据工程地质系统功能的结构控制原理,工程地质问题的产生主要受控于工程地质结构。因此,某一层次的工程地质问题分析对应有该层次工程地质结构模型。

研究不同规模或层次的系统,虽然可能需要研究连续几级的组成,但其中有一个层次的组成特别重要,成为该层次工程地质系统的基本组成。基本组成对系统起决定性作用,对它的分析往往成为分析该系统的逻辑起点。

堤防主要涉及土基勘察,常规工程地质研究主要涉及土区、土体、土层、土块、土粒这五个层次。但常规工程地质勘察主要针对工程土体系统的基本组成:对于多层土层组合,其基本组成是土层、层面,它们的排列、组合方式就是土体系统的结构;但对于单一土层而言,基本组成是土块、土粒,它们的排列、组合方式成为该土层系统的结构。因此,分析多层土层组合的土体稳定时要关注土层的排列、组合方式。

2.3.2　工程地质系统的整体性

系统整体具有突现性,即整体具有部分或部分总和没有的性质,或高层次(系统)具有低层次(系统)所没有的性质,这是系统最重要的特性。

就工程地质问题而言,工程地质(岩土体)系统的整体性既体现在不同部位(子系统)组合后的整体稳定问题,也体现在整体的不同部位(子系统)组合后的变形协调问题,尤其需要高度重视不同部位组合后的整体性问题。堤防的主要工程地质问题,主要关注土层这一层次组合形成的系统整体稳定性。

根据一般系统论原理,控制系统功能的三要素是单元(或称元素)的性质、系统的结构和环境的影响。三者对不同系统的功能控制程度不同,复杂系统的功能更多地受结构控制。对堤基系统而言,控制堤基稳定性的三要素分别是土层的物理力学性质、土体的结构及环境的影响。显然,均质堤基的稳定性主要取决于土层的物理力学性质;非均质堤基的稳定性则由土体结构控制;环境因素多起诱发或累积作用,对堤基动态稳定常起控制作用。

堤基的抗滑稳定问题和变形问题,重点是软土层(或夹层)与相对硬土层的排列、组合方式;堤基的抗渗稳定问题,重点是砂层等透水层与相对隔水层之间的排列、组合方式,而透水层的渗透比降涉及下一层次即土块的性状;如堤岸的抗冲稳定问题,重点是弱抗冲层(软土、粉土、粉细砂)与相对强抗冲层的排列、组合方式;如堤基的地震液化问题,重点是堤基埋深 20 m 以内是否存在地震液化的粉细砂层,液化判别时涉及下一层次即土块的物理力学性状。

软土堤基的抗滑稳定还应考虑上部系统堤防工程结构形式的影响。如在软土堤基穿堤建筑物多采用复合地基甚至是桩基础,可大幅减少其地基沉降,但两侧土堤仍然采用天然地基,沉降量较大,二者变形不协调,容易产生贯穿堤身的裂缝,对堤防渗流安全不利;有些修建于软土地基的城市(如韩江南北堤某段)堤防,采用复式断面,堤前混凝土挡墙也多采用复合地基甚至是桩基础,堤身填土下仍然采用天然地基,二者变形不协调,容易产生纵贯堤身的裂缝,对堤防抗滑稳定不利。

软土堤基的抗滑稳定计算还应从系统的相互作用关系出发计算。如软土具高压缩性,新建堤防填筑加荷后,堤基(子系统)沉降变形大;软土的屈服应力小,临界荷载下的塑性变形大,二者结合下的大变形,为上部填土(子系统)抗裂所不允许,即堤基整体破坏前,堤身填土已产生贯穿性张缝,堤身填土较高的抗剪强度不能起到抗滑作用,其产生的抗滑力矩不宜参与平衡计算,即软土堤基的抗滑稳定计算滑裂面不能计算至堤身。

2.3.3　工程地质系统与环境的互塑共生

每个具体的工程地质系统都与外部（环境）存在着联系。外部（环境）的变化或多或少会影响到工程地质系统，改变工程地质系统与外部（环境）的联系方式，往往还会改变工程地质系统内部组成元素的联系方式，甚至会改变工程地质系统组成元素本身。

由于工程地质是为工程服务的，而工程又是人类改造自然的活动，所以工程地质系统的环境还应包含人造环境（建筑物或构筑物）、人为改造甚至破坏过的环境。这些都可能是外部环境变化的因素，对工程地质系统尤为重要。

环境的变化对地质体系统的动态稳定影响很大，既影响到工程地质结构或水文地质结构变化，也影响到岩土体物理力学性质的变化。

为提高工程地质问题分析的全面性，定性分析（预测）应综合考虑环境差异及环境变化影响。

2.3.1、2.3.2 部分的分析评价结果对应的是堤基静态稳定系统。堤基系统为开放系统，环境与其呈共生互塑关系，环境的变化对堤基系统的动态稳定影响很大，应有定性分析预测。

2.3.3.1　堤防上部结构变化

除堤身结构类型对堤基抗滑稳定要求不同外，堤防上部结构变化对软土堤基及不良土体堤基的抗滑稳定有显著影响。

软土堤基新建堤防的堤身高度变化（填筑速率）对堤基稳定起控制作用。一方面，软土天然强度低，排水固结难，加荷后强度增长缓慢，分期填筑高度一旦超出软土的极限承载能力，极易产生堤基失稳；另一方面，机械化施工的快速填筑及振动碾压，可能在软土中产生超孔隙水压力，导致天然强度降低，更加速了堤基失稳。即使采用了排水固结处理，仍需注意检测实际排水固结效果，使施工填筑速率与软土强度实际增长相适应。

此外，在不良土体及软土堤基的旧堤上加高培厚，应注意荷载的增加对堤基稳定性的影响。

2.3.3.2　自然环境变化

1. 堤外水流条件变化

对弱抗冲层外露的堤基，河道的冲淤变化、沿岸建筑（包括新建堤防）缩窄行洪断面，河道整治改变河汊分流比、丁坝挑流及附近岸坡实施护岸等，均可能导致局部河段水流的流速、流态发生较大改变，引起局部外滩冲刷加剧，使静态稳定的岸坡产生动态不稳定，进而危及堤基的稳定。

2. 堤内水文地质条件变化

堤前高水位时，双层堤基的上覆黏性土层承受较高承压水头，不仅能使堤身浸润线抬高，而且堤后坡脚土层被承压水所顶托，容易滑动，如图 2-6 所示。一旦堤脚附近黏性土层被顶穿出现“管涌”，更易产生堤坡与堤基整体滑动。

堤前低水位时，堤后积水既增加堤防的水平荷载，又强化地表水入渗堤基，可能软化堤基土兼具动水压力作用，显然对堤基稳定不利。

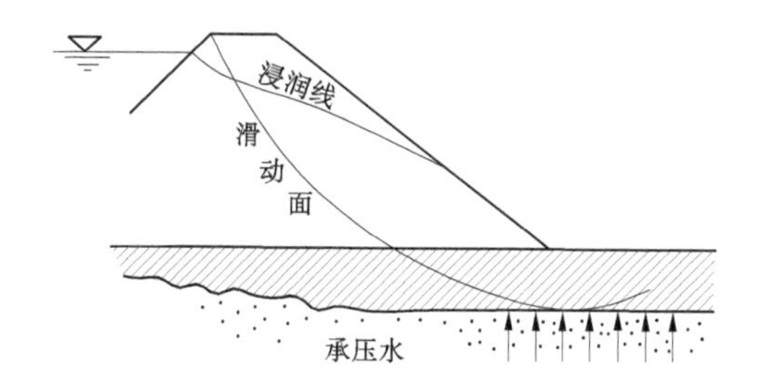

图 2-6　双层堤基的上覆黏性土层承受较高承压水头

第 3 章　堤防主要工程地质问题研究

3.1　珠江流域堤防工程概况

3.1.1　流域概况

珠江是我国南方的大河，与长江、黄河、淮河、海河、松花江、辽河并称为中国七大江河。珠江是西江、北江、东江及珠江三角洲诸河 4 个水系的总称，珠江流域位于东经 102°14′～115°53′，北纬 21°31′～21°49′，流域总面积 453 690 km²，其中我国境内面积 442 100 km²。全流域中，西江流域占 77.83%，北江流域占 10.30%，东江流域占 5.96%，珠江三角洲占 5.91%。珠江流域各河段河流特征见表 3-1。

西江自源头云南省沾益区的马雄山，流经云南省、贵州省、广西壮族自治区和广东省；北江发源于江西省信丰县石碣大茅山，从江西省流入广东省境内；东江发源于江西省寻乌县的桠髻钵，从江西省流进广东省；西江和北江在广东省三水的思贤滘汇合后进入珠江三角洲，东江在广东省东莞市石龙镇注入珠江三角洲，珠江三角洲总面积 26 820 km²，西北江下游的西北江三角洲网河区面积 8 370 km²，东江下游三角洲面积 1 380 km²，其他中小河流面积 17 070 km²。珠江三角洲内丘陵、台地、残丘星罗棋布，水道纵横交错，自东而西汇集于虎门、蕉门、洪奇门、横门、磨刀门、鸡啼门、虎跳门及崖门等 8 个口门入海。

3.1.2　各重点堤防的工程概况

珠江流域的重点堤防是位于珠江流域河道边的重要城市、重要河段的重要堤围。

珠江流域的重点堤防工程也可分为西江水系、北江水系、东江水系及珠江三角洲网河区 4 个部分。

西江水系的重点堤防工程有在西江干流和主要支流的堤防工程。在干流的堤防工程主要有云南省境内的南盘江沾曲陆良段防洪工程；广西壮族自治区境内的浔江堤防工程、梧州市堤防工程；广东省境内的景丰联围堤防工程。西江支流的主要堤防工程在广西壮族自治境内有西江第一大支流郁江的南宁市邕江堤防工程和贵港市堤防工程；西江第二大支流柳江的柳州市堤防工程；西江支流桂江上游漓江的桂林市堤防工程。

北江水系的重点堤防为广东省境内北江干流下游的北江大堤堤防工程，它与珠江三角洲网河区的堤防相连接。

东江水系的重点堤防为广东省境内东江下游的东莞大堤工程，它有部分在珠江三角洲范围内。

珠江三角洲网河区的重点堤防包括佛山大堤、樵桑联围、江新联围、中顺大围等。

表 3-1 珠江流域各河段河流特征

流域名称		河流(段)名称	起讫地点		河流长度		流域面积		河道平均坡降/‰	代表堤防	一级支流
			起	止	长度/km	占全江/%	面积/km^2	占全江/%			
西江流域	上游	南盘江	马雄山	双江口	914	44.05	56 880	5.38	0.849	沾曲陆良段	北盘江、柳江、郁江、桂江和贺江
		红水河	双江口	石龙三江口	659	31.76	138 340	13.10			
	中游	黔江	石龙三江口	桂平郁江口	122	5.88	198 820	18.82	0.089 5		
		浔江	桂平郁江口	梧州市桂江口	172	8.29	309 260	29.27		浔江堤防工程	
	下游	西江	梧州市桂江口	思贤滘	208	10.02	353 120	33.43	0.086 4	梧州市堤防、景丰联围	
北江流域	上游	浈水	大茅坑	韶关沙洲尾	212	45.30	7 554	8.53	0.59		武水、连江、滃江、滃江、滨江和绥江
	中游	北江	韶关沙洲尾	飞来峡白庙	173	36.97	34 302	38.73	0.25		
	下游		飞来峡白庙	思贤滘的北滘口	83	17.74	46 710	52.74	0.081 5	北江大堤	
东江流域	上游	寻乌水	桠髻钵	龙川合河坝	138	26.54			2.21		安远水、新丰江和西枝江
	中游	东江	龙川合河坝	博罗观音阁	232	44.62			0.31		
	下游		博罗观音阁	东莞石龙	150	28.85			0.173	东莞大堤	

除珠江流域的重点堤防外，片内广东省的韩江下游潮州的韩江南北堤堤防工程也属本书堤防工程地质问题研究的范围。

3.1.2.1 南盘江沾曲陆良段防洪工程

南盘江沾曲陆良段位于珠江主源南盘江干流的河段，地处云南省东部，南盘江干流自东北向西南贯穿沾益、曲靖、陆良整个连片平坝区，此地区人口 147.9 万人，耕地面积 113.94 万亩，是云南省粮食主产区，1996 年粮食总产量 58 万 t，工农业总产值 82 亿元。沾曲陆良地区历年洪涝灾害严重。如 1976 年 7 月洪灾受灾耕地 30 万亩，受灾人口 14.5 万人，倒塌房屋 4 055 间。此区域的防洪工程始于 1734 年，当时以修建低矮的小堤围为主，从 1929 年开始则以疏通河道为主，中华人民共和国成立后兴建水库用以防洪和灌溉，1977 年开始采用截弯改直，加高河堤，改建桥闸，使南盘江干流的防洪标准由 3~4 年一遇提高到 5~10 年一遇，1997 年以后南盘江进一步治理，使干流抗洪能力达到 30 年一遇的防洪标准，加固河堤和河岸共 85.5 km，处理险段，改造水闸和桥梁，衬砌河岸。

3.1.2.2 南宁市堤防工程

南宁市是广西壮族自治区的首府，是全区的政治、经济、金融、文化信息中心，它位于广西壮族自治区的西南部，南宁盆地的中部，珠江流域西江水系的第一大支流郁江自西向东穿越南宁市市区，郁江在南宁这一段又称邕江，南宁市防洪堤就在邕江的北岸和南岸。南宁市市区面积 1 834 km^2，城区面积 86.62 km^2，市内地势平坦，市区 1997 年人口达 128.03 万人，国内生产总值 161.75 亿元，工业总产值 121.42 亿元。1973 年开始建设防洪堤，到 2001 年已建成了达到 20 年一遇防洪标准的堤防 41.7 km，保护了南宁市城区的居民及工农业生产免受洪水灾害。

3.1.2.3 贵港市堤防工程

贵港市位于广西壮族自治区东南部，珠江流域西江水系第一大支流郁江中下游自西南向东北从城中穿过。贵港市城区面积 20.0 km^2，人口 29.97 万人，1999 年国内生产总值 37.40 亿元，它是广西壮族自治区的重要经济中心和交通枢纽。贵港市的洪涝灾害不单是从郁江上游来的洪水，还受下游黔江洪水的顶托，洪水峰高量大、历时较长，使地势平坦的贵港市区受灾严重。贵港市郁江及支流鲤鱼江的堤防大部分为建设年代较早的旧堤防，防洪标准较低，只达 4~8 年一遇，因此贵港市还经常遭受洪水的威胁。

3.1.2.4 柳州市堤防工程

柳州市位于广西壮族自治区中部，是以工业为主、综合发展的区域性中心城市和交通枢纽，是山水风貌独特的城市和历史文化名城，它有 2 000 多年的历史，柳州是广西壮族自治区最大的工业基地，市区面积 615 km^2，城建区面积 91.0 km^2，1999 年市区人口 89.4 万人，工业总产值 208.05 亿元。柳州市地处珠江流域西江水系第二大支流柳江的中下游，是一个北、东、西三面为低山丘陵，南面张开的岩溶盆地，柳江穿城而过，城区地势较低，因而洪涝灾害严重，直到 20 世纪 90 年代中期才开始建设防洪堤，现已建成达到 50 年一遇防洪标准的防洪堤长 10.03 km，提高了柳州市抵御洪水的能力。

3.1.2.5 桂林市堤防工程

桂林市位于广西壮族自治区东北部，是一座具有 2 100 年悠久历史的文化名城，素有“山水甲天下”之称，是驰名中外的风景旅游区。桂林市区面积 565 km^2，城建区面积

43.78 km²,桂林市区人口64.30万人,2000年国内生产总值99.84亿元。旅游业是桂林市的主导产业,2000年接待国内外游客963.37万人,其中入境旅游者95.02万人次,全市旅游总收入45.12亿元。西江支流桂江的上游河段漓江自北向南穿过桂林城区,流经桂林市区长49.3 km,并有漓江支流桃花江和南溪河在城区汇入,城区内有5.8 km长的漓江汊河小东江,使桂林市城区的山水景象吸引旅游者。桂林市位于河流上游,洪水暴涨暴落,设防前每4~5年发生一次洪涝灾害。桂林市城区防洪堤已建成36.246 km,其中在2000年以后新建堤防9.09 km,达20年一遇的防洪标准。但总体防洪能力仍达不到20年一遇的防洪标准。

3.1.2.6　浔江堤防工程

浔江是珠江流域西江水系西江干流的中游河段,河段长172 km,它位于广西壮族自治区东部,浔江流经桂平市、平南县、藤县、苍梧县及梧州市,此地区是广西壮族自治区主要产粮区之一,工业也较发达,1997年国内生产总值达165.52亿元,人口457.1万人,耕地面积18.367万hm²。

浔江防洪堤于20世纪50年代中期开始建设,到1999年包括梧州市在内的堤防共76段,总长328.6 km,其中农村堤防共257.2 km,堤防防洪标准低,大多只能防御2~8年一遇洪水。

桂平市位于广西壮族自治区东南部,面积4 074 km²,其中城区面积15.25 km²;人口156.96万人,其中城区人口16.6万人;耕地面积7.0万hm²。桂平市1997年国内生产总值32.50亿元,其中城区15亿元,粮食总产量54.75万t,桂平市风景名胜古迹众多,被国家旅游部门列为对外开放旅游区。桂平市地势较低,经常发生洪涝灾害。中华人民共和国成立后遭遇大洪水达12次之多。桂平市地处西江干流黔江、浔江及第一支流郁江的汇合处,全市堤防包括小支流堤防在内达185.239 km,其中桂平市城区堤防及干流浔江的两岸堤防有郁江西堤、黔江北堤、浔江西堤、三布堤、江口堤、郁浔东堤和木圭堤,主要浔江干流堤防共119.99 km,堤防少部分达到20年一遇防洪标准,多数只达10年一遇防洪标准。

平南县位于广西壮族自治区东南部,面积2 988 km²,其中城区面积9.8 km²,全县人口119.40万人,其中城区人口12万人,全县国内生产总值27.69亿元,耕地面积4.67万hm²,粮食总产值81.33万t。浔江横贯平南县的中部平原,遇较大洪水就会整片受淹,浔江两岸现有堤防95.55 km,保护耕地39.35万亩,其中浔江北岸堤防58.40 km,保护耕地25.34万亩,南岸堤防37.15 km,保护耕地14.01万亩。平南县堤防多数只达到10年一遇防洪标准。

藤县位于广西壮族自治区东部,在浔江中下游段,县城地处浔江南岸的浔江与北流河交汇处。全县人口87.51万人,其中城区5.5万人,全县国内生产总值36.03亿元,其中城区2.30亿元,全县耕地面积3.307万hm²,粮食总产量34.89万t。藤县境高为山地丘陵,县城城区属小块平地,由于长期未有防洪堤防,经常遭受洪水淹没,2002年开始建设堤防,2003年已建成1.12 km,2004年城市堤防3.345 km全部建成,使城区范围达到20年一遇的防洪标准。浔江两岸的堤防多为早年建设的堤防,防洪标准较低,只有5年一遇左右。

苍梧县位于广西壮族自治区东部,处于浔江下游,县城龙圩在浔江南岸,距浔江与桂江汇合口 12 km。全县 1997 年人口 61.44 万人,国内生产总值 28.90 亿元,耕地面积 2.942 万 hm^2,粮食总产量 31.17 万 t,龙圩镇城区面积 10.0 km^2,人口 4.4 万人。龙圩镇地势较低,几乎年年有洪水淹上街,有的年份还不止一次,城区原来没有设防洪堤,1997~2001 年开始建设堤防,防洪堤共长 3.53 km,达到 50 年一遇防洪标准。

梧州市郊区浔江两岸的防洪堤及长洲岛环岛防洪堤共 29.97 km,达到 10 年一遇防洪标准。

3.1.2.7 梧州市堤防工程

梧州市位于广西壮族自治区东部,珠江流域西江水系西江干流的中下游。梧州市是历史悠久的古城,1897 年成为通商口岸,梧州市市区面积 307 km^2,城建区面积 23.0 km^2,市区人口 34.30 万人,国内生产总值 50.07 亿元。梧州市地处西江干流和支流桂江的交汇口,桂江将市区分为河东、河西两部分,地面高程河东区一般为 15~25 m,河西区为 19~28 m,市区主要建筑物为 16~22 m,水位大于 20 m 的洪水平均每年 5.2 d,在梧州堤防建设之前有“三年两头灾”的说法,1995 年开始建设河西防洪堤,于 2000 年完成 8.752 km 堤防,堤防达到 50 年一遇防洪标准。河东堤于 2001 年开始建设,于 2003 年完成第一期工程,堤长共 3.364 km,第一期工程达到 10 年一遇的防洪标准。

3.1.2.8 景丰联围堤防工程

景丰联围位于广东省肇庆市,由端州区景福围、鼎湖区广利和鼎湖区四会市的丰乐围组成,它处于珠江流域西江水系西江干流的下游左岸,肇庆市是国家级历史文化名城,又是中国国家优秀旅游城市。景丰联围围内面积 565 km^2,保护耕地面积 142.29 万亩,人口 50 多万人,2000 年国内生产总值 88.36 亿元。景丰联围南临西江,在宋至道二年(公元 996 年)开始建堤,历代进行扩建和完善,联围筑闸,形成各自独立的低矮小堤防,中华人民共和国成立后实行“强干缩支、联围筑堤”,于 1960 年形成联围,西江洪水常使景丰联围遭受洪灾,1586~1949 年景丰联围决堤 10 次,丰乐围决堤 47 次,中华人民共和国成立后至今有 4 次水位超过堤顶的洪灾。联围现有干堤长 60.809 km,工程防洪标准为 50 年一遇。

3.1.2.9 北江大堤堤防工程

北江大堤是全国七大流域重点堤围之一,全长 64.346 km,一级堤防,100 年一遇防洪标准。北江大堤位于珠江流域北江水系北江干流下游左岸,属广东省清远市和佛山市三水区境内。北江大堤捍卫广州、佛山、清远 3 市 14 个县(区)、2 700 多万人口、100 多万亩耕地、3.76 万亿元工农业生产总值,以及白云机场、京广铁路等重要基础设施,其位置特殊、地位重要,防护标准高、防护范围广,被誉为“南粤第一堤”,是珠江三角洲和粤港澳大湾区最重要的防洪屏障,它的安危直接关系到广东全省经济持续发展和社会稳定大局,在全省抗洪减灾工作中发挥着举足轻重的作用。北江大堤的前身由 13 条分散的小堤围组成,堤围最初建于南宋和明代,以后历代进行修缮。1715~1949 年,北江发生较大洪水 51 次,其中以 1915 年特大洪水的灾情最严重,广州、清远、三水、花都、南海和佛山大片地区遭淹没,受灾人口达 378 万人。从 20 世纪 50 年代至 1987 年,北江大堤进行 3 次加固,已经受十多次洪水对北江大堤的考验,如 1994 年洪水造成的直接损失达 102.3 亿元。

3.1.2.10　东莞大堤堤防工程

东莞大堤位于广东省东莞市的东江下游左岸，东莞市位于珠江三角洲东北部，东莞市北部为东江流域平原，西部濒临狮子洋，属网河区，全市面积 2 425 km^2，东莞大堤捍卫东莞市的莞城和沿江 11 个镇区，面积达 300 km^2，人口 143.3 万人，耕地面积 31.5 万亩，1999 年区内工农业总产值 211.9 亿元。东莞大堤区域地势低洼，常受洪涝灾害，中华人民共和国成立前耕地十种九不收，中华人民共和国成立后修了围堤，但标准较低，还受洪涝威胁，如 1959 年 6 月特大洪水，部分堤段崩溃，造成 40 万亩农田受淹，冲毁房屋 3 万余间。广深铁路京山段被冲毁，列车中断 13 d。东莞大堤共长 63.71 km，防洪达标工程按 100 年一遇的防洪标准设计。

3.1.2.11　佛山大堤堤防工程

佛山大堤位于北江下游珠江三角洲网河区的北部，全长 40.92 km，按照 50 年一遇洪水加 2 m 安全超高标准设计，目前全段堤防基本达标。佛山大堤是佛山市禅城区及南海区的唯一防洪屏障，直接捍卫人口 84.5 万，工农业总产值 1 000 多亿元。佛山大堤始建于北宋初年，由几个小围联成。较大洪水对佛山大堤威胁很大，1915 年、1931 年、1947 年和 1949 年均造成大面积被淹没的灾情，中华人民共和国成立后多次对大堤进行培修加固，1968 年、1994 年洪水的险情也经过军民的抢险而脱险。

3.1.2.12　樵桑联围堤防工程

樵桑联围是广东省十大重点堤防之一，是珠江防洪规划中西北江中下游库堤结合的防洪工程体系的重要组成部分，北起三水思贤滘，南到顺德区甘竹溪，堤线总长 116 km。樵桑联围是一个受西江干流、北江干流及分支的南沙涌，顺德水道包围的闭合堤围，它包括了佛山市三水区、南海区及顺德区的 9 个镇，现有堤段长 116 km。围内集雨面积 437.48 km^2，耕地面积 35.85 万亩，人口 42 万人。樵桑联围由桑园围和樵北围联接而成，其中桑园围已有近千年的建围史，中华人民共和国成立后经多次整修加固。西江和北江遭遇较大洪水时对联围威胁也大，如 1915 年、1949 年和 1998 年洪水均造成堤围被冲毁，每次淹没农田达 10 万亩以上。联围于 1995 年正式命名，堤围的堤顶高程都达到 50 年一遇洪水水位以上，但大部分堤段因安全超高不够，堤防未达 50 年一遇的防洪标准。

3.1.2.13　江新联围堤防工程

江新联围在广东省南部，位于珠江三角洲网河区的西部，联围捍卫江门市城区、新会区和下属的 7 个镇，保护人口 140 万人，耕种 33.27 万亩，2000 年工农业总产值 268 亿元，国内生产总值 161 亿元。联围区域常受西江、北江洪水，谭江洪水和台风暴潮的影响，造成洪涝灾害。江新联围由早年修筑的天河围、礼东围等 11 个中小堤围组成，全长 91.7 km，工程防洪标准 50 年一遇，防潮标准 100 年一遇。

3.1.2.14　中顺大围堤防工程

中顺大围地处广东省南部的中山市西北部和佛山市顺德区的南部，位于珠江三角洲的中下游，在珠江出海的横门和磨刀门之间，中顺大围防护着中山市城区的 5 个区和小榄等 17 个镇(区)，以及佛山市顺德区的均安镇。围内集水面积 709.36 km^2，保护区农田 51 万亩，人口 125 万人。远在宋建隆元年(公元 960 年)开始建围堤，明、清年间继续修建，即 1949 年已有大小堤围 410 条，中顺大围历史洪涝灾害频繁，中华人民共和国成立前达

133 次,多次出现决堤受淹灾情,大围洪水除受西江、北江洪水影响外还受台风暴潮的袭击。1953 年开始进行联围建设,1974 年形成联围系统,堤围干堤长达 119.1 km,1987~1992 年全围进行干堤加固工程,大围堤防防洪标准达到 50 年一遇,防潮标准达到 100 年一遇。

3.1.2.15 韩江南北堤堤防工程

韩江南北堤是广东省第二大堤围,位于广东省东部、韩江干流下游,始于潮州古城北面的竹竿山,沿韩江右岸至汕头市梅溪桥闸止,总长 42.97 km,其中北堤长 2.8 km,城堤长 2.3 km,南堤长 37.83 km。韩江南北堤保护范围为潮州市、揭阳市和汕头市的部分地区,防护耕地 42.38 万亩,人口 220.28 万人,工农业总产值 408.59 亿元。韩江的洪水灾害主要集中在中下游河谷平原及下游三角洲地区,平均每 8 年发生一次灾害性洪水,造成堤围溃决、农田淹没。韩江下游在 1 000 多年前开始兴建堤围,历代多次培厚加固,但因地基因素原透水层仍险象环生。目前韩江南北堤已达 50 年一遇防洪标准。

3.2 珠江流域堤防工程地质概述

3.2.1 区域地质概况

3.2.1.1 珠江流域

珠江流域西以白云山脉、乌蒙山脉与红河流域的元江和长江流域的牛栏江分界;东以莲花山脉和武夷山脉与韩江流域分界;北以南岭、苗岭与长江流域分隔;南以十万大山、六万大山、云开大山、云雾大山等山脉与粤、桂沿海诸河分界;东南部为各水系汇集、注入南海的珠江口。流域周缘分水岭诸山脉的高程均在 700 m 以上,大多在 1 000~2 000 m,最高点乌蒙山达 2 853 m。东南面的珠江三角洲高程低于 50 m。

珠江流域内包括 4 个地貌区,构成了西北高、东南低的地势。流域最西部为云贵高原区,峰顶高程 1 800~2 500 m,黔西最高,滇东南较低,可见高程分别为 2 000 m、1 800 m 和 1 600 m 的三级夷平面,且碳酸盐岩分布广泛,岩溶地貌表现为溶岩—岩丘和溶盆—丘峰景观。中西部为黔桂高原斜坡区,属云贵高原与桂粤中低山丘陵盆地之间的过渡地带,西部峰顶高程 1 600~1 800 m,向东逐渐降低至 1 000~1 200 m,存在高程 1 600 m、1 400 m 和 1 200 m 的三级夷平面,该区也广布着碳酸盐岩。中东部为桂粤中低山丘陵盆地区,以中低山和丘陵为主,其余为盆地、谷地,地形总趋势是周边高、中间低,其中山峰顶高程 800~1 500 m,最高达 1 700~2 141 m,低山丘陵峰顶高程多在 1 000 m 以下,盆地主要分布在中下游沿河一带。东南部为珠江三角洲平原区,地貌与上述三区截然不同,系第四系晚更新世中期形成的湾内充填式三角洲,其中平原占该区面积的 80%,含冲积平原和网河平原;丘陵山地占 20%,多集中在南部,少数呈岛状残丘散布在平原之中,峰高一般为 200~500 m。

珠江流域地质条件复杂,地层从前震旦系至第四系均有出露,以寒武系、泥盆系、石炭系、三叠系等最为发育。流域西部云贵高原区域内出露地层较齐全,从前震旦系(Pt)—二迭系(P)均有分布,岩性主要为白云岩、灰岩、粉砂岩、砂岩、泥页岩、板岩,其中碳酸盐岩分布最为广泛。流域中西部黔桂高原斜坡区从泥盆系至第四系地层均有出露，缺失三叠系上统、侏罗系地层，第三系红层仅在西部有残存。除泥盆系下统、二叠系上统及三叠系主要为砂岩、泥页岩和硅质岩外，其余均以碳酸盐岩类（石灰岩、白云岩、白云质灰岩、硅质岩等）为主，其分布面积约占60%。第四系主要为河流冲积细砂、砾卵石层及残坡积层分布，局部还有洞穴堆积；流域中东部桂粤中低山丘陵盆地区出露的地层主要有寒武系、泥盆系、石炭系、侏罗系、白垩系、第三系、第四系。其中，寒武系水口群下亚群为硅质岩、石英砂岩与绢云母页岩，中亚群为不等粒石英砂岩、长石石英砂岩夹绢云母页岩；上亚群为砂岩与页岩、砂质页岩、炭质页岩互层。泥盆系石英砂岩、粉砂岩夹砂质页岩、石英砂岩夹钙质页岩，含炭质粉砂岩。石炭系灰岩主要为灰岩。侏罗系为砂岩、长石砂岩、炭质页岩夹煤透镜体。白垩系下统新隆组下部为块状砾岩夹砾状砂岩，上部为紫红色薄层至中厚层状泥质粉砂岩、砂页岩、钙质页岩。第三系下亚群（E_{dn}^{a}）含砾粗砂岩、中粒砂岩，夹粗砂砾岩和粉砂岩，中亚群（E_{dn}^{b}）粗砂岩、含砾粗砂岩与砾岩互层，砾岩夹粉砂岩，上亚群（E_{dn}^{c}）砂砾岩夹细砾粗砂岩，粗砂岩为主夹泥质粉砂岩。第四系为人工填土、河流冲积土和残坡积土，广泛分布于沿江两岸；流域东南部珠江三角洲平原区为第四系冲积层、海陆交互相沉积层，详见表3-2，厚度大，其下覆盖着不同时代的基岩。岩浆岩集中分布于流域东部，即广西东部和广东境内，以燕山期花岗岩为主。

在地质构造方面，川滇经向构造带和青藏滇缅歹字形构造制约了流域西部河源；南岭东西复杂构造带构成了流域北缘分水岭；昆明、广西、粤北3个孤顶向南的巨型山字形构造控制了从南盘江到北江广大地区；新华夏系第二、三隆起带和第二、三沉降带呈北北东向斜切全区；云开大山华夏系隆起带呈北东向斜贯于流域东部的粤桂边境；还有规模较小或序次较低的构造形迹穿插其中，形成复杂的构造格架。其中，新华夏系是流域内的活动构造体系。自西向东，其形成时间愈来愈新，发育程度及挽近活动愈来愈强烈。

根据《中国地震动参数区划图》(GB 18306—2015)，西江流域上游云南通海、玉溪、石屏、宜良地区，中游广西横县及灵山以南一带地震活动剧烈，地震动峰值加速度为0.15g~≥0.40g，相应的地震基本烈度为Ⅷ~Ⅹ度；其余地区地震动峰值加速度为0.05g，相应的地震基本烈度为Ⅵ度或小于Ⅵ度。北江流域飞来峡以上地震动峰值加速度为0.05g，相应的地震基本烈度为Ⅵ度；飞来峡以下地震动峰值加速度为0.05g，相应的地震基本烈度为Ⅵ度。东江流域内分布着长条形的河源地震带，地震动峰值加速度为0.10g，相应的地震基本烈度为Ⅶ度；其余地区地震动峰值加速度为0.05g，相应的地震基本烈度为Ⅵ度。珠江三角洲地处广州—阳江地震带，西北江三角洲及其西北边缘邻近地区地震动峰值加速度为0.10g，相应的地震基本烈度为Ⅶ度；其余地区地震动峰值加速度为0.05g，相应的地震基本烈度为Ⅵ度。

珠江流域最西部，地震动峰值加速度为0.10g~>0.40g；东部处在北西、北东和东西向挽近活动断裂复合部位的部分地区，地震动峰值加速度为0.10g~0.15g，区域构造稳定性差—较差，对建筑物抗震安全不利。其余广大地区，地震动峰值加速度为0.05g，区域构造相对稳定，对建筑物抗震安全有利。

表 3-2　珠江三角洲

地层符号	统	组	气候期	年代（年，距今）	埋深/m		厚度/m		岩性	C^{14} 年代
					一般	最大	一般	最大		年，距今
Q_4^3	上全新统	灯笼沙组	亚大西洋期	2 500	5	28.3	5	28.3	上部为灰黄色粉砂质黏土、下部为深灰色粉砂质淤泥	1 260±90~1 680±90、2 050±100~2 350±100
Q_4^{2-2}	中全新统上段	万顷沙组	亚北方期	5 000	10	45.9	3~5	26.7	灰黄色中细砂、含砾砂质淤泥、浅风化黏土	2 510±90~4 940±250
Q_4^{2-1}	中全新统下段	横栏组	大西洋期	7 500	15	56.5	5~10	16.1	深灰色淤泥或淤泥质砂	5 020±150~5 030±250、5 360±160~6 350±180、6 510±170~8 050±200
$Q_4^1 \sim Q_3^3$	下全新统~上更新统上段	三角组	北方期—晚玉木冰期	10 000 22 000	20	63.6	5	14.3	灰黄色砂砾或中粗砂、风化黏土（花斑黏土）	11 620±380、15 000±550~21 000±1 500
Q_3^{2-2}	上更新统中段	西南组	玉木亚间冰期 后期	32 000	25	45.7	5~10	16.9	深灰色粉砂质黏土	23 170±980~25 410±420、27 390±500~30 440±2 300
Q_3^{2-1}	上更新统中段	石排组	玉木亚间冰期 前期	40 000	30	58.6	5~10	17	黄灰色砂砾或中粗砂	32 000±3 000~1 637 000±1 480

第四系地层

生物标志			矿物标志	沉积相	气候	海面变化	一般分层标志
化石硅藻	贝壳	植物及盐生植物花粉					
多束圆筛藻(M) 虹彩圆筛藻(M) 史氏双壁藻(B) 粗糙桥弯藻(F) 肘状针杆藻(F)	蚝壳(M) 泥蚶(M) 毛蚶(M) 河蚬(F) 角贝、樱蛤等(M)	少量藜科花粉、水松、红树林遗骸	Rb、K、Ba含量大于河海混合相指标值	河海混合相	热温	海侵	砂质淤泥或砂质黏土
边缘桥弯藻(F) 箱形桥弯藻(F) 条形小环藻(F-B)	河(F)		Rb、K、Ba含量小于河海混合相指标值	河流相为主或风化相	凉	局部海退	中粗砂层或浅风化黏土
广缘小环藻(M) 盾卵形藻(M) 爱氏辐环藻(M) 细弱圆筛藻(B-M) 新月桥弯藻(F)	蚝壳(M) 蓝蛤(M)	较多的藜科花粉	含自生黄铁矿及海绿石,Rb、K、Ba含量大于河海混合相指标值	海相为主	温	海侵	深灰色淤泥
舟形藻(F)	河蚬(F)	浅度炭化腐木	Rb、K、Ba含量小于河海混合相指标值	河流相或风化相	凉	海退	花斑黏土或砂砾层
原双眉藻(B-F)	蚝壳(M)	零星的腐木较多藜科花粉	含自生黄铁矿及海绿石 Rb、K、Ba含量大于河海混合相指标值	海相为主	温	海侵	深灰色黏土
M 咸水钟,F 淡水钟,B 半咸水钟		深度炭化腐木	Rb、K、Ba含量小于河海混合相指标值	河流相	冷	海退	砂砾层

根据含水岩组与地下水赋存特征,流域内地下水分为四大类型,即碳酸盐岩裂隙溶洞水(或岩溶水)、碳酸盐岩基岩裂隙水、碎屑岩类裂隙孔隙水与松散岩类孔隙水。碳酸盐岩裂隙溶洞水分布在强可溶岩地区如岩溶盆地、峰丛洼地、峰丛谷地与峰林谷地,主要为潜水,其典型的水文地质结构是发育在碳酸盐岩体中的地下河。碳酸盐岩基岩裂隙水分布在弱可溶岩地区,由于岩组结构特点,岩溶发育受非岩溶地层限制,水平延伸不远,不存在地下河,地下水主要为大泉以及分散排泄的隙流。基岩裂隙水是指分布在工程区中低山、低山丘陵区的砂岩,页岩构造裂隙水,地下水分散的隙流,泉水罕见。松散岩类孔隙水主要分布在盆地、平原、冲洪积阶地之中。

3.2.1.2　韩江流域

韩江干流总长470 km,流域面积30 112 km^2。流域北面的武夷山杉岭背斜是韩江、赣江的天然分界线;南面以阴那山及八乡山地与榕江分界;东部由凤凰山脉与独流入海的黄岗河分隔;西部及东北部则为不大明显的台地分别与东江和闽江的支流九龙溪分水岭相接。

韩江流域地形西北和东北高、东南低,地面高程20~1 500 m不等。流域南部铜鼓峰高程1 526 m,阴山高程1 311 m,莲花山高程1 265 m;北部以大悲山为主峰,高程为1 315 m。流域以多山地和丘陵为特点,山地面积占流域总面积的70%,多分布在流域北部的中部,一般高程在500 m以上;丘陵占流域总面积的25%,多分布在干、支流谷地,一般高程在200 m以下;平原占流域总面积的5%,主要在韩江下游三角洲,一般高程在20 m以下。

韩江流域处在华夏陆台的闽浙地区,上游梅江和汀江一带从下古生界到中新生界地层均有分布,古生界地层多变质或轻度变质,主要有片麻岩、板岩、砾岩、页岩等。石灰岩分布在梅江与程江之间及蕉岭一带,平远、大埔也有分布。流域内还分布有上三叠至侏罗系煤层。白垩至第三系红色砂页岩分布较广,多为盆地沉积,呈丘陵地形。另外,从上游至下游广泛分布有燕山期花岗岩及火山岩,火山岩有流纹岩和石英斑岩等。

潮洲以下属于三角洲范围,第四系地层广泛分布,以河流相和海陆交互相为主,底部广泛赋存着1~2层的河流相砂卵砾石层或卵石砾砂层,为古河床分布范围。

韩江的主要构造断裂带属华夏系新华系,走向北北东至北东东。莲花山断裂带从大埔、梅县沿莲花山脉向西南伸入南海,在陆地部分长达370 km,宽20~40 km,是新华夏系中颇具规模且甚复杂的断裂带,构成广东省东南沿海的天然屏障。在它的东南边有潮安断裂带和汕头断裂带,均有一定规模,具有压扭性特征。沿汕头断裂带地震活动较为频繁,与这组断裂伴生的北西向张扭性断裂特别发育,成组成群出现,构成本地地质构造的基本格局。

流域内的潮汕一带是地震较频繁地区。根据《中国地震动参数区划图》(GB 18306—2015),潮州、汕头地震动峰值加速度为0.20g,相应的地震基本烈度为Ⅷ度;蕉岭、梅县地震动峰值加速度小于0.05g,相应的地震基本烈度为Ⅵ度;其余地区地震动峰值加速度为0.10g,相应的地震基本烈度为Ⅶ度。

3.2.2 堤防工程区基本地质条件

3.2.2.1 西江

西江是珠江流域的主要水系,自源头至思贤滘西滘口,全长2 075 km,由南盘江、红水河、黔江、浔江及西江等河段组成,主要支流有北盘江、柳江、郁江、桂江、贺江等。

西江干流广西壮族自治区象州县石龙三江口以上为上游,包括南盘江及红水河两河段,主要支流有北盘江。河流穿过峡谷山区及断陷盆地。

石龙三江口至梧州为西江的中游,包括黔江、浔江两河段,长294 km。主要支流有郁江、柳江。黔江自石龙三江口至桂平,河长122 km,穿流于石灰岩地区,两岸为开阔的丘陵平原,地势低,耕地集中。其中,自勒马至大藤峡出口,黔江河道穿流于长约44 km的大藤峡峡谷段。浔江自桂平至梧州,河长172 km,沿岸地势平坦。主要支流柳江,发源于贵州独山县浪黑村,在石龙三江口汇入黔江,柳江上中游为高山峡谷区,中下游为低山丘陵区。郁江是西江最大的支流,发源于云南省广南县九龙山,至桂平汇入浔江,百色以上为中山峡谷区,坡陡流急;百色以下为丘陵和广阔的盆地平原相间,河道湾多,滩险甚多。

梧州至思贤滘为西江下游,即西江河段,河长208 km。流经丘陵区,穿西江三榕、大鼎、羚羊等三峡,在羚羊峡上下基本属堤防区,是重点防洪河段。西江下游主要支流有桂江及贺江。

1. 西江上游段

南盘江河段贯穿沾曲、陆良两盆地(俗称坝子),以及宜良盆地,沾曲段位于盆地中部偏东,陆良段位于盆地中部偏西,盆地内地势平坦。沾曲盆地海拔1 853~1 863 m,陆良盆地海拔1 800~1 840 m,盆地四周群山环抱,地势北高南低,东西高中部低,为高原河谷与盆地相间的地貌,山脉、主干河流、盆地均呈近南北向展布,与径向构造基本一致,盆地内多为新生界湖相堆积(最大厚度大于500 m)。宜良盆地地面高程1 520~1 540 m,与两侧山体相对高差大于400 m。

南盘江沾曲盆地河段沿岸第四系以冲积(Q^{al})砂砾石、砂土、含砾细砂夹黏土为主,组成河漫滩和阶地;陆良盆地内干流沿岸主要地层为第四系湖积(Q^{l})黏土、砂质黏土夹淤泥黏土,厚14~20 m,下伏主要为第三系茨营组(N_2C)地层;宜良盆地上覆地层主要由第四系全新统(Q^{Pal})砂(卵)砾石、粉砂土、黏土及第三系上新统(N_2)砂砾石、粉细砂、黏土夹褐煤组成,盆地中心沉积厚度大于300 m。

2. 西江中游河段

黔江、郁江河段为丘陵、平原地区。沿江两岸主要以低山丘陵和岩溶小平原为主,其次为冲积阶地。溶岩平原段广布碳酸盐类地层,岩溶地貌极为发育。低山、丘陵台地、平原为沿江两岸地形、地貌之特点。浔江、郁江沿河两岸出露的地层主要有以下几种:

泥盆系(D):莲花山组(D_1L),为紫红色夹浅红色、灰绿色石英细砂岩、泥质粉砂岩,主要分布在黔江出口附近河段;郁江阶(D_2Y),下段为黄色夹紫红色石英细砂岩与泥质粉砂岩互层,上段为灰岩、泥质灰岩,河段内广有分布;东岗岭阶(D_2d),上部为灰色灰岩、白云质灰岩、豹皮状白云质灰岩,下部为深灰色白云岩夹白云灰岩,整个河段广有分布。

石炭系(C):主要为中统(C_2)地层,下统(C_1)在贵港市附近为灰岩,白云质灰岩。

白垩系(K):新隆组上、下段地层,上段为紫红色泥质粉砂岩,钙质粉砂岩。主要分布于桂平市的社步、白水河段。

第三系(N),为杂色黏土岩,砂质黏土夹褐煤及油页岩,主要分布在平南城区附近河段。

第四系,广泛分布于河流两岸。碎石土主要分布在小山坡及丘陵地段;含卵、砾、漂石土,以卵石、浮石为主,主要分布在山前洪积扇和河流的三、四级阶地;黏土、壤土主要分布在丘陵、盆地、小土坡及河流的二、三级阶地;砂卵石主要分布在河床砂滩、河漫滩或一级阶地。

位于西江中游河段的重点防洪城市包括南宁、柳州、梧州、桂林、贵港。此外,对珠江主干流——西江洪水(归槽)影响很大的浔江两岸堤防,亦处于西江中游河段。

3.2.2.2 北江

北江干流全长 468 km,上游称浈水;至广东省韶关市与支流武水汇合后始称北江,至飞来峡出口的白庙为中游;白庙至思贤滘为下游。西江、北江在思贤滘交汇后入注三角洲。北江主要支流有武水、连江、滃江、滨江和绥江等,呈扇状分布于干流两侧,流域内山地、丘陵多,平原较少,山间盆地沿河流中下游呈串珠状分布。北江下游堤防工程较为集中,是流域重点防洪保护区之一,防洪工程除已建的飞来峡水利枢纽外,尚有北江大堤、清东围、清西围和清城联围等一批堤防工程。

北江干流自飞来峡出口以下为冲积平原,下游河段第四系河床冲积层较厚,一般厚度为 28~30 m,沉积相复杂,组成高河漫滩、一级阶地。沉积覆盖层上部为黏性土层,下部为砂和砂卵石层。砂和砂卵石层中的地下水具较强的水力联系。

3.2.2.3 东江

东江干流自江西省寻乌县桠髻钵至广东省东莞市石龙,河长 520 km。干流上游称寻乌水,两岸是山岭地带,水浅河窄。龙川县合河坝至博罗县观音阁为中游,山势逐渐展开。观音阁以下为下游,进入平原区,经石龙入注东江三角洲。主要支流有新丰江、西枝江等。

流域地势以西南部最低,平原亦最广。河流至此多成曲流改道之后,废弃的河床易成湖泊,如惠州西湖、惠阳西南的潼湖,附近尚多小湖,可能为地壳下沉造成的洼地积水而成。

流域上、中游以下古生界地层较发育,上、中生界地层及中、新生界地层分布较少。古生界地层多变质或轻度变质,主要有长石石英砂岩、粉砂岩、片岩、页岩等;石灰岩多见于和平、连平、新丰、龙门等地,即新丰江上游及干流两岸地区。中生界侏罗系中、下统地层分布于干流及秋香江,为砾岩及砂页岩;上统地层在惠阳以南及西枝江一带,从西到东广泛分布,为火山岩系的英安斑岩、安山玢岩、凝灰岩等,白垩—下第三系红色砂岩层分布于龙川、河源、惠阳等处,多呈盆地沉积,丘陵地貌。燕山期花岗岩在流域内的分布,除佛岗—河源岩体作东西展布外,散布各处,但与断裂构造仍有密切关系。

东江流域的重点堤围主要有惠州大堤、东莞大堤、增博大围、潼湖围、马鞍围、石龙挂影洲联围和江北大堤等,均位于下游及三角洲地区。

3.2.2.4　珠江下游及三角洲

珠江三角洲是由西江、北江和东江冲积而成的湾内充填式三角洲，三角洲东、北、西三面被山地围绕，南临南海。三角洲地形以平原为主，约占总面积的 4/5，其余为丘陵和残丘。平原可分为冲积平原和网河平原。冲积平原以小片状分布于三角洲北部和东北边缘，由西江、北江和东江等干支流冲积而成，表现为宽阔的一级阶地和漫滩，计有高要平原、四会平原、清远平原、广花平原和惠阳平原。网河平原为古珠江溺谷湾内河海交互相和海相沉积物堆积而成，地形平坦，河网密布，地面高程-1.7~0.9 m。

平原区均被第四系松散沉积物所覆，其中，三角洲顶部和边缘沉积有河流冲积层和洪积层；中部和南部广大地区以河海交互相沉积为主；海岸带则以海相沉积为主。岩性变化规律大致为三角洲顶部和边缘以及丘陵地段以粗颗粒的砂层和砂性土为主；中部、南部和海岸带以黏性土和淤泥为主。垂直方向大体上存在颗粒由粗变细的三个沉积旋回，反映了第四纪以来珠江三角洲经历过三次海退到海侵的变化。

三角洲网河平原区和浅海滩地普遍沉积有淤泥和淤泥质土。冲积平原区局部亦存在淤泥、泥炭和腐木层。这类软土均处于饱和流塑状态，孔隙比大，压缩性高，抗剪强度低，厚度大。

珠江三角洲是流域的重点防洪区，有广州、深圳、佛山等大中城市及佛山大堤、江新联围、樵桑联围、中顺大围、中珠联围、东莞大堤等一大批重要堤围。该区大部分堤防建筑物基础置于软土上，极易出现地基沉陷、堤岸冲刷塌岸等问题。

3.2.2.5　韩江三角洲

韩江干流自潮洲以下进入三角洲平原区，地形开阔平坦。除有漫滩、沙洲发育外，尚有一、二级阶地，高程分别为 3~5 m 和 8~14 m。韩江三角洲地区出露的地层如下：

侏罗系下统金鸡组（J_{1j}），为浅海相砂泥质碎屑岩建造，但韩江中上游为海陆交互相，常夹中性火山岩，受轻度变质。

侏罗系上统高基坪组（J_{3gj}），仅见于大旗山、黄田山一带，为一套内陆湖泊相的中酸性火山岩和火山碎屑岩建造，不整合于下伏地层之上。

整个韩江三角洲广布着第四系陆相冲积和海陆混合相松散沉积，主要为壤土、黏土、砂砾石层、淤泥等。防洪堤的地基土即由其组成。

该区岩浆岩有燕山期黑云母中—粗粒花岗岩和石英正长岩，见于潮州市内的金山和西湖山。

韩江三角洲历史上经历了多次构造运动，造成现今复杂的构造轮廓。燕山运动是本区最大的造山运动，形成了北东和北北东向的大规模断裂。邻近地区代表性断裂有北东向的潮洲—揭阳断裂、樟林—汕头断裂和北西向的韩江断裂。其中有些断裂至今仍有不同程度的活动。

根据《中国地震动参数区划图》（GB 18306—2015），该区地震动峰值加速度为 0.20g，地震动反应谱特征周期为 0.35 s，相应的地震基本烈度为Ⅷ度。

韩江三角洲是韩江流域的重点防洪区，已有南北堤、汕头大围、下蓬、上蓬、一八、东厢等 10 多个重要堤防。现有堤防堤身单薄，筑堤土质差，多为粉砂、砂壤土，部分堤段尚堆填有杂填土。堤基主要坐落在古河道堆积层上，多为厚达 20~30 m 的强透水砂和砂卵砾石层。

3.2.3　工程地质分区

堤防工程地质条件主要受土层岩性、土体结构控制,兼受地质构造及地震地质背景等因素影响,而土层岩性、土体结构又主要受堤防所处河谷地貌单元的控制。因此,根据本项目各堤防工程区的基本地质条件,主要考虑堤防所处河谷地貌单元进行工程地质分区,可将本项目涉及堤防所处的地质背景分为3个区。

3.2.3.1　西江上游高原盆地区

西江干流广西壮族自治区象州县石龙三江口以上为上游,包括南盘江及红水河两河段。南盘江河段地处高原盆地,贯穿沾曲、陆良两盆地(俗称坝子)以及宜良盆地。沾曲段位于盆地中部偏东,陆良段位于盆地中部偏西,盆地内地势平坦。

沾曲盆地河段沿岸第四系以冲积(Q^{al})砂砾石、砂土、含砾细砂夹黏土为主,组成河漫滩和阶地;陆良盆地内干流沿岸主要地层为第四系湖积(Q^{l})黏土、砂质黏土夹淤泥质黏土,厚14~20 m,下伏主要为第三系茨营组(N_2C)地层;宜良盆地上覆地层主要由第四系全新统(Q^{Pal})砂(卵)砾石、粉砂土、黏土及第三系上新统(N_2)砂砾石、粉细砂、黏土夹褐煤组成,盆地中心沉积厚度大于300 m。

由于堤基黏土、砂质黏土夹有淤泥质黏土,第三系岩层具膨胀性,堤基及堤前岸坡稳定问题较为突出。

沾曲陆良段,地震动峰值加速度为0.15g,相应地震基本烈度为Ⅶ度;宜良段位于区域地质构造不稳定区,地震动峰值加速度为0.20g~0.3g,相应地震基本烈度为Ⅸ度,均需考虑堤基抗震稳定问题。

3.2.3.2　西江中游河段

石龙三江口至梧州为西江的中游,包括黔江、浔江两河段,长294 km。主要支流有郁江、柳江。黔江、郁江河段为丘陵、平原地区。沿江两岸主要以低山丘陵和岩溶小平原为主,其次为冲积阶地。溶岩平原段广布碳酸盐类地层,岩溶地貌极为发育。

河流两岸第四系广泛分布。与堤防密切相关的河流一、二级阶地,多具二元结构,上部为黏土、壤土,下部为砂卵石。

位于西江中游河段的重点防洪城市包括南宁、柳州、梧州、桂林、贵港,对珠江主干流——西江洪水(归槽)影响很大的浔江两岸堤防,亦处于西江中游河段。其中,处于岩溶小平原的冲积阶地的重点堤防有柳州及贵港等重点防洪城市堤防;南宁、梧州及桂林城市堤防和浔江两岸堤防则地处低山丘陵地区的冲积阶地。

1. 岩溶小平原亚区

岩溶小平原亚区处于岩溶小平原的冲积阶地,与堤防密切相关的是河流一、二级阶地,多具二元结构,上部为厚度较大的黏土或次生红黏土,下部为砂卵石。虽然存在岩溶堤基渗漏问题,但由于堤基上部为厚度较大的次生红黏土,渗透稳定问题不突出,而受次生红黏土特性制约的堤前岸坡稳定问题较为普遍。

2. 低山丘陵亚区

低山丘陵亚区地处低山丘陵地区的冲积阶地,与堤防密切相关的也是河流一、二级阶地,多具二元结构,上部为黏性土,下部为砂卵石。大部分堤防堤基上部黏性土厚度较大,一般不存在堤基的渗漏与渗透稳定问题,仅南宁、梧州城市堤防和浔江两岸堤防的桂平段部分地段堤基上部黏性土厚度不足,存在堤基的渗漏与渗透稳定问题;而梧州城市堤防堤基浅层为杂填土,不仅存在堤基的渗漏与渗透稳定问题,还存在堤基及堤前岸坡稳定问题。

3.2.3.3　河流下游及三角洲区

1. 珠江三角洲亚区

珠江三角洲亚区是流域的重点防洪区,有广州、深圳、佛山等大中城市及北江大堤、景丰联围、东莞大堤、佛山大堤、江新联围、樵桑联围、中顺大围等一大批重点堤围。该区大部分堤防建于软土上,极易出现地基沉陷、堤岸冲刷塌岸等问题;北江大堤大部分地段、景丰联围及东莞大堤的部分地段堤基多具二元结构,上部为黏性土,下部为砂卵石,部分地段堤基上部黏性土厚度不足,存在堤基的渗漏与渗透稳定问题。此外,佛山大堤所在区域地震动峰值加速度为0.10g,相应地震基本烈度为Ⅶ度,需考虑堤基抗震稳定问题。

2. 韩江三角洲亚区

韩江三角洲亚区是韩江流域的重点防洪区,已有南北堤、汕头大围、下蓬、上蓬、一八、东厢等十多个重要堤防。现有堤防堤身单薄,筑堤土质差,多为粉砂、砂壤土,部分堤段尚堆填有杂填土。由于堤基普遍存在厚达20~30 m的强透水砂和砂卵砾石层,存在堤基的渗漏与渗透稳定问题;部分堤段存在软土,且堤脚受河水冲蚀,存在堤基及堤前岸坡稳定问题。此外,地震动峰值加速度为0.20g,相应地震基本烈度为Ⅷ度,需考虑堤基抗震稳定问题。

3.3　珠江流域堤防常见工程地质问题

3.3.1　渗漏及渗透稳定问题

堤防大多是就地取材,用土料堆筑而成,而且堤基多为第四纪松散土层。由于土体都具有一定程度的透水性,在持续高水位作用下,堤身土料选择不当,施工质量差,或堤基分布有砂性土层等,往往造成堤内坡和堤基不断有水渗出的现象,称为渗水或渗漏。如果外河水位不断上升,大堤内、外形成了较大的水位差,从而促使堤基的渗透压力增大,当其渗透比降超过土体的抗渗强度时,在渗流的作用下,堤基(身)土体中的一些颗粒甚至整体发生移动,导致其组成和结构发生变形和破坏的作用或现象,称为渗透变形或渗透破坏。

渗漏及渗透稳定问题在堤防工程中相当普遍,严重危害和威胁着堤防的安全和稳定性,是防洪抢险的心腹之患。据历年抗洪抢险资料的初步统计,由渗透变形造成的险情约占总险情数的2/3。如广东省清远市内的北江大堤,堤基强透水层分布长度超过总堤长的50%,1994年6月特大洪水时多处发生管涌险情,因抢险及时,处理措施得当,险情得到控制,从而确保了广州市以及清远市、佛山市部分地区人民生命财产的安全。

3.3.1.1　渗透变形的类型

当渗透比降超过土体的临界比降后，就有可能引起土体的渗透变形。由于土体颗粒级配和土体结构的不同，存在流土、管涌、接触冲刷和接触流失四种变形类型。各种类型具体的作用见第1章1.2节。

由于土体的颗粒组成不同，上覆黏土的状态及不同的地层结构，土体发生渗透变形时的形态也各不相同，通常可将堤防渗透变形的形态特征分为以下几类：

(1)泉涌，又称泡泉或地泉。管口呈漏斗状，出水口直径一般几厘米至数十厘米，其表现特征是孔口喷水，有时砂粒在孔口翻动并沉积在孔口形成砂环。泉涌常发生在大堤背水侧坡脚附近的水沟、坑塘处或上覆薄层黏性土、下为砂层的双层结构堤基中。

(2)沙沸或沸涌，常成群出现，出水口直径多小于2 cm，冒水翻砂在小群孔四周堆积形成小砂环，外形似蜂巢、蚁窝。多发生在粉细砂及粉土地层中。

(3)土层隆起，俗称鼓包或牛皮包。地表土层凝结在一起，渗流未能顶破表土而形成鼓包。常发生在表层黏性土与草包连接较好的地层。

(4)断裂，渗流顶破较硬的黏性土使之断裂并沿其冒水翻砂。

(5)翻泥，软至流塑状的淤泥质土被渗流顶托翻起形成稀泥堆的现象。

3.3.1.2　渗透变形类型的判别

土的渗透变形判别包括判别土的渗透变形类型；确定流土、管涌的临界水力比降；确定土的允许水力比降。

1. 不均匀系数 C_u

土的不均匀系数 C_u 采用下式计算：

$$C_u = \frac{d_{60}}{d_{10}} \tag{3-1}$$

式中：d_{60} 为小于该粒径的含量占总土重60%的颗粒粒径，mm；d_{10} 为小于该粒径的含量占总土重10%的颗粒粒径，mm。

2. 土的细颗粒含量 P_c

土的细颗粒含量，以质量百分比(%)计。级配不连续的土，级配曲线中至少有1个以上的粒组的颗粒含量小于或等于3%的土，以该粒组在级配曲线上形成的平缓段的最大粒径和最小粒径的平均值或最小粒径作为粗、细颗粒的区分粒径 d_f，相应于该粒径的颗粒含量为细颗粒含量百分数(P_c)；级配连续的土，粗细颗粒的区分粒径为

$$d_f = \sqrt{d_{70}d_{10}} \tag{3-2}$$

式中：d_{70} 为小于该粒径的含量占总土重70%的颗粒粒径，mm。

3. 渗透变形判别

1) 黏性土

黏性土的渗透破坏形式一般为流土。对于黏性土，影响其渗透破坏的因素颇多，其中主要有黏性土的地质结构、矿物成分、黏粒含量、含水率、交换性阳离子的种类及含量、渗透水质等。总体来说，因黏土的孔隙直径小于无黏性土的粒径，在渗透水流的作用下，孔隙中不可能有细颗粒移动或带出，因此黏性土的渗透破坏形式一般为流土。

2)无黏性土

一般用不均匀系数(C_u)及细颗粒含量百分数(P_c)进行判别。

流土:$C_u \leq 5$;$C_u > 5$、$P_c \geq 35\%$;

过渡型:$C_u > 5$,$25\% \leq P_c < 35\%$,其渗透变形类型取决土的密度、粒级和形状;

管涌:$C_u > 5$、$P_c < 25\%$。

对于双层结构地基,当两层土的不均匀系数 $C_u \leq 10$,且符合 $\frac{D_{10}}{d_{10}} \leq 10$,不会发生接触冲刷。

对于渗流向上的情况,$C_u \leq 5$ 的土层符合$\frac{D_{10}}{d_{85}} \leq 5$ 条件将不会发生接触流失;$C_u \leq 10$ 的土层符合$\frac{D_{20}}{d_{70}} \leq 7$ 条件将不会发生接触流失。

其中,D_{10}、d_{10} 分别代表较粗和较细一层土的粒径,单位为 mm。小于该粒径的土重占总土重的 10%。

4.临界水力比降的确定

1)流土型

$$J_{cr} = (G_s - 1)(1 - n) \tag{3-3}$$

式中:J_{cr} 为土的临界水力比降;G_s 为土粒比重;n 为土的孔隙率(以小数计)。

2)管涌型或过渡型

$$J_{cr} = 2.2(G_s - 1)(1 - n)^2 \frac{d_5}{d_{20}} \tag{3-4}$$

式中:d_5、d_{20} 分别为小于该粒径的含量占总土重的 5%和 20%的颗粒粒径,mm。

3)管涌型

$$J_{cr} = \frac{42d_3}{\sqrt{\frac{k}{n^3}}} \tag{3-5}$$

式中:K 为土的渗透系数,cm/s;d_3 为小于该粒径的含量占总土重的 3%的颗粒粒径,mm。

5.允许水力比降

无黏性土的允许水力比降宜采用下列方法之一确定:

(1)以土的临界水力比降除以安全系数。一级堤防安全系数取 2.0;二级堤防安全系数取 2.0;三级堤防安全系数取 1.5。

(2)可根据渗透变形形式按表 3-3 取经验值。

3.3.1.3　双层堤基渗流与渗透稳定问题分析评价

堤防工程设计中,将表层为较弱透水层、下部为较强透水层、两层渗透系数之比大于100 的堤防地基称为双层地基。考虑到黏性土的特殊性,把表层(较弱透水层)为黏性土的堤防双层地基称为双层堤基。大部分具河流冲积二元结构的堤基可视为双层堤基,这种堤基在大江大河防洪干堤中非常普遍,如珠江流域(片)16 座重点堤防中,除浔江两岸堤防藤县河西堤、广东省樵桑联围及海南省南渡江河口堤外，其余 13 座堤防均存在双层堤基。洪水期堤后承压水对堤基稳定构成威胁，由此产生的堤后泉涌（通称“管涌”，下同）是堤基渗透破坏的主要形式。工程实例表明，双层堤基渗流及渗透破坏具特殊性，主要表现为堤后承压水头大范围超高，可见超远距离“管涌”。如“98”长江大洪水在堤后 1 000 m 外仍出现“管涌”，一时难以得到合理解释，其形成机制、规律等问题至今仍是水利工程界值得探讨的热点问题。

表 3-3　无黏性土允许水力比降

允许水力比降	渗透变形类型					
	流土型			过渡型	管涌型	
	$C_u \leqslant 3$	$3<C_u \leqslant 5$	$C_u>5$		级配连续	结配不连续
$J_{允许}$	0. 25~0. 35	0. 35~0. 50	0. 50~0. 80	0. 25~0. 40	0. 15~0. 25	0. 10~0. 20

注：本表不适用于渗流出口有反滤层的情况；C_u 为土的不均匀系数。

由于大部分堤防修建于沿江一级阶地前缘，阶地冲积层的下部普遍为强透水层（砂层及砂卵砾层），它一般在阶地后缘尖灭或消失，周边不是受基岩风化残丘所限，就是受阻于高阶地黏性土层，即所谓强透水层在堤后（平面上）呈封闭产出；部分堤防修建于河间地块一级阶地前缘，横穿河间地块的阶地冲积层下部强透水层（砂层及砂卵砾层），外受近乎相等高度洪水包围，向内受阻于高阶地黏性土层或基岩风化残丘，同样形成强透水层在堤后（平面上）呈封闭产出。这一特征是双层堤基与双层（拦河）坝基最根本的区别。这种特殊的水文地质结构，构成堤后承压水封闭系统，洪水期将形成一种“渗而不流”的渗流场。堤基渗流具“渗而不流”特征：

（1）堤内承压水头损失很小，水力坡降小，$i<0.01$。

（2）堤内外水力联系密切，涨落同步，近乎静水压力传递。

（3）堤后承压水分布范围广，且在强透水层范围内水头呈线性分布，强透水层在堤后尖灭处的承压水头仍明显高出地面。

（4）承压水渗透速度缓慢。

根据双层堤基渗流的“渗而不流”特征，可以对若干疑难问题做出初步解释：

（1）超远距离 “管涌”的成因。“98”洪水期，长江干堤发现不少超远距离“管涌”（堤后 800~1 000 m），对于挡水高度仅 10 m 的堤防，平均水力梯度已小至 0. 01，根本不具备产生“管涌”的水动力条件。对此，认为是复杂地质条件形成集中渗漏的连通管者有之，怀疑是堤后外围低山或丘陵（高）地下水强补给引起者亦有之。对广东北江大堤堤后 200 m 出现的“管涌”，有学者认为是基岩（岩溶）管道所致。

实际上，长江干堤多建于一级阶地前缘，而长江一级阶地非常宽阔，其二元结构之下部砂砾层向堤后延伸可达 1 000 m 以外尖灭，构成堤后超大范围的封闭水文地质（空间）结构，由此形成堤后超大范围的“渗而不流”承压渗流场，如图 3-1 所示。“渗而不流”条件下，承压渗流水力梯度非常平缓（千分之几），对应于净水头 10 m，堤后 1 000 m 处仍有 7~8 m 的承压水头，遇盖层厚度不足 3 m 的沟渠底部，完全可以击穿此薄弱环节而产生

"管涌"。

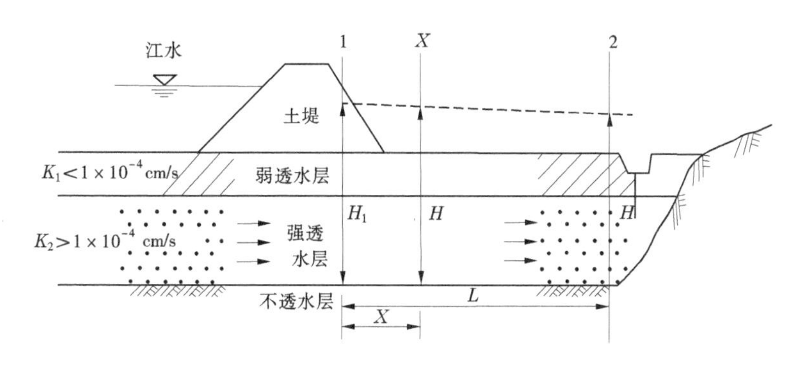

图 3-1　超远距离"管涌"水动力条件

(2)局部截渗的效果。垂直防渗是堤基防渗处理措施中最为有效的方法。1998 年洪水后,各种防渗墙技术应运而生,尤其是薄防渗墙技术的不断完善提高,使防渗墙造价大幅降低,更易于推广。目前,大部分堤基防渗处理均采用了垂直防渗墙。由于大江大河堤基存在的强透水层沿堤线连续分布很长(以 km 计),堤基防渗处理仅针对堤后盖层厚度不足的局部堤段,因而常形成局部截渗,但局部截渗的效果颇有争议。

"渗而不流"条件下,承压渗流场呈近乎静水承压,静水压力各向等压且水压力的传递速度快如声波,理论上只有全封闭才能真正减压,局部截渗试图用延长绕渗途径而达到减压目的缺乏理论依据。局部截渗的防渗墙的减压效果与其堤后天然排水密切相关,只有堤后存在较多揭穿黏性土盖层沟、渠、塘或较多历史"管涌"等出口时,减压效果才明显。

(3)悬挂防渗的失效。大江大河堤基存在的强透水层,不仅沿堤线连续分布很长(以 km 计),而且厚度较大,加上作为截渗依托的基岩顶部常见中等—强透水层,堤基截渗处理难以做到全截式,即使做了全截式,由于强透水层厚度大,亦即防渗墙深度大,超薄防渗墙连续性难以保证,易形成事实上的悬挂式防渗。对"渗而不流"模式而言,直观地理解,就像在静水环境中插入一块悬空防渗(墙)板,渗压通道貌似缩窄,但静水压力传导通畅依旧,因而无法减压;理论上分析,悬挂式防渗的根本目的是通过延长渗径而增加水头损失、减少渗漏量,但是,这种企图只有在水流起来的前提下才能实现。"渗而不流"条件下,承压渗流场呈近乎静水承压,承压渗流水力梯度非常平缓(千分之几),由于其中的水头差 $i\to0$,因而渗径(L)的作用无从体现。

(4)前后排减压井流量倒挂。对"渗而不流"模式而言,堤后承压渗流场水头分布变化主要受盖层的出渗条件变化控制,尤其是那些切穿盖层的沟、渠、塘和历史"管涌"点。洪水期,堤后承压渗流场一旦形成,这些沟、渠、塘和历史"管涌"点即成为天然减压沟、井,在其附近将形成具一定影响范围的降落漏斗。显然,对于相同尺寸的减压井,由于作用水头减小,置于降落漏斗内的减压井要比置于降落漏斗外的减压井的排水量小。

(5)基岩渗漏的影响。对于双层堤基,一般把基岩视为相对不透水层。事实上,基岩顶部常见中等甚至是强透水层,全截式防渗墙一般未能截断基岩渗漏,同样可能导致形成事实上的悬挂式防渗,以致以减压为目的的垂直防渗措施失效。但是,“渗而不流”条件下,基岩渗漏带的存在,只是起增加透水层厚度的作用,由其渗漏进来的水仍将汇入上覆砂砾层,最终以承压水头均匀作用于黏性土盖层底板。由此构成的“管涌”威胁,不宜认为是基岩渗漏直接集中作用于黏性土盖层而产生“管涌”。

北江大堤石角段基岩存在强透水构造,强透水带附近的岩性较弱,是否会在外江水位变动产生一定量级的渗透流速,发生水力冲蚀使透水构造继续发育,进而将基础的渗透通道打通,部分颗粒被带走,对北江大堤的安全构成威胁?北江大堤石角段双层堤基具典型的“渗而不流”特征,其最根本的特征是“不流”,即堤内承压水头损失很小,水力坡降小,$i<0.01$;而且堤内外水力联系密切,涨落同步,近乎静水压力传递,因此外江水位的变动不会产生足以冲蚀透水构造的渗透流速,基岩存在强透水构造难以对北江大堤的安全构成威胁。

(6)无害“管涌”。双层堤基渗流的根本特征是“不流”,由此造成堤后大面积承压水头超高,远距离发生“管涌”常难以避免。但是,“渗而不流”条件下,黏性土盖层未出现顶裂破坏前,承压水头测压面梯度非常平缓(千分之几),堤后承压水呈近乎静水状态。在研究区域不大的范围内,水头测压面可视为水平面,即视盖层底板承受相等的静水压力。一旦盖层的局部薄弱点受顶裂破坏,随即形成孔底进水的承压冒水孔:承压水向冒水孔的流动是以孔底为中心的径向汇流,实质为底部进水的承压井。因此,可以把离堤较远的“管涌”视为无害“管涌”,没有必要为“消除”它而预先防治,更不必为追求根治而全线截渗。有害“管涌”局限于堤后小范围,首选防治方案为有针对性的压渗。

3.3.1.4　珠江流域堤防渗流与渗透稳定问题分析评价

珠江流域从云贵高原经广西进入珠江三角洲,穿越多个地质构造和地貌单元,堤防堤基地质结构复杂,总体来说,堤基可分为单一结构(Ⅰ)、双层结构(Ⅱ)和多层结构(Ⅲ),根据黏性土、粗粒土、特殊土的分布与组合关系,再细分亚类,详见表1-10。

堤基的渗透变形一般发生在堤脚和堤后,其类型主要为管涌和流土。洪水期堤前水位高涨,高出堤后地面一定的高度,堤基下如有中等以上的透水层与河床连通如堤基结构属单一的砂性土堤基($Ⅰ_2$类),实质上洪水期将形成近似均匀砂基渗漏,渗漏问题突出,堤后地面一旦渗流水力比降大于砂土临界比降,将发生流土型为主的渗透破坏。

堤基属上薄层黏性土、下砂土双层结构亚类($Ⅱ_1$),强透水层受上覆黏性土封闭,洪水期堤后地面下的砂性土透水层形成近乎静水压力,其水头与堤前的水头基本一致。如堤后地面表层黏性土盖层不足以抵挡下部的水头压力,黏性土盖层将被击穿,发生渗透破坏,俗称“管涌”。

因此,容易发生抗渗稳定问题的堤基地质结构一般为粗粒土单一结构$Ⅰ_2$类、上薄黏性土下粗粒土$Ⅱ_1$类以及堤基表层为粗粒土$Ⅲ_1$类。

1. 西江上游段

1)南盘江堤防沾曲陆良段

南盘江堤防沾曲陆良段堤基地质结构见表3-4,堤基属$Ⅰ_1$类(单一黏性土)或$Ⅱ_2$类(上厚层黏性土、下砂性土),发生堤基渗漏及渗透稳定问题的可能性小。

表 3-4　沾曲陆良段堤基地质结构分类汇总

大类	亚类	分布桩号	分布堤段	长度/km	累计/km	占全段长百分比/%
Ⅰ（单一结构类）	$Ⅰ_1$（单一黏性土）	36+290~48+950	沾曲金龙大桥—丁家桥	12. 66	57. 24	64. 68
		48+950~68+470	沾曲丁家桥—下桥闸	19. 52		
		68+470~79+950	沾曲下桥闸—麦地闸	11. 48		
		94+910~108+490	陆良旧州闸—盘虹桥	13. 58		
Ⅱ（双层结构类）	$Ⅱ_2$（上厚层黏性土、下砂性土）	30+450~36+290	沾曲东风闸—金龙大桥	5. 84	19. 66	22. 21
		82+950~94+910	陆良响水坝—旧州闸	11. 96		
		108+490~110+350	陆良盘虹桥—西桥	1. 86		
基岩	基岩	79+950~82+950	沾曲麦地闸—陆良响水坝	3. 00	11. 60	13. 11
		110+350~118+950	陆良西桥—五眼洞段	8. 60		

2) 南盘江堤防宜良段

南盘江堤防宜良段堤基地质结构分类见表 3-5。

表 3-5　南盘江堤防宜良段堤基地质结构分类汇总

大类	亚类	分布桩号	分布堤段	长度/km	累计/km	占全段长百分比/%
Ⅰ（单一结构类）	$Ⅰ_1$（单一黏性土）	5+500~6+000	仙觉村—古城桥闸	5. 50	5. 50	14. 87

续表 3-5

大类	亚类	分布桩号	分布堤段	长度/km	累计/km	占全段长百分比/%
Ⅱ(双层结构类)	$Ⅱ_1$(上薄层黏性土、下砂性土)	24+880~29+130	阳阴沟—狗街桥闸	4.25	6.62	17.89
		29+130~31+500	狗街桥闸—花桥	2.37		
	$Ⅱ_2$(上厚层黏性土、下砂性土)	0+000~5+000	古城桥闸—汇车桥	5.00	20.83	56.30
		5+000~7+500	汇车桥—大村	2.50		
		7+500~11+100	大村—陈所渡桥	3.60		
		11+100~18+830	陈所渡桥—老龙水以下	7.23		
		18+830~20+830	老龙水以下—毛家营	2.50		
	$Ⅱ_3$(上砂性土，下黏性土)	20+830~24+880	毛家营—阳阴沟	4.05	4.050	10.94

由表 3-5 可知，存在堤基渗透稳定问题的堤段有毛家营—阳阴沟段（桩号 20+830~24+880）、阳阴沟—狗街桥闸段（桩号 24+880~29+130）、狗街桥闸—花桥段（桩号 29+130~31+500）。

毛家营—阳阴沟段（桩号 20+830~24+880）堤基地质结构自上而下为：①灰黄色砾砂层，稍密，厚约 6.2 m；②黑色淤泥质黏土、黏土，厚度大于 4.5 m。

阳阴沟—狗街桥闸段（桩号 24+880~29+130）堤基地质结构自上而下为：①灰色含粒状红斑黏土，硬塑状，厚 1.5~1.7 m；②灰黄、褐黄色细中砂层，稍密—中密，厚 4.0~8.5 m，下部为含砾中粗砂及卵砾石，饱和，稍密—中密，厚 0.7~1.9 m。

狗街桥闸—花桥段（桩号 29+130~31+500）堤基地质结构自上而下为：①含砂淤泥，软塑，厚约 1.0 m；②灰黄色细中砂砂层，厚 2.5~5.0 m，下部为砂卵砾石层，厚约 5.0 m。

2. 西江中游段

1) 邕江南宁防洪堤

堤身填土由于填筑过程零乱,填筑质量差,密实度不均,有的填土未经压实,有的填土土料质量不符合要求,局部夹杂土、石块、砖瓦块,有的清基不彻底,仍保留淤泥质土,这些都影响了堤身的质量。据堤身注水可知,$K=1.4\times10^{-4}\sim1.0\times10^{-1}$ cm/s,属中等—强透水,堤身局部存在渗漏及渗透稳定问题。经过多年的堤防除险加固、达标加固等,堤身的渗漏及渗透稳定问题基本得到解决。

南宁市防洪堤 20 年一遇洪水位上游石埠段为 78.86~79.78 m,西明江段约 78.03 m,江北东堤竹排冲处为 77.70 m,按照堤基黏性土厚度为堤身挡水高度的 5%作为堤基黏性土厚薄的分界线进行分类,邕江南宁防洪堤堤基地质结构分类见表 3-6。

表 3-6　邕江南宁防洪堤堤基地质结构分类汇总

大类	亚类	结构特征	分布堤段	分布桩号	长度/km
Ⅰ(单一结构类)	$Ⅰ_2$(单一砂性土)	上部粉细砂层厚约 10 m,砂卵砾石。堤后表层黏性土层厚 2~4 m,中部为粉细砂,厚 3~7 m,下部为砂卵砾石	江北东堤	2+600~2+900	0.300
Ⅱ(双层结构类)	$Ⅱ_1$(上薄层黏性土、下砂性土)	上部黏性土层厚 0~6 m,中部粉土厚 0~11 m,下部为粉细砂、砂卵砾石	江北中堤	7+350~8+590	1.240
		上部黏性土层厚约 2.7 m,下部为粉细砂、砂卵砾石	江南东堤	2+000~2+330	0.330
		上部黏性土层厚 2.0~3.4 m,下部为砂卵砾石	白沙堤	5+300~6+428	1.330
	$Ⅱ_2$(上厚层黏性土、下砂性土)	上部黏性土层厚大于 6.5 m,中部粉土厚 5~10 m,下部为含泥砂卵砾石	石埠堤	0+000~4+370	4.370
		上部黏性土层厚 3~10 m,中部粉土厚 1.5~10 m,下部为粗砂、含泥砂卵砾石	西明江堤	0+000~4+743	4.743
		上部黏性土层厚 2~14 m,中部粉土厚 0~7 m,下部为粉细砂、砂卵砾石	江北西堤	9+865~15+400	5.535
		上部黏性土层厚约 7 m,中部粉土厚约 3 m,下部为粉细砂、砂卵砾石	江北中堤	9+700~9+865	0.165
		上部黏性土层厚 5~9 m,中部粉土厚 2~10 m,下部为粉细砂、砂卵砾石		5+191~7+350	2.159
		上部黏性土层厚 10~20 m,下部为砂卵砾石	江北东堤	2+900~5+191	2.291
		上部黏性土层厚 6.5~20 m,下部为砂卵砾石		0+000~2+600	2.600

续表 3-6

大类	亚类	结构特征	分布堤段	分布桩号	长度/km
Ⅱ（双层结构类）	Ⅱ$_2$（上厚层黏性土、下砂性土）	上部黏性土层厚大于 5 m，下部为粉细砂、砂卵砾石	沙江堤	0+000～2+020	2.020
		上部黏性土层厚 4～12 m，中部粉土厚 2～9 m，下部为粉细砂、砂卵砾石	江南西堤	4+692～16+180	11.488
		上部黏性土层厚 4～10 m，中部粉土厚 1～5 m，下部为粉细砂、砂卵砾石	江南东堤	2+330～4+692	2.362
		上部黏性土层厚 3.5～10 m，中部粉土厚 4～10 m，下部为粉细砂、砂卵砾石		0+000～2+000	2.000
		上部黏性土层厚 1.60～14 m，中部粉土厚 0～13 m，下部为粉细砂、砂卵砾石	白沙堤	0+000～5+300	5.300
Ⅲ（多层结构类）		上部黏性土层厚 1.5～8 m，中部粉土厚 1.4～7.7 m，往下为粉细砂层，厚 2～6 m，往下为粉质黏土，厚 2～3.5 m，下部为砂卵砾石	江北中堤	8+590～9+700	1.110

按上述标准划分，存在堤基渗透稳定问题的堤段有江北中堤雅里永和堤段（桩号 7+350～8+590）、江北东堤凌铁村菜地堤段（桩号 2+600～2+900）、江南东堤西江航运局管理大院堤段（桩号 2+000～2+330）和白沙堤那洪江堤段（桩号 5+300～6+428）。

2）郁江贵港防洪堤

堤身填土主要为素填土，呈褐黄色或砖红色，以黏土、粉质黏土为主，上部含较多灰岩碎块，呈可塑—硬塑状，较为密实，厚 2.9～3.8 m，一次填筑而成。堤身土渗透性基本满足要求，堤身质量较好，再加上近些年堤防达标加固等，堤身基本不存在渗漏及渗透稳定问题。

贵港防洪堤堤基地质结构分类见表 3-7。

表 3-7　贵港防洪堤堤基地质结构分类汇总

大类	亚类	结构特征	分布堤段	分布桩号	长度/km
Ⅰ（单一结构类）	Ⅰ$_1$（单一黏性土）	上部杂填土厚 2.9～4.5 m，下部为花斑黏土	鲤鱼江左堤	0～6+420	6.42
		上部为黏土，下部为花斑黏土、粉土等，基岩岩溶发育	鲤鱼江右堤	0～8+220	8.22
		上部人工填土，厚 0.8～6.1 m，下部黏土、花斑黏土	郁江北堤	0～8+900	8.90
		上部杂填土，厚 0.3～4.3 m，下部黏土、花斑黏土		9+200～17+600	8.40
		上部填土，厚 0.9～2.8 m，下部黏土、花斑黏土及粉土，基岩岩溶发育	郁江南堤	1+600～10+550	8.95
		上部花斑黏土，厚 3.5～7.05 m，下部黏土	城北东堤	0～8+300	8.30

续表 3-7

大类	亚类	结构特征	分布堤段	分布桩号	长度/km
Ⅱ(双层结构类)	Ⅱ$_2$(上厚层黏性土、下砂性土)	上部黏性土,厚约 10 m,下部砂卵砾石层,厚0.5~1.6 m	郁江北堤	8+900~9+200	0.30
		上部黏性土层厚 13.5 m,下部含泥砂卵砾石层,厚约 5 m	郁江南堤	0~1+600	1.60

由表 3-7 可知,贵港防洪堤堤基地质结构为Ⅰ$_1$类和Ⅱ$_2$类,一般不会产生渗漏及渗透稳定问题。

3) 柳州柳江防洪堤

柳州柳江防洪堤堤基地质结构分类见表 3-8。

表 3-8　柳州柳江防洪堤堤基地质结构分类汇总

大类	亚类	结构特征	分布堤段	分布桩号	长度/km
Ⅰ(单一结构类)	单一黏性土Ⅰ$_1$(单一黏性土)	堤基基本均由黏性土组成	鹧鸪江堤	0~0+940	0.940
		由黏性土组成		1+440~1+766	0.326
		主要由黏性土组成,厚 14~18.6 m,基岩岩溶发育,存在岩溶渗漏及岩溶浸没问题	鸡喇堤	0~2+480	2.480
	Ⅰ$_2$(单一砂性土)	上部为杂填土,下部为砂卵砾石层	白沙堤	0~1+000	1.000
		由杂填土及粉土组成,渗透性较强	河西堤	1+400~3+420	2.020
Ⅱ(双层结构类)	Ⅱ$_1$(上薄层黏性土、下砂性土)	上部为薄层粉质黏土及杂填土,下部为砂卵砾石层	木材厂堤	1+900~2+300	0.400
		上部为薄层黏性土,下部为砂性土,砂性土在河沟处直接出露	鹧鸪江堤	0+940~1+440	0.500
	Ⅱ$_2$(上厚层黏性土、下砂性土)	上部黏性土,厚 3.6~18.2 m,下部砂卵砾石,厚 3.8~11.9 m	木材厂堤	0~1+900	1.900
		上部黏性土,厚 8.0~13.0 m,下部砂卵砾石层		2+300~3+750	1.450
		上部杂填土及黏性土,黏性土厚 7.6~13.1 m,下部砂卵砾石层	雅儒堤	0~0+323	0.323

续表 3-8

大类	亚类	结构特征	分布堤段	分布桩号	长度/km
Ⅱ(双层结构类)	Ⅱ$_2$(上厚层黏性土、下砂性土)	上部杂填土及黏性土,黏性土厚4~11.2 m,下部砂卵砾石层	曙光、三中堤	0~3+749	3.749
		上部黏性土,厚 5~8.9 m,下部砂性土	白沙堤	1+000~4+890	3.890
		上部黏性土,厚 10.0~15.0 m,下部砂性土	河西堤	0~1+400	1.400
		上部黏性土,厚 5~16.3 m,下部为砂卵砾石层	河东堤	0~5+537	5.537
		上部黏性土,厚 5.8~16.0 m,下部为砂卵砾石层,基岩岩溶发育	静兰堤	0~3+085	3.085
Ⅲ(多层结构类)		上部为杂填土、粉土,中部为黏性土,下部为砂卵砾石层,基岩岩溶发育	华丰湾堤	0~0+620	0.620

由表 3-8 可知,存在堤基渗透稳定问题的堤段有白沙堤 0~1+000 段、河西堤 1+400~3+420 段、木材厂堤 1+900~2+300 段、鹧鸪江堤 0+940~1+440 段。

4) 漓江桂林防洪堤

漓江桂林防洪堤堤基地质结构分类见表 3-9。

表 3-9　漓江桂林防洪堤堤基(堤后)地质结构分类汇总

类	亚类	结构特征	分布堤段	分布位置	长度/km
Ⅰ(单一结构类)	Ⅰ$_1$(单一黏性土)	堤基由黏土、粉质黏土、夹砾卵石黏土组成,下伏基岩	漓江右岸	虞山水闸—叠彩山	0.9
	Ⅰ$_2$(单一砂性土)	上部为细砂、含泥粉细砂,厚约 1.5 m,下部为砂砾卵石	漓江左岸	小东江入口下游约 501 m—解放桥下游临下街入口	1.1
		上部为细砂、含泥粉细砂,厚约 1.2 m,下部为砂砾卵石		漓江下游约 700 m—小东江出口	1.7
		上部为细砂、含泥粉细砂,厚约 6 m,下部为砂砾卵石		小东江出口—下游约 700 m	0.6
		堤基全部由砂砾卵石构成	小东江两岸	龙隐桥—白果新村	4
		堤基全部由砂砾卵石构成	漓江右岸、宁远河左岸	象鼻山—漓江桥下游约 300 m、宁远河出口—市二中	2.1
		堤基全部由砂砾卵石构成	漓江右岸	造船厂—铁路桥	1.25
	Ⅰ$_3$(基岩岸坡)	灰岩岸坡、岩溶发育	漓江右岸	叠彩山段、伏波山段、象鼻山段、斗鸡山段、净瓶山段	1.55
			宁远河右岸	雉山段	0.15

续表 3-9

类	亚类	结构特征	分布堤段	分布位置	长度/km
Ⅱ(双层结构类)	Ⅱ$_1$(上薄层黏性土、下砂性土)	上部粉质黏土层厚 1~2.5 m,中部为细砂、含泥粉细砂,下部为砂砾卵石	漓江左岸	虞山桥—小东江入口下游约 501 m	1.6
		上部粉质黏土层厚约 1 m,中部为细砂、含泥粉细砂,厚约 1 m,下部为砂砾卵石	小东江两岸	白果新村—小东江出口	2.6
	Ⅱ$_2$(上厚层黏性土、下砂性土)	上部粉质黏土层厚 4~6 m,中部为细砂、含泥粉细砂,下部为砂砾卵石	漓江左岸	董家巷—虞山桥	5.4
		上部粉质黏土层厚 3~4 m,下部为砂砾卵石		解放桥下游临街入口—漓江桥下游约 700 m	2.6
		上部粉质黏土层厚 4~6 m,中部为细砂、含泥粉细砂,下部为砂砾卵石		小东江出口下游约 700 m—王家村	3.355
		上部粉质黏土、黏土层厚 3~4.5 m,下部为砂砾卵石	小东江两岸	小东江入口—龙隐桥	5.2
		上部夹砂粉质黏土、黏土层厚 3~6 m,下部为砂砾卵石	漓江右岸、宁远河左岸、桃花江象鼻山出口段	赵家桥—虞山水闸	4.45
		上部粉质黏土层厚约 3.5 m,下部为砂砾卵石		叠彩山—伏波山、伏波山—象鼻山	2.54
		上部粉质黏土、夹卵砾石粉质黏土层厚约 2.5 m,下部为砂砾卵石		漓江下游约 300 m—宁远河出口、市二中—象鼻山桃花江出口	1.9
		上部粉质黏土厚大于 2 m,下部为砂砾卵石	桃花江两岸	桃花江开始处—虹桥坝	28
		上部粉质黏土厚大于 1 m,下部为砂砾卵石	宁远河右岸	虹桥坝—市二中、雉山—宁远河出口	0.95
		上部粉质黏土厚大于 1 m,下部为砂砾卵石	漓江右岸	雉山—斗鸡山	1.23
		上部粉质黏土厚一般 1~4 m,下部为砂砾卵石		斗鸡山—净瓶山、净瓶山—造船厂	2.41

由表 3-9 可知,堤基的渗透变形问题主要发生在Ⅰ$_2$(单一砂性土亚类,占全堤 14.22%)、Ⅱ$_1$(上薄层黏性土、下砂性土,占全堤 5.56%)处。

5)浔江两岸桂平段

浔江两岸桂平段堤身填土以黏性素填土为主,仅在桂平城区段和郁浔右堤木圭段有部分浆砌石堤,此外零星地段有砂性素填土和杂填土。土堤段除桂平城区堤段永江水闸—勒高埠段、郁浔东堤郁江段外,均在后期(主要是1998~2002年)进行过加高培厚整治工作,土堤上鼠洞蚁穴等隐患并不突出。

浔江两岸桂平段堤防堤基地质结构分类见表3-10。

表3-10　浔江两岸桂平段堤防堤基地质结构分类汇总

大类	亚类	分布堤段	长度/km	合计长度/km	所占比例/%
Ⅰ(单一结构类)	I_1(单一黏性土)	桂平城区堤大部分堤段	2.5	43	3.2
		木圭堤大部分堤段	4.4		5.7
		郁浔东堤大部分堤段	24.0		31.2
		浔江西堤下段黄矛岭村一带	1.6		2.0
		浔江西堤下段江儿口一带	3.0		3.9
		江口堤	7.5		9.7
	I_2(单一砂性土)	浔江西堤上白沙—下白沙段	1.1	1.6	1.4
		浔江西堤廷真棚村	0.5		0.65
Ⅱ(双层结构类)	II_1(上薄层黏性土、下砂性土)	浔江西堤下白沙村	1.1	1.1	1.4
		桂平城区堤全村水闸一带	2.2	30.2	2.8
	II_2(上厚层黏性土、下砂性土)	桂平城区堤玛骝滩水利枢纽一带	0.6		0.78
		桂平城区堤官涌口水闸附近	2.0		2.6
		郁浔东堤上段荔枝木根村一带	0.7		0.91
		郁浔东堤上段大路涌水闸附近	1.0		1.3
		郁浔东堤摩天河段石河防洪闸一带	0.8		1
		郁浔东堤下段历江村下游	1.0		1.3
		郁浔东堤下段佛子村一带	1.0		1.3
		木圭堤下段	1.0		1.3
		浔江西堤上段渡口—上白沙一带	3.8		4.9
		浔江西堤上段下白沙村下游一带	2.0		1.3
		浔江西堤上—中段黎冲塘一带	2.7		3.5
		浔江西堤中段三鼎村一带	5.0		6.5
		浔江西堤下段川岭村一带	2.0		2.6
		浔江西堤下段牛持湾一带	0.5		0.65
		三布堤	4.9		6.4
	II_3(上砂性土、下黏性土)	浔江西堤中段文头坡一带	0.6	1.1	0.78
		郁浔东堤下段崩坎一带	0.5		0.65

由表 3-10 可知,浔江西堤上白沙—下白沙段、浔江西堤延真棚村段堤基地质结构为 I_2 类,浔江西堤中段文头坡一带和郁浔东堤下段崩坎一带为 II_3 类,缺失防渗盖层,堤基砂性土渗透性较强,易形成渗漏通道,在外江高水压力作用下,堤后尤其是低洼地段,最易产生渗漏及渗透稳定问题。浔江西堤下白沙村段为 II_1 类,也存在渗漏及渗透稳定问题。

6) 浔江两岸平南段

浔江两岸堤防平南段堤基地质结构分类见表 3-11。

表 3-11　浔江两岸堤防平南段堤基地质结构分类汇总

大类	亚类	分布堤段	分布堤段桩号	长度/km
I(单一结构类)	I_1(单一黏性土)	思界堤	务山—上平田段:桩号 2+850~13+800	10.95
			古雍—上平田段:桩号 14+500~15+800	1.3
		平南城区左堤	乌江口—罗冲桥闸段:桩号 20+000~21+500	1.5
		丹竹堤	河山石灰厂—大禾塘段:桩号 34+350~38+750	4.4
		平南城区右堤(下渡堤)	旺京冲—下渡段:桩号 0+900~11+700	10.8
		芳岭堤	莫屋—大成段:桩号 15+850~21+000	5.15
		河武堤	大成—河口段:桩号 21+000~25+800	4.8
			武林段:桩号 30+500~34+700	4.2
II(双层结构类)	II_2(上厚层黏性土、下砂性土)	思界堤	望步段:桩号 0+000~0+650	0.65
			古雍—上平田段:桩号 13+800~14+500	0.7
		平南城区左堤	上平田—乌江口段:桩号 15+800~20+000	4.2
			罗冲桥闸—岩塘段:桩号 21+500~27+250	5.75
		丹竹堤	葛塘岭—石灰塘段:桩号 31+800~33+850	2.05
		平南城区右堤(下渡堤)	旺京冲—上渡段:桩号 0+000~0+900	0.9
		芳岭堤	文笔岭—九儿冲段:桩号 12+400~14+050	1.65
			莫屋—大成段:桩号 14+950~15+850	0.9

由表 3-11 可知,堤基以单一黏性土结构或上厚层黏性土、下砂性土结构为主,堤基不存在渗漏及渗透稳定问题。

7) 浔江两岸藤县段

浔江两岸藤县段堤基土主要由黏性土层组成,上部为褐色、褐黄色、灰黄色粉质黏土、黏土,下部为灰色、深灰色粉土或粉质黏土,属 I_1 类堤基,堤基不存在渗漏及渗透稳定问题。

8) 浔江两岸苍梧段

浔江两岸苍梧段堤基结构多为 II_2 类,即上部为黏性土层,厚 10.1~29.9 m;下部为含泥粉细砂、含泥砂卵砾石层,厚 0.2~7.1 m。堤基不存在渗漏及渗透稳定问题。

9）桂江及西江梧州防洪堤

桂江及西江梧州防洪堤主要采用钢筋混凝土防洪墙的形式，部分堤段堤路结合，坡脚或坡上均有护岸，多为浆砌石，少量为干砌块石、预制混凝土块或浇筑混凝土面板。堤身不存在渗漏及渗透稳定问题。但河东堤目前无明显的堤身，多靠在漫滩上人工填土至一级阶地面高程挡水，人工填土主要为杂填土，由建筑垃圾、生活垃圾组成，局部为素填土，结构疏松，透水性强，抗渗稳定性差，其抗渗稳定问题突出。桂江及西江梧州防洪堤堤基地质结构分类见表 3-12。

表 3-12　桂江及西江梧州防洪堤堤基地质结构分类汇总

大类	亚类	结构特征	分布堤段	分布桩号	长度/km
Ⅰ(单一结构类)	Ⅰ$_{1}$(单一黏性土)	由杂填土、粉土、粉质黏土及黏土组成	河东堤桂江上游段	0+000~0+300	0.3
		主要由杂填土、粉质黏土、黏土组成	河西堤西江桥—角嘴段	2+520~3+800	1.28
		主要由填土及黏性土组成	河西堤西江桥—角嘴段	5+920~6+220	0.3
Ⅱ(双层结构类)	Ⅱ$_{1}$(上薄层黏性土、下砂性土)	上部杂填土、粉土、粉质黏土，下部含泥沙层、砂砾卵石层	河东堤桂江下游段	0+300~1+127	0.827
		上部杂填土，中部黏性土，厚 2.5~4.5 m，下部含泥砂卵砾石层，厚 3.9~18.0 m	河东堤西江上游段	1+625~2+127	0.502
	Ⅱ$_{2}$(上厚层黏性土、下砂性土)	上部杂填土，中部黏性土，厚 5~13.9 m，下部含泥砂砾卵石层，厚 1.5~5.4 m	河东堤桂江下游段	1+127~1+625	0.498
		上部杂填土，中部黏性土，厚 8.1~17.8 m，下部砂砾卵石层，厚 3.3~18.0 m	河东堤西江上游段	2+127~3+410	1.283
		主要由杂填土、粉土、淤泥质黏土、黏土等组成，局部夹透镜状含泥沙层	河东堤西江下游段	3+410~3+712	0.302
		主要由杂填土、粉质黏土、黏土组成，局部下部见薄层砂砾卵石层	河西堤龙新小学—西江桥段	0+000~1+510	1.51
		上部黏土、粉质黏土，厚 4.5~21.0 m，下部粉土、含泥砂卵砾石层	河西堤西江桥—角嘴段	1+510~2+520	1.01
		上部为填土，中部黏性土，厚 8.7~14.1 m，下部砂卵砾石层	河西堤西江桥—角嘴段	3+800~5+920	2.120
		上部杂填土，中部黏性土，厚 7.8~16.6 m，下部粉土、砂卵砾石	河西堤西江桥—角嘴段	6+220~6+780	0.56
		主要由杂填土、粉质黏土及黏土组成，含泥粉细砂、软土及砂卵砾石层，呈透镜状分布。存在边坡稳定问题	河西堤桂江段	0+000~1+814	1.814

由表3-12可知,堤基容易产生渗漏及渗透稳定问题的堤段主要为Ⅱ$_1$类,即河东堤桂江下游段(桩号0+300~1+127)和河东堤西江上游段(桩号1+625~2+127)。

3. 西江下游段

1)堤身状况

(1)景福围桂林头段(桩号0-170~3+675)。堤身填土主要为黏性素填土,表层夹碎石,局部夹砂卵石,压实度较差,透水性中等($K_{注}=1.8\times10^{-3}\sim8.5\times10^{-3}$ cm/s),局部存在渗漏及渗透稳定问题,如三丫塘险段(1+100~1+700)。

堤身填土局部透水性中等,洪水期曾发生过堤后渗漏的险情,渗漏是发生在堤身下部或与堤基接触带上。目前堤后已在多处设反滤池和排水井,堤前坡亦已全段浆砌石护坡,堤身的渗漏问题已初步得到缓解。

(2)景福围城区段(桩号3+675~16+705)。该段已按100年一遇洪水进行达标加固,其中一、二期为全断面堤路结合段,堤面宽28 m,堤身质量好。

三期工程在桩号12+000处往外设支堤,子堤用料为砂岩风化土、黏土,堤身的渗透性视施工质量而定,因为有了两级的防护,堤身的渗漏问题已不突出。

(3)西江广利围段(桩号16+705~30+705)。该段填土主要为黏性素填土,结构松散—稍密,透水性中等—弱($K_{注}=1.9\times10^{-5}\sim8.5\times10^{-3}$ cm/s),局部强透水($K_{注}=3.5\times10^{-2}$ cm/s,桩号24+920、27+730),存在渗漏及渗透稳定问题。桩号24+000~29+000段动物穴洞(老鼠洞)较多,可能形成直接的渗漏通道。

景丰联围堤身土填筑时间长久,多为长年累月修培加固形成,并且多为靠人工就近取土,夯实不充分,1985年以后开始机械化施工。其密实度因填筑时间及施工方法不同而有差异,注水试验成果表明,堤身上部填土密实度较差,$\rho_d=1.48\sim1.51$ g/cm^3,其透水性多为中等偏强(多为10^{-3} cm/s),局部强透水。广利街堤段因靠近城镇,堤身堤土多为杂填土,注水流量大于70 L/min,属强透水层。

至于"98"洪水期未见大量堤身渗漏问题,初步分析认为:1985年以后的培厚加固,尤其是堤前培厚,对堤身防渗起了重要作用,但已有培厚厚度不大,现有堤身已发现鼠洞隐患,均不利于堤身的防渗。对堤后培厚堤段,更可能因培厚土层渗透性远弱于堤身旧填土,造成堤身浸润线壅高,对洪水期堤后坡稳定不利。

(4)丰乐围西江段(桩号30+705~41+340)。堤身填土主要为黏性素填土,结构松散—稍密,透水性中等—弱,($K_{注}=1.2\times10^{-5}\sim5.2\times10^{-3}$ cm/s),局部强透水($K_{注}=1.3\times10^{-2}$ cm/s,桩号32+610),堤身存在渗漏及渗透稳定问题。

(5)青岐涌下游段(桩号41+340~51+800)。堤身填土主要为黏性素填土,局部分布有杂填土和碎石土,密实度较差,透水性多为中等—弱($K_{注}=1.3\times10^{-4}\sim8.0\times10^{-3}$ cm/s),局部为强透水($K_{注}=1.8\times10^{-2}\sim5.4\times10^{-2}$ cm/s,桩号42+860、49+000、50+940),存在渗漏及渗透稳定问题。

堤身的渗漏多发生在1994年以前,1994年之后,由于对堤身进行了加高培厚,堤身的渗漏问题在一定程度上得到了缓解。但由于培厚层薄弱,用料不均,再加上动物穴洞的破坏,近年来堤后坡零星出现渗漏点。现场可见呈“Y”字形(桩号 46+910)的导渗水沟,并用碎石、块石压渗。

(6)青岐涌上游段(桩号 51+800~60+000)。堤身填土主要为黏性素填土,局部间夹粉细砂,表层为碎石土,密实度较差,透水性多为中等—弱($K_{注}=2.1\times10^{-4}\sim9.2\times10^{-3}$ cm/s),局部为强透水($K_{注}=1.5\times10^{-2}$ cm/s,桩号 57+700),存在渗漏及渗透稳定问题。

2)堤基(含建筑物地基)地质结构

工程区内堤基土主要由黏性土和砂性土两大类组成,层状结构突出,故将堤基地质结构分为三个大类五个亚类,即单层结构类Ⅰ(包括单一黏性土单层亚类$Ⅰ_1$和单一砂性土单层亚类$Ⅰ_2$)、双层结构类Ⅱ(包括上薄层黏性土、下砂性土双层结构亚类$Ⅱ_1$,上厚层黏性土、下砂性土双层结构亚类$Ⅱ_2$及上砂性土、下黏性土双层结构亚类$Ⅱ_3$)和多层结构类Ⅲ,并以$Ⅱ_2$亚类和$Ⅰ_1$亚类为主。其中,双层结构类Ⅱ按照堤基黏性土厚度为堤身挡水高度的50%作为堤基黏性土厚薄的分界线,分类汇总见表 3-13。

表 3-13　景丰联围堤基地质结构分类汇总

大类	亚类	结构特征	分布堤段	分布桩号	长度/km
Ⅰ(单一结构类)	$Ⅰ_1$(单一黏性土)	堤基黏土厚大于 30 m,间夹粉细砂透镜体。抗渗条件较好,堤岸耐冲,稳定	景福围桂林头段	0-170~2+130	2.3
		堤基由黏土、粉质黏土组成,厚 10~20 m,其间夹厚 2~5 m 的泥炭质土层,下伏砂岩、灰岩	景福围城区段	9+275~11+275	2
		堤基主要由黏性土组成,间夹粉细砂透镜体和粉土层	西江广利围段	16+705~19+505	2.8
		上部由黏土、粉质黏土组成,局部夹薄层粉细砂透镜体。下伏基岩为灰岩、砂岩		23+505~30+705	7.2
		上部由黏土、粉质黏土,局部夹薄层粉细砂透镜体。下伏基岩为砂岩	西江丰乐围段	30+705~31+705	1
		堤基主要由黏土组成、粉质黏土组成,局部夹厚 3~7 m 的粉土		35+505~41+340	5.835
		堤基主要由粉质黏土、黏土组成	青岐涌下游段	45+105~45+305	0.2
		堤基由砂岩风化土组成	青岐涌上游段	59+805~60+705	0.9

续表 3-13

大类	亚类	结构特征	分布堤段	分布桩号	长度/km
Ⅱ(双层结构类)	$Ⅱ_1$(上薄层黏性土、下砂性土)	堤基上部黏性土层,厚大于3.7 m,但堤后黏性土盖层小于3.5 m,局部缺失,中部为粉细砂、中粗砂,厚约7 m,下部为粉质黏土	青岐涌下游段	43+705~45+105	1.4
		上部黏性土层厚约3 m,中部为粉细砂,厚约8 m,下部为粉质黏土		45+455~45+705	0.25
		上部黏性土层厚约2.5 m,中部为粗砂,厚约5 m,往下为粉质黏土、粗砂	青岐涌上游段	56+005~56+740	0.735
		上部黏性土层厚1.2~3.5 m,中部为中粗砂、砂卵砾石,厚约6 m,下部为粉质黏土		57+905~58+550	0.645
	$Ⅱ_2$(上厚层黏性土、下砂性土)	上部黏性土层厚4.4~15 m,中部为粉细砂、中细砂,下部为含泥砾砂层	景福围桂林头段	2+130~3+675	1.545
		上部黏性土层厚约10 m,中部为粉土,厚约3 m,下部细砂	景福围城区段	3+675~9+275	5.6
		上部黏性土层厚大于15 m,其间夹泥炭土层和粉土层,下部为粉细砂层		11+275~16+705	5.43
		上部黏性土层大于12 m,局部夹淤泥透镜体,中部为砂卵砾石层,下伏基岩为灰岩、砂岩	西江广利围段	19+505~23+505	4
		上部黏性土层大于20 m,下部为粉细砂、砂砾石	西江丰乐围段	31+705~35+505	3.8
		上部黏性土层厚4~20 m,中部为粉细砂、砂砾石,下部为黏土、粉质黏土,下伏砂岩风化土	青岐涌下游段	41+340~43+705	2.365
		上部黏性土层厚大于4 m,中部为粉细砂,厚约10 m,下部为粉质黏土		45+305~45+455	0.15
		上部黏性土层厚大于15 m,下部为粉细砂、砂砾石		45+705~48+850	3.145
		上部粉质黏土,厚大于4 m,中部粉细砂、中细砂,厚约4 m,下部为黏土、粉质黏土,下伏薄层中砂		49+400~51+800	2.4

续表 3-13

大类	亚类	结构特征	分布堤段	分布桩号	长度/km
Ⅱ(双层结构类)	Ⅱ$_2$(上厚层黏性土、下砂性土)	上部粉质黏土,厚大于4 m,中部粉细砂、中细砂,厚2~4 m,下部为黏土、粉质黏土	青岐涌上游段	51+800~52+400	0.6
		上部粉质黏土,厚4~9 m,中部中砂、粉细砂,厚4~6 m,往下为粉质黏土、砂卵砾石		54+905~56+005	1.1
		上部粉质黏土,厚约7 m,中部中砂、粉细砂、砂卵砾石,厚6~10 m,下部为黏土		56+740~57+905	1.165
		上部粉质黏土,厚约5 m,中部中砂、粉细砂、砂卵砾石,厚2~10 m,下部为黏土		58+550~59+805	1.255
Ⅲ(多层结构类)		堤基层状结构较复杂,自上而下分别为粉质黏土,厚2 m,堤后缺失;中细砂,厚1.7 m;粉质黏土,厚17 m;砂卵砾石	青岐涌下游段	48+850~49+400	0.55
		堤基层状结构较复杂,自上而下分别为粉质黏土,厚约3 m,局部缺失;中粗砂、中细砂,厚约10 m;粉质黏土、黏土,厚约8 m;砂卵砾石	青岐涌上游段	52+400~54+905	2.505

存在堤基渗漏及渗透稳定问题的堤段有青岐涌下游段,桩号分别为43+705~45+105、45+455~45+705、48+850~49+400;青岐涌上游段,桩号分别为52+400~54+905、56+005~56+740、57+905~58+550。

4. 北江下游段(北江大堤)

1)工程概况

北江大堤位于北江下游左岸,北起清远市石角,南至南海市狮山,全长63.34 km。它是全国七大重要堤防之一,属一级堤防,是构筑广州及珠江三角洲地区防洪体系的核心工程,是广州市和经济发达的珠江三角洲腹地佛山、南海、三水、清远等市100多万亩耕地和450万人民生命财产免受洪水侵害的屏障。

北江下游左岸广大地区,从宋代起就陆续修建了一些分散的小堤,直至1949年冬,这些小堤仍各自为政,堤身矮小,防洪标准很低,一遇稍大洪水便决堤成灾。1912~1949年间便决堤7次,平均约5年出现一次。其中1915年7月,东、西、北三水洪水暴涨,北江下游左岸这些小堤溃决或漫顶,北江洪水直冲广州,西关、长堤、海珠一带受淹七天七夜,房屋倒塌,人民生命财产损失惨重。

中华人民共和国成立后,政府对千疮百孔、多年失修的北江防洪堤围进行培修加固,提高了防洪标准。1951~1953年对原有小堤进行堵口复堤,加高加固。1954年冬至1955年春,将各自独立互不连接的13条小堤围联结起来,加高、培厚、筑闸,使全线60余km的大堤成为完整的防洪屏障,定名为"北江大堤"。1957年4月建成了西南水闸(分洪流量1 100 m^3/s)。1970年及1983~1987年(按100年一遇洪水设计标准)之后进行了两次大的培修加固,并重建了芦苞水闸(分洪流量1 200 m^3/s),大大提高了北江大堤的防洪能力。1954年以来,尽管发生过多次特大洪水,北江大堤安全挡洪。但由于堤基下存在砂及砂砾石强透水层,仍存在渗透稳定的隐患。1987年以后虽断续进行了小规模的整治加固,1990年以后进行了专项防渗加固,北江大堤部分堤段在"94·6""97·7""98·6"的洪水过程中仍出现渗水、牛皮胀、管涌、凹岸冲刷等问题,仍达不到100年一遇洪水设计标准。

2)工程地质背景

(1)地形地貌。

北江下游为一冲积平原,地面高程2~10 m,且由北向南渐低,平原外围西部为低山区,高程250~400 m,东部及南部为丘陵区,高程80~200 m。除北江外,平原中发育有芦苞涌、西南涌和白泥河等支流。

北江发育于平原的西侧,紧邻西部山地,呈北北东—南南西流向,至三水市河口镇,受西江水流顶托,流向折转为南东汇入珠江。河床宽缓,边滩、沙洲发育,其纵坡降约5‰。河床左岸普遍分布高漫滩,地面高程6~9 m;右岸及左岸部位还见阶地存在,阶面高程10~14 m。

北江大堤大部分坐落于北江左岸的高漫滩或阶地上,桩号0+000~5+800、11+310~11+322和44+750~45+065等堤段位于残丘上或与残丘相接。残丘高程30~50 m。

(2)地层岩性。

据历年勘察资料,北江大堤所在地区发育有下列地层:

中泥盆统老虎坳组(D_{2L}):仅见于北江右岸,为紫红色、灰绿色和灰白色石英砂岩、粉砂岩夹砂质页岩,厚度不详。

上泥盆帽子峰组(D_3m):该组的上部主要为灰白色、紫色中粒石英砂岩夹钙质页岩,含炭质粉砂岩,厚度大于65 m,分布在龟岗、铜鼓岗、大燕等地段。天子岭组(D_3t)灰岩分布于石角堤段龟岗下游堤基下。

下石炭系石磴子段(C_1ds):为灰黑色灰岩,质纯,充填较多不规则的方解石脉,主要分布在河口堤段。

下侏罗统金鸡组(J_2):浅灰色砂岩、长石砂岩、炭质页岩夹右采煤透镜体,厚度大于400 m,见于该区东边沙溪一带。

下第三系丹霞群(Edn):为北江大堤主要基岩地层,分三段:

下亚群(Edna):由紫红色、褐红色含砾粗砂岩、中粒砂岩组成,其下部夹粗砂砾岩,上部夹粉砂岩,厚500~750 m。

中亚群(Ednb):底部为砖红色、浅灰色、局部灰白色粗砂岩,含砾粗砂岩与砾岩互层,上部为褐红色粗砾岩夹粉砂岩,厚748~800 m。

上亚群(Ednc):底部为砂砾岩夹细砾粗砂岩,上部以砖红色细砾粗砂岩为主的夹泥质粉砂岩,厚900~1 200 m。

第四系:上更新统下层(Q_3^1),组成本区阶地,为花斑黏土,底部见厚10 cm砂砾及含氧化铁与粗砂组成铁帽,直接覆盖在第三系红层之上,在骑背岭花斑黏土之下为灰黄色黏土及粉质黏土。上更新统中层(Q_3^2),属埋藏阶地。根据沉积相可分为五层,自下而上(Q_3^2-1)为灰白色卵石砾石粗砂;(Q_3^2-2)为灰色淤质黏土;(Q_3^2-3)为白—灰色粗砂;

(Q_3^2-4)为浅灰色中细砂夹淤质细砂,含腐木烂叶,在大塘段相当于该层位淤质细砂中^{14}C年代测定为22 680+560年,属上更新统中期较晚的沉积物;(Q_3^2-5)为灰—灰黑色淤质细砂,全层厚17~34 m。

全新统(Q_4):广泛分布于现代河床、高漫滩以及残丘洼地泥炭沼泽等。自下而上为灰白—浅黄色含砾或砾质粗砂、淤质中细砂、粉质黏土和黄色黏土、黏土夹粉细砂等。残丘洼地洪冲积层上中粗砂粉土为主。泥炭沼泽地区则以黑色淤泥和淤质粉砂为主,含大量腐木。在大塘段相当于该区中下部的淤质细砂中^{14}C年代为2 270±110年,全层厚度大于20 m。

此外,在骑背岭东侧见燕山期黑云母花岗岩岩株,西南和狮山一带见燕山期喷出的粗面岩和粗面碎屑岩。

(3)地质构造及地震。

据历年勘察资料,该区位于三水断陷盆地的北部。其基底及周缘地壳在印支期即已强烈褶皱,构造线方向为北东向。燕山运动以来,断陷盆地逐渐形成,沉积了下垩系至老第三系红色岩系地层。这部分红色地层,由于燕山期的差异性升降运动而形成单斜构造,其走向北东20°~30°,倾向北西,倾角15°~30°。

第四系以来,该区总体处于下降阶段,但从沉积物的韵律看,曾出现过两次升降运动,地貌上产生阶地。

区内发育有北东向龙塘—金利断裂和东西向高要—惠来断裂带,这两条断裂近百万年来活动性并不明显。区内未发现明显的现代活动构造迹象,历史地震及近代地震烈度均不超过Ⅵ度。1997年9月下旬,在黄塘堤段的南边镇,曾发生过3.9级地震。分析表明,该地震最可能受控于东西向高要—惠来断裂带。

根据2015年国家地震局出版的《中国地震动参数区划图》(GB 18306—2015)(1/400万),北江大堤所在地区的地震动峰值加速度为0.05g,相应地震基本烈度为Ⅵ度。

(4)水文地质。

①含水层分布特征。据历年勘察资料,区内第四系冲积物有两个明显的沉积韵律,即存在其颗粒大小由粗至细两个韵律层。第一韵律层为Q_3^2-1、Q_3^2-2,第二韵律层为Q_3^2-3、Q_3^2-4、Q_3^2-5和Q_4地层。这两大层中Q_3^2-2、Q_4^4为黏性土,相对不透水层起隔水作用;其余各层为砂层、砂卵石层,为含水层。Q_4^4不透水层分布于地表部位,Q_3^2-2夹于含水层之中。

②含水层的渗透性。据历年勘察资料,含水层按颗粒组成大段可分为淤质细砂、中砂及含砾中砂、中粗砂、砾质粗砂和卵砾粗砂。各层的渗透系数(K)值见表3-14。

表3-14 各含水层渗透系数(K)值

含水层名称	渗透系数K/(cm/s)
淤质细砂	$(3.98\sim4.88)\times10^{-3}$
中砂、含砾中砂	$(0.70\sim1.89)\times10^{-2}$
中粗砂	$(1.09\sim7.83)\times10^{-2}$
砾质粗砂	$(1.68\sim4.09)\times10^{-2}$
卵砾粗砂	$(1.34\sim7.30)\times10^{-2}$

③地下水动力特征。据历年勘察资料,北江下游冲积平原的地下水赋存于第四系冲积砂性土层中,属孔隙水。含水层顶部及其层间有隔水性良好的黏性土层分布,构成承压水结构,且可分为上、下两个承压水体。

上部承压水体上覆黏性土盖层(Q_4^4),北江及其支叉河涌的冲刷、切割,使江河水与地下水具良好的水力联系,枯、洪期互为补给。洪水期江河水位高于平原地面,地下水具承压性,承压水头北江河水位相近。枯水期地下水补给江河水,承压水转换为孔隙潜水。

下部承压水体因其上覆黏性土盖层(Q_4^2-2)分布不甚连续,仅表现为局部承压性质,因其补给源仍为江河水或上部地下水体,故其承压水头不会超出江河水位,也不会超过上部地下水体水位。在上部黏性土盖层缺失部位,上、下含水体相通,合二为一。

经取样试验,地下水水质类型多为重碳酸钙水、重碳酸钙镁水和重碳酸钙钠水,一般对混凝土无侵蚀性,仅少数对混凝土有分解性侵蚀。

(5)主要工程地质问题。

北江大堤可分为七个堤段:石角堤段、大塘堤段、芦苞堤段、黄塘堤段、河口堤段、西南堤段和狮山堤段。由于全长63.34 km中约31.8 km建于强透水地基上,石角堤段、芦苞堤段、黄塘堤段、西南堤段和狮山堤段存在的堤基渗漏及堤基渗透稳定问题,是北江大堤的主要工程地质问题之一。尤其以石角堤段(长约16.3 km)最为典型,虽经多期除险加固处理,包括堤后压渗、排水减压乃至全截式高喷截渗板墙,但遇20年一遇洪水,堤后泉涌频频,抢险不断,至今对其防渗处理方案颇有争议。

3)石角堤段堤基水文地质结构

石角堤段堤基可视为双层堤基。堤基土可分为四层,描述如下:

黏土层:一般厚4.0~7.0 m,连续分布于堤基表层,在水塘、排水沟底其厚度小于4 m,渗透系数K_v=0.026 m/d。

砂层:上部为细砂层,下部为中粗砂层,一般厚10~16 m,连续分布于黏土层之下,渗透系数:细砂层K=49 m/d,中粗砂层K=116 m/d,现代河床沉积中粗砂K=500 m/d。

卵砾石层:一般厚5~7 m,基本连续分布于冲积层底部,渗透系数K=116 m/d。

基岩:以第三系粉细砂岩为主,全、强风化带厚一般小于10 m,中等透水,局部强透水(q_{max}=215 Lu);弱风化带厚度较大,q=1.2~6.3 Lu。虽然全、强风化带不能隔水,但弱风化带可视为可靠的隔水层,与上覆黏土层一起,对强透水砂砾层起封闭作用。

石角堤段地处北江中下游,堤基多为Ⅰ级阶地冲积层,砂砾层(强透水层)在堤后受Ⅱ级阶地黏土层所阻,或受红层风化残丘所限,即强透水层平面上亦呈封闭产出,如图3-2所示。上述强透水层在堤后封闭产出的水文地质结构特征,构成“渗而不流”模式的边界条件,由此形成的堤后承压水具明显的“渗而不流”特征。

4)渗流特征分析

石角堤段现共布置了10个测压断面,设测压管64支,自1987年起,拥有大量翔实的测压水位资料,典型地段的实测测压管水位见表3-15、表3-16。

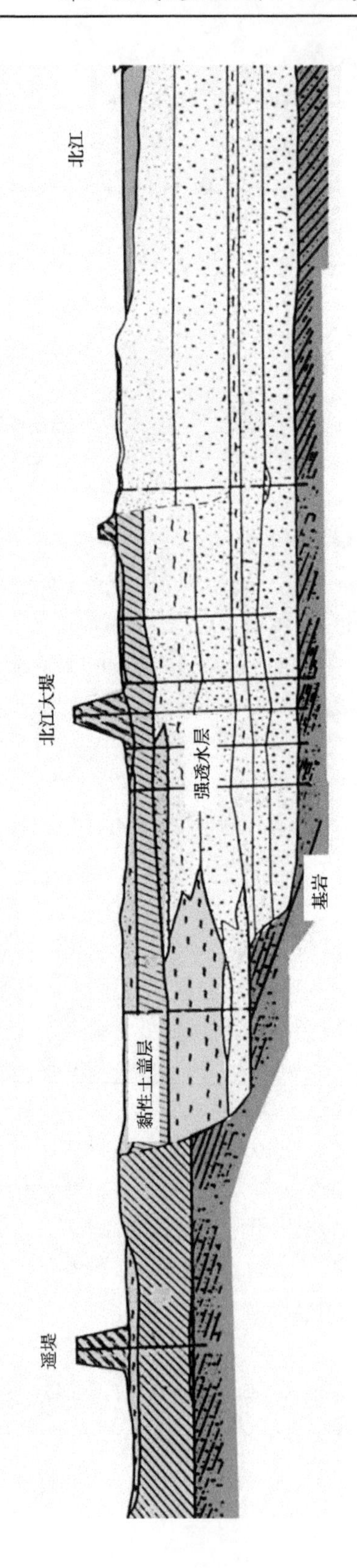

图 3-2　北江大堤石角堤段典型地质剖面

表3-15、表3-16中显示，对黏土盖层厚而完整的堤段(7+300上游)，堤后承压水明显具“渗而不流”特征。

表3-15　7+330横剖面测压管水位观测

日期				北江水位/m	测压管中水位高程/m					渗压线的水力坡度 I
年	月	日	时:分		B1	B2	B3	B4	B5	
1997	7	4	08:47	10.10	9.67	9.53	9.50	9.35	9.20	0.003
		5	08:30	12.58	12.08		11.63	11.28	11.85	0.002
		6	08:13	13.85	13.17	12.77	12.35	11.99	11.73	0.007
		7	09:05	13.90	13.19	12.77	12.49	12.00	11.75	0.007
		8	11:17	13.02	12.43	12.10	11.89	11.54	11.29	0.005 7
		9	08:23	12.66	12.10	11.75	11.48	11.13	10.83	0.006
距离/m				300						

表3-16　8+330横剖面测压管水位观测

日期				北江水位/m	测压管中水位高程/m					渗压线的水力坡度 I
年	月	日	时		B1	B2	B3	B4	B5	
1997	7	4	08:32	10.04	8.31	8.05	7.66	7.52	7.25	0.008
		5	08:00	12.54	9.84	9.45	8.77	8.33		0.015
		6	08:05	13.85	10.82	10.28	9.36	8.74	8.28	0.015
		7	08:26	13.92	10.81	10.34	9.36			0.002
		8	08:13	13.15	10.33	9.97	9.10	8.59	8.33	0.014
		9	08:18	12.66	10.19	9.87	9.07	8.51	8.41	0.01
距离/m				76	50	90	60	64		

(1)堤内承压水头损失很小，水力坡降小，$I=0.001\sim0.014$；

(2)堤内外水力联系密切，涨落同步；

(3)堤后承压水分布范围广，且在强透水层范围内水头呈线性分布；

(4)承压水渗透速度缓慢，$v=0.5\sim1.5$ m/d。

对黏土盖层局部有缺失堤段(8+300~8+504)，堤后承压水具“强渗弱流”特征。虽然堤后承压水特征与“渗而不流”特征相似，但由于有水塘为出水口，高喷板墙的作用较明显，使堤内水位较堤外水位明显降低。

需说明的是，在100 m/d的强渗透层中，渗透速度仅0.5~1.5 m/d，近乎“不流”。也正是其“不流”，造成不少人不理解远在280 m的测压管水位与江水位同步涨落。用“渗而不流”模式解释,其实是“渗”的作用——“渗压不渗流”,水压力的传递近乎静水压力传递。

5)黏性土盖层的渗透稳定评价

石角堤段堤基为双层堤基,黏土层一般厚4.0~7.0 m,连续分布于堤基表层,在水塘、排水沟底其厚度小于4 m,如莲藕塘(7+300)部位,黏土层厚仅3 m,“94 · 6”洪水位高达14.4 m,堤后黏性土盖层底板的承压水头(高程)可达13 m以上,高出地面达6 m以上,即有 $t_p<0.5h_i$,临界厚度不能满足渗透稳定要求。设计洪水(100年一遇)时,洪水位高达15.0 m,堤后黏性土盖层底板的承压水头(高程)可达14 m,高出地面达7~8 m ,按经验判据 $t_p=0.5h_i$,厚度4.0 m的黏性土盖层可以满足临界渗透稳定要求。现状堤防已在堤后设置了宽达50 m的压渗平台,即使取安全系数1.2,黏性土盖层厚度5.0 m即可以满足安全要求。

6)渗透破坏模式

除基口塘一带因黏性土盖层缺失而出现小砂沸外,石角堤段堤基大部分具黏性土盖层,遇“94 · 6”(50年一遇)和“97 · 7”(20年一遇)洪水,7+220及7+296等堤后沟、塘底等黏性土盖层薄弱环节发生严重“管涌”——先是黏土盖层被击穿,继而圆形出水口快速集中涌水并带出大量细砂,后逐渐扩展,至出口附近几米地面出现塌陷、变形。据参与汛后除险加固者称,曾在莲藕塘(7+296)大“管涌”部位的砂层寻找管涌通道出口,结果并未发现。实际上,“管涌”发生在大范围承压渗流场中的某些薄弱环节,形成的是孔底进水的承压冒水孔,由此产生的集中涌水冒砂实质是井涌,基于传统“管涌”模式在“砂层中寻找管涌通道出口” 难以得到符合实际的解释。按其实际条件,“94 · 6”(50年一遇)洪水堤防挡水 $H_d=8$ m,堤后 “管涌”半径 $r_w=1$ m,取粉细砂允许坡降 $[i]=0.05$,则有抗接触冲刷的安全半径 $[R_2]=\sqrt{20\times1\times8}=12.65$(m)。说明该“管涌”的最终破坏半径不超过13 m,现该“管涌”点距堤后坡脚远于50 m,可判为无害“管涌”。取实测最小原始水力坡降 $I=0.005$,则有 $R'=40$ m,该“管涌”点出现在堤后50 m以外,对堤基不产生明显水力影响。

7)现有防渗措施分析

(1)垂直防渗效果。

由于垂直防渗技术难度大,对深厚(>30 m)砂砾层难以实施,截渗难以彻底,易形成事实上的悬挂式防渗,对“渗而不流”模式而言,就像在水箱中插入一块悬空隔板,根本没有减压效果。

石角堤段1994年已采用全截式高喷析墙防渗,但遇“94 · 6”(50年一遇)和“97 · 7”(20年一遇)洪水,7+220及7+296等堤后沟、塘底仍发生严重泉涌——先是黏土盖层被击穿,继而圆形出水口快速集中涌水并带出大量细砂,后逐渐扩展,至出口附近几米地面出现塌陷、变形,经军民全力抢险(压渗)才得以控制。分析认为,深达30 m的高喷板墙,在-15 m高程(约20 m深处)以下卵砾石层内,成墙困难,易留缺口,形成事实上的悬挂墙,渗压通道貌似缩窄,但通畅依旧,因而无法减压。考虑到基岩顶部存在中等甚至强透水层,仅进入基岩顶部0.5 m的高喷板墙更是悬挂无疑。

(2)排水效果。

悬挂式防渗延长渗径的企图也只有在水流起来的前提下才能实现,因而必须与有效排水措施相结合。据此原理,对石角堤段的事实上的悬挂板墙,只要堤后加强排水,就可以最大限度地发挥其延长渗径而增加水头损失的作用,同时可挖掘出砂砾层透水性下强上弱、堤外强堤内弱能起消杀水头作用的潜力,二者结合,可能取得较好的减压效果。这从北江大堤石角段8+300及8+504堤内外水位差较大可见一斑。

(3)压渗厚度与宽度。

现有设计选择以压渗为主的防渗方案是正确的,但《堤防工程设计规范》(GB 50286—2013)采用的压渗厚度计算公式是与其采用的承压水头计算公式相配套的,压渗厚度本已偏于安全;设计把实测承压水头(明显高于规范计算值)用于规范压渗厚度计算公式,压渗厚度必然加大,实际更偏于安全。压渗宽度的选取,以根治"管涌"为目标,宽达200 m,显然未摆脱传统"管涌"模式。

8)防渗处理建议

既然石角堤段双层堤基堤后"管涌"实质为井涌,据此可将远离堤后坡脚的"管涌"判为无害"管涌",有必要改变防渗思路,优化防渗设计。

(1)区分"管涌"危害,分而治之。

石角堤段堤后承压水明显具"渗而不流"特征,其根本特征是"不流"——近乎静水承压,由此造成堤后大面积承压水头超高,实测最小原始水力坡降$I=0.002$,即堤后200 m外的承压水头仍与堤脚承压水头近乎相等,远距离发生"管涌"难以避免,但离堤较远的"管涌"为无害"管涌",没有必要为"消除"它而预先防治,更不必为追求根治而全线截渗。有害"管涌"局限于堤后小范围,首选防治方案为有针对性的压渗。

(2)优化压渗设计。

石角堤段设计(100年一遇)洪水位(高程)约15 m,堤防挡水高度$H_d=9$ m。假设堤后发生大型"管涌"(半径$r_w=1$ m),取粉细砂允许坡降$[i]=0.05$,则有抗接触冲刷的安全半径$[R_2]=\sqrt{20\times1\times9}=13.42$(m),说明该"管涌"的最终破坏半径不超过14 m,只要"管涌"点距堤后坡脚远于14 m,可判为无害"管涌";取实测最小原始水力坡降$I=0.002$,则有$R'=67$ m,只要"管涌"点出现在堤后70 m以外,对堤基将不产生明显水力影响。

根据抗接触冲刷安全半径$[R_2]$,考虑堤基水文地质条件的复杂程度,取压渗宽度$D=(1.5\sim2.0)[R_2]=28$(m),已有较充裕的安全储备;最大压渗宽度无须超过井涌的水力影响半径R'(70 m)。说明现有压渗宽度(宽达100~200 m)完全可以满足安全要求。

5. 东莞大堤

1)堤身状况

堤身填土以灰黄色粉质黏土为主,局部夹粉细砂和粉土。桥头常平围、五八围堤段堤身填土据注水试验多呈弱透水状($K_{注}=2.1\times10^{-5}\sim1.98\times10^{-4}$ cm/s),局部呈中等偏弱透水,堤身的渗透稳定问题不突出。福燕洲围、京西鳌围堤段堤身填土据注水试验多呈中等透水状($K_{注}=1.5\times10^{-4}\sim4.1\times10^{-3}$ cm/s),洪水期堤后坡常出现散浸、牛皮胀现象,堤身存在渗漏及渗透稳定问题。东莞大围堤段由于堤身横断面大,堤后地面高程与堤顶高程基本相当,虽堤身填土夹较多杂填土,渗透性中等,但对堤身的抗渗稳定影响不大。

2)堤基(含建筑物地基)地质结构

工程区内堤基土主要由黏性土和砂性土两大类组成,具层状结构,按照堤基黏性土厚度为堤身挡水高度的50%作为堤基黏性土厚薄的分界线,分类汇总见表3-17。

表 3-17　东莞大堤堤基地质结构分类汇总

大类	亚类	分布桩号	分布堤段		累计长度/km	占全段长百分比/%
Ⅰ(单一结构类)	Ⅰ$_1$(单一黏性土)	61+260～60+960、58+660～57+913、57+713～57+513、57+263～53+564、52+364～51+464	桥头常平围	5.846	13.443	21.12
		50+364～50+064	五八围	0.3		
		39+767～39+270	福燕洲围	0.497		
		18+430～18+030、17+530～15+530、15+130～12+830、3+630～1+530	东莞大围	6.8		
	Ⅰ$_2$(单一砂性土)	59+660～59+060	桥头常平围	0.6	4.94	7.75
		48+370～48+170、45+170～44+870、42+870～42+370	五八围	1		
		37+270～35+830	福燕洲围	1.44		
		21+530～20+130	京西鳌围	1.4		
		18+030～17+530	东莞大围	0.5		
Ⅱ(双层结构类)	Ⅱ$_1$(上薄层黏性土、下砂性土)	49+570～48+370、48+170～45+170、43+270～42+870	五八围	4.6	14.9	23.41
		38+770～37+270、34+830～33+030、31+830～31+430、30+830～30+230、25+830～25+430	福燕洲围	4.7		
		23+030～22+630、20+130～19+450	京西鳌围	1.08		
		19+450～19+030、15+530～15+130、12+830～9+130	东莞大围	4.52		
	Ⅱ$_2$(上厚层黏性土、下砂性土)	66+660～61+260、60+960～59+660、59+060～58+660、53+564～52+364、51+464～51+060	桥头常平围	5.704	28.527	44.81
		51+060～50+364、50+064～49+570、44+870～44+370、43+770～43+270、42+370～41+300	五八围	3.26		
		41+300～39+767、39+270～38+770、35+830～34+830、33+030～31+830、31+430～30+830、30+230～25+830、25+430～24+700	福燕洲围	9.963		
		24+700～23+030、21+830～21+530	京西鳌围	1.97		
		19+030～18+430、9+130～3+630、1+530～0+000	东莞大围	7.63		
	Ⅱ$_3$(上砂性土、下黏性土)	57+913～57+713、57+513～57+263	桥头常平围	0.45	0.45	0.71

续表 3-17

大类	亚类	分布桩号	分布堤段	累计长度/km		占全段长百分比/%
Ⅲ(多层结构类)	Ⅲ(多层结构)	44+370~43+770	五八围	0.6	1.4	2.20
		22+630~21+830	京西鳌围	0.8		

由表3-15可知,东莞大堤堤基结构类型主要有三大类,即单一结构类Ⅰ、双层结构类Ⅱ和多层结构类Ⅲ。堤基的渗透变形问题主要发生在Ⅰ$_2$(单一砂性土亚类,占全堤的75%)、Ⅱ$_1$(上薄层黏性土、下砂性土,占全堤的23.41%)、Ⅱ$_3$(上砂性土、下黏性土,占全堤的0.71%)和Ⅲ(多层结构,占全堤的2.20%)的局部位置。

堤基的渗透变形一般发生在堤脚和堤后,其类型主要为管涌和流土。洪水期堤前水位高涨,高出堤后地面一定的高度,堤基下如有中等以上的透水层与河床连通如堤基结构属单一的砂性土堤基(Ⅰ$_2$类)或上砂性土、下黏性土(Ⅱ$_3$类),实质上洪水期将形成近似均匀砂基渗漏,渗漏问题突出,堤后地面一旦渗流,水力比降大于砂土临界比降,将发生流土型为主的渗透破坏。此类型渗透破坏在福燕洲围和京西鳌围较为突出。

堤基属上薄层黏性土、下砂性土双层结构亚类(Ⅱ$_1$),强透水层受上覆黏性土封闭,洪水期堤后地面下的砂性土透水层形成近乎静水压力,其水头与堤前的水头基本一致。如堤后地面表层黏性土盖层不足以抵挡下部的水头压力,黏性土盖层将被击穿,发生渗透破坏,俗称"管涌"。

五八围、福燕洲围和京西鳌围段此类型结构较普遍,且黏性土盖层不均一,常遇粉土盖层,粉土的抗渗稳定性明显较黏性土差,堤后为农田或鱼塘,发生渗透破坏现象较普遍。

东莞大围段堤后为东莞运河,且堤后地面(如桩号15+000~4+500段)多已填高,渗透问题已不突出。全堤已进行达标加固,堤后鱼塘已进行填塘固基,堤后地面亦用砂料填高,堤基的渗透破坏问题将得到缓解。

6. 珠江三角洲

1) 樵桑联围

(1)堤身质量。

该围堤堤身总体保持比较完整,未发现人为破坏现象,历史上对围堤进行多次抢险、加高、加宽、加固,使堤身土体具有多层结构,堤身以粉质黏土为主,局部夹粉土、粉砂,其来源于河道的漫滩或一级阶地。核心部位粉质黏土成堤时间长,密实性相对较好,渗透性微弱。但部分堤段的下部堤身长期处于江水浸泡下软化,则不利稳定,如东堤桩号东(1)5+000~9+000、东(1)18+000,西堤桩号西(2)28+400~29+000等。又因堤身不同期培土加高均为多层结构,存在夹填粉土或粉细砂层处,钻孔勘探过程发现漏水现象,如桩号东(1) 24+500的钻孔,西(2)2+700、西(2)4+000、西(2)7+000、西(2)9+200及西(2)10+000等处均发现钻进漏水问题。

总体认为,堤身的核心部位土体粉质黏土密实性稍密—密实,透水性微弱,质量相对较好,但对坝身整体而言,其土的组分不均匀,还夹有渗透性中—强的粉土、粉细砂或碎石的堤段处和堤身的下部处于江水位长期浸泡之下是其不利和导致存在隐患，须引起充分重视，加强监控，必要时采取工程措施予以治理。

(2)堤基地质结构。

西江与北江的冲积和河海冲淤积与交互混合，生成了联围内不同堤段处的不同的或相同的土质顺序层次相互夹杂，堤基土体基本上为多层结构(Ⅲ类)，进一步细分为三个亚类，即$Ⅲ_1$亚类：上部为2~3 m厚的粉质黏土、淤泥与淤泥质土类，其间常夹多层薄至极薄层次的砂性土；中部为粉细砂、中砂或粗砂层；下部为黏性土，再向下又出现粗砂、砾石层及黏性土层。$Ⅲ_2$亚类：上部为厚度大于3 m的黏性土；中部为砂层或为淤泥质土；下部为黏性土。$Ⅲ_3$亚类：上部为较厚—厚层砂层；中部为黏性土层，含淤泥质土；下部又为砂层，分类汇总见表3-18。

表3-18　樵桑联围堤基地质结构分类汇总

<table>
<tr><th rowspan="2">大类</th><th rowspan="2">亚类</th><th colspan="3">分布堤段名称及桩号</th><th rowspan="2" colspan="2">长度/m</th><th rowspan="2">占全段长百分比/%</th></tr>
<tr><th colspan="2">堤段名称</th><th>桩号</th></tr>
<tr><td rowspan="6">Ⅲ(多层结构)</td><td rowspan="4">$Ⅲ_1$</td><td rowspan="2">东(基)堤</td><td>西南、丹灶、西樵</td><td>东(1)0+000~0+800
东(1)1+960~5+300
东(1)15+900~18+200
东(1)18+750~22+600
东(1)26+250~28+750</td><td>12 790</td><td rowspan="4">18 365</td><td rowspan="4">15.83</td></tr>
<tr><td>沙头</td><td>东(2)2+200~3+100
东(2)6+300~7+200</td><td>1 800</td></tr>
<tr><td rowspan="2">西(基)堤</td><td>金本、白坭</td><td>西(1)1+175~1+850
西(1)17+100~17+700
西(1)19+500~21+500</td><td>3 275</td></tr>
<tr><td>西樵、九江</td><td>西(2)12+700~13+200</td><td>500</td></tr>
<tr><td rowspan="2">$Ⅲ_2$</td><td rowspan="2">东(基)堤</td><td>西南、丹灶、西樵</td><td>东(1)0+800~1+960
东(1)6+025~8+500
东(1)9+350~9+750
东(1)13+300~14+800
东(1)18+200~18+750
东(1)22+600~26+250</td><td>9 735</td><td rowspan="2">84 043</td><td rowspan="2">72.43</td></tr>
<tr><td>沙头、龙江勒北</td><td>东(2)0+000~2+200
东(2)3+100~3+800
东(2)7+200~10+500
东 11+100~12+600
东 13+100~19+984</td><td>14 584</td></tr>
</table>

续表 3-18

<table>
<tr><th rowspan="2">大类</th><th rowspan="2">亚类</th><th colspan="3">分布堤段名称及桩号</th><th rowspan="2" colspan="2">长度/m</th><th rowspan="2">占全段长百分比/%</th></tr>
<tr><th colspan="2">堤段名称</th><th>桩号</th></tr>
<tr><td rowspan="6">Ⅲ(多层结构)</td><td rowspan="2">Ⅲ$_2$</td><td rowspan="2">西(基)堤</td><td>金本、白坭</td><td>西(1)0+000~0+175
西 0+775~1+175
西(1)2+100~2+800
西(1)5+100~7+900
西(1)8+200~17+100
西(1)17+700~19+700
西(1)21+500~24+112</td><td>20 237</td><td rowspan="2">84 043</td><td rowspan="2">72.43</td></tr>
<tr><td>西樵、九江、龙江勒北</td><td>西(2)0+000~2+700
西(2)4+900~9+800
西(2)10+800~12+700
西(2)13+200~43+187</td><td>39 487</td></tr>
<tr><td rowspan="4">Ⅲ$_3$</td><td rowspan="2">东(基)堤</td><td>丹灶</td><td>东(1)5+300~6+025
东(1)8+500~9+350
东(1)9+750~13+300
东(1)14+800~15+900</td><td>6 225</td><td rowspan="4">13 625</td><td rowspan="4">11.74</td></tr>
<tr><td>沙头</td><td>东(2)3+800~6+300
东 10+500~11+100
东 12+600~13+100</td><td>3 600</td></tr>
<tr><td rowspan="2">西(基)堤</td><td>金本</td><td>西(1)0+175~0+775</td><td>600</td></tr>
<tr><td>西樵</td><td>西(2)2+700~4+900
西(2)9+800~10+800</td><td>3 200</td></tr>
</table>

注:西堤堤段通过 12 个小残丘,长约 2.60 km,为单层结构(Ⅰ)类别。

堤基的渗透变形问题主要发生在Ⅲ$_3$ 亚类堤基。Ⅲ$_3$ 亚类堤基直接坐落在粉细、中砂层上,或坐落在上覆不厚的黏性土层上,加之堤内有鱼塘,存在渗透变形问题,历史上西南堤段桩号东(1) 3+400~3+600 发生决堤和桩号东(2) 4+600~5+150 真君庙等险段形成均与之息息相关。

2)佛山大堤

(1)堤身质量。

南海西段的大氹险段(小圹段)(桩号 0+285~0+555)局部堤段坡度较大,土体密实度较差,堤身坐落在流塑状粉质黏土上,部分堤身(ZK2 中)直接置于饱和松散状中砂层上,对堤身的稳定有影响。在米步氹险段(10+700~11+050)堤基土或堤身土为粉细砂层,厚 2~8 m,其渗漏较大,易造成堤身不稳。

石湾段桩号 7+450 处,堤顶为由中细砂、煤渣、粉土等组成的松散状杂填土,厚 3.3 m,其堤身质量较差,洪水位以下可能存在渗漏及渗透稳定问题,洪水位以上遇暴雨砂土流失。

南海东段经多次抢险，并采取加高加宽等加固措施，但由于堤身为多层土体结构，填土多来源于河漫滩或阶地，其土质不均一，砂质含量较大，密实度较差，受雨水、河水浸泡，堤身产生失稳和局部决堤现象。又在原ZK1（桩号0+000）、ZK4（桩号2+400）、ZK5—原ZK5（桩号5+000~5+750）等部位，堤基土上层为薄层淤泥质粉质黏土（0~<3 m），下层为粉细砂（2.0~4.9 m），其透水性较好，易发生堤后坡渗漏及渗透稳定问题，对堤后坡稳定不利。

（2）堤基地质结构。

佛山大堤各堤段堤基结构特征详见表3-19。

表3-19　佛山大堤堤基地质结构分类汇总

大类	亚类	堤段	工程名称（桩号）	长度/km	累计长度/km	占全段百分比/%	结构特征
Ⅰ	Ⅰ$_1$（单一黏性土）	石湾段	石湾段堤路结合达标加固工程1+800~3+000	1.2	1.2	3.19	粉质黏土及淤泥质黏土，局部夹粉细砂透镜体
	Ⅰ$_2$（单一砂性土）	南海西段	小圹段（大氹险段）（0+285~0+555）	0.14	0.14	0.37	为单一砂性土层，以粉细砂—中粗砂为主
Ⅱ	Ⅱ2（上厚层黏性土、下砂性土）	南海西段	小塘渡口加固工程（南海第二水厂东面）	0.1	0.63	1.67	中段上层为厚度较大的粉质黏土、粉土、淤泥质粉质黏土，厚5.0~11.0 m，下层为厚度较大的粉砂—砾砂，厚8.0~12.9 m。为正常沉积规律。黏性土破坏小，抗渗性好
			小圹段（大氹险段）（0+285~0+555）	0.13			上层为黏性土层，由淤泥质粉质黏土组成，厚4.5~6.0 m，下层为粉砂—粗砂，厚6.2~14.9 m
			西门段工程（6+500~6+900）	0.4			上层为黏性土，由粉质黏土、淤泥质粉质黏土组成，厚3.2~13 m，下层为粉砂>3.5~7.8 m。局部地段黏性土层与砂性土层均呈厚度较大反复沉积，形成2个小旋回
	Ⅱ$_3$（上砂性土、下黏性土）	南海西段	米步氹段（10+325~11+350）	1.025	1.025	2.72	上层为砂性土，主要由粉—细砂组成，局部顶部为粉质黏土，厚1.5~4.6 m，砂层厚1.7~8.5 m。下层为淤泥质黏土、粉质黏土，厚1.2~15.3 m

续表 3-19

大类	亚类	堤段	工程名称(桩号)	长度/km	累计长度/km	占全段百分比/%	结构特征
Ⅲ	Ⅲ$_{2}$(表层为薄黏性土)	南海东段	马沙险段(上海闸堤段)(1+100~1+250)	0.15	0.35	0.93	由上至下分 3 层:①淤泥质粉质黏土,厚 1.2~2.0 m;②细砂,含粉砂、中砂,厚 3.0~5.0 m;③淤泥质粉质黏土,厚 6.2~7.6 m,沉积较稳定,厚度变化较小,未见底层(④层)
		南海西段	小塘渡口加固工程	0.2			上、下段为厚度不大的粉质黏土、粉土、淤泥质粉质黏土与粉砂、粉土质中砂呈互层。黏性土各层厚 0.6~3.2 m,砂性土各层厚 0.7~3.8 m 不等。河岸易冲刷
	Ⅲ$_{3}$(表层为厚黏性土)	南海西段	大飚工程(4+045~4+735)	0.69	3.01	8.00	上层由粉质黏土和粉土组成,厚 10.0~16.0 m,下层粉砂—中砂,厚 3.0~9.7 m,底层有粉土或粉质黏土,厚 2.3~4.9 m。为正常沉积规律
		石湾段	石肯险段(17+600~19+920)	2.32			上段从上至下:粉质黏土,厚 9.5~13.8 m,粉—细砂,厚 3.2~6.2 m;粉质黏土,厚 4.2~5.0 m。下段由上至下:粉细砂,厚 2.0~2.5 m;粉质黏土,厚 4.0~9.5 m;中粗砂、砾砂,厚 5.0~12.5 m,局部沉积达 5 层,其沉积不稳定,相变较大
	Ⅲ$_{4}$(表层为淤泥质土)	石湾段	石湾段堤路结合达标加固工程(0+000~1+800 及 3+000~12+650)	11.8	31.27	83.11	由上至下为 4 层:①为粉质黏土、淤泥质粉质黏土,厚度分别为 0.9~9.5 m 和 1.2~27.8 m;②粉细砂、淤泥质粉细砂,局部粗砂,夹薄层淤泥质土,厚 1.4~10.0 m;③淤泥质粉质黏土,厚 1.6~11.1 m;④细砂,局部粉砂或中砂,厚 2.0~10.8 m。层厚变化大,沉积稳定性较差,形成 2 个较完整沉积小旋回
			白蛇漩险段(12+000~16+200)	4.2			自上至下分 4 大层:①淤泥质粉质黏土,厚 2.0~6.4 m;②粉—细砂,厚 2.5~9.9 m;③淤泥质粉质黏土、黏土,厚 2.0~11.5 m;④细砂,厚 1.7~5.5 m,局部达 9.5 m。于下游段(Ⅲ剖面)部分地段只沉积淤泥质粉质黏土和粉质黏土,厚达 17.4~18.4 m。普遍上层为黏性土层和下层为砂质土层,形成连续 2 个沉积旋回

续表 3-19

大类	亚类	堤段	工程名称(桩号)	长度/km	累计长度/km	占全段百分比/%	结构特征
Ⅲ	$Ⅲ_4$(表层为淤泥质土)	石湾段	石湾段堤路结合达标加固工程(12+650~19+920)	6.92	31.27	83.11	自上至下分4大层:①淤泥质粉细砂,部分为淤泥质粉质黏土,厚0.9~7.7 m;②粉、细砂、中砂、粗砾砂,厚4.9~21.9 m;③粉质黏土、淤泥质粉质黏土,厚1.0~11.6 m;④粉细砂—粗砂,局部砾砂,厚1.6~15.6 m。层厚变化大,沉积不稳定,形成2个沉积旋回。一般以厚度2 m或大于2 m的黏性土和砂层呈交替多次沉积的多层结构Ⅲ类为主,部分地段为上厚层黏性土、下砂土的$Ⅱ_2$类相组合
		南海东段	平洲段(0+000~8+900)	8.35			由上至下分4大层:①淤泥质粉质黏土,厚0.3~6.2 m;②粉细砂,局部相变为中粗砂,厚1.6~11.6 m;③淤尼质粉质黏土、粉质黏土,厚1.5~23.1 m;④中粗砂,厚2.5~6.7 m,沉积不稳定,厚度变化大,相变较明显,形成2个较完整沉积旋回

由表3-19可知,佛山大堤堤基土体主要以多层结构的$Ⅲ_4$亚类为主,即上部淤泥质土,厚度普遍大于5 m,中部为砂层,下部为黏性土或软土。在黏性土层无破坏条件下,其抗渗性能好。个别为$Ⅰ_2$(单一砂性土)或$Ⅱ_3$(上砂性土、下黏性土)易产生渗透变形破坏。

2001年1月桩号13+700处堤基发生流土现象,因其堤段内坡脚挖掉覆盖层做鱼塘而造成。对类似堤段,建议采用填扩固基、加强压渗等措施处理。

在南海西段米步氹险段(10+700~11+050)等堤段,堤身填土直接置于粉—细砂层,为渗漏变形隐患地段。

3)中顺大围

(1)堤身质量。

东干堤顺德均安段(桩号E0+000~16+530)堤身填土下部为堤后黏土、粉质黏土堆填,呈稍密状,渗透性弱;上部为残积土、碎石土堆填,多呈中密—密实状,弱—微透水。堤身无鼠洞、白蚁窝等隐患。不存在渗漏及渗透稳定问题。

东干堤中山江堤段(桩号E16+530~42+700)堤身填土下部为堤后黏土、粉质黏土堆填,呈稍密状,渗透性中等偏弱,只局部小范围可能存在渗透稳定问题。顶部为碎石土,多呈中密—密实状。堤身无鼠洞、白蚁窝等隐患,堤身质量一般较好。

东干堤中山海堤段(桩号E42+700~51+687)堤身填土以黏性土为主,成分较均一,多由砂岩全风化土和残坡积土组成,局部为冲积黏性土,渗透性多呈微透水—弱透水。堤身无鼠洞、白蚁窝等隐患,堤身质量较好。

西干堤顺德均安段(桩号 W0+000~14+716)堤身填土下部为堤后黏土、粉质黏土堆填,呈稍密状,渗透性弱;上部由残积土、碎石土堆填,多呈中密—密实状,弱—微透水。堤身无鼠洞、白蚁窝等隐患。

西干堤中山江堤段(桩号 W14+716~38+642)堤身填土以黏性土为主,局部为粉土和砂土。根据钻孔及试验资料,桩号 W16+950、W19+735、W21+640、W29+550、W31+430、W33+530 附近堤身土黏粒含量小于 10%,粉粒含量 80%~90%,呈松散状;桩号 W35+510~37+600 段堤身填土以中细砂为主,含砂量达 70%~92%,黏粒含量只占 2.4%~7.4%,渗透系数 2.5×10^{-3}~4.5×10^{-3} cm/s,呈中等透水。堤身质量较差,存在渗透稳定问题。

西干堤中山海堤段(桩号 W38+642~60+370)堤身填筑土以黏性土为主,成分较均一,多为砂岩、花岗岩全风化土和坡积土组成,局部为冲积含砂黏性土,标贯试验平均值为 8 击,小值平均值 5.5 击,密实度一般,呈可塑状;未发现堤身有砂层出现(局部段在堤身底部夹有薄层砂),土质均匀,渗透性弱,堤身填土质量较好。

西干堤西河闭口堤段(桩号 W0-900~5+994)堤身填土以粉土和黏性土为主,土质较均匀,局部含一些碎石草根,填土密度较低,标贯试验平均值 3.2 击(统计组数 36 次,范围值 1~6 击),密实度差,堤身下部含水量较大,呈可塑状;取样室内试验成果:含水量(平均值,下同) 为 35.8%(最大值 48.1%,最小值 21.1%),天然密度为 1.80 g/cm^3(最大值 1.89 g/cm^3,最小值 1.71 g/cm^3),干密度为 1.33 g/cm^3(最大值 1.47 g/cm^3,最小值 1.12 g/cm^3),压缩系数为 0.456 MPa^{-1}(最大值 0.83 MPa^{-1},最小值 0.20 MPa^{-1}),属中等压缩性;根据堤身钻孔注水试验成果,渗透系数大值平均值为 8.5×10^{-4} cm/s,具中等透水性。堤身质量一般。

(2)堤基地质结构。

工程区内堤基土主要由黏性土和砂性土两大类组成,按照堤基黏性土厚度为堤身挡水高度的 50%作为堤基黏性土厚薄的分界线,中顺大围东干堤堤基地质结构分类汇总见表 3-20。

表 3-20　中顺大围堤基地质结构分类汇总

大类	亚类	分布桩号	分布堤段	累计长度/km		占全段长百分比/%
Ⅰ(单一结构类)	$Ⅰ_1$(单一黏性土)	E15+400~15+800	顺德均安段	0.4	5.087	9.84
		E17+000~17+400	中山江堤段	0.4		
		E47+400~51+687	中山海堤段	4.287		
	$Ⅰ_2$(单一砂性土)					

续表 3-20

大类	亚类	分布桩号	分布堤段	累计长度/km		占全段长百分比/%
Ⅱ(双层结构类)	$Ⅱ_1$(上薄层黏性土、下砂性土)					
	$Ⅱ_2$(上厚层黏性土、下砂性土)	E0+000~8+300、E9+200~13+800、E14+300~15+400、E15+800~16+530	顺德均安段	14.73	18.2	35.21
		E16+530~17+000	中山江堤段	0.47		
		E44+400~47+400	中山海堤段	3		
	$Ⅱ_3$(上砂性土、下黏性土)	E8+300~9+200	顺德均安段	0.9	0.9	1.74
Ⅲ(多层结构类)		E13+800~14+300	顺德均安段	0.5	27.5	53.20
		E17+400~42+700	中山江堤段	25.3		
		E42+700~44+400	中山海堤段	1.7		
Ⅰ(单一结构类)	$Ⅰ_1$(单一黏性土)	W13+900~14+716	顺德均安段	0.816	18.894	28.09
		W14+716~17+800、W18+600~20+000、W20+500~24+000、W37+200~38+642	中山江堤段	9.426		
		W38+642~40+400	中山海堤段	1.758		
		W0-900~5+994	西河闭口段	6.894		
	$Ⅰ_2$(单一砂性土)					

续表 3-20

<table>
<tr><th>大类</th><th>亚类</th><th>分布桩号</th><th>分布堤段</th><th colspan="2">累计长度/km</th><th>占全段长百分比/%</th></tr>
<tr><td rowspan="5">Ⅱ(双层结构类)</td><td>$Ⅱ_1$(上薄层黏性土、下砂性土)</td><td></td><td></td><td></td><td></td><td></td></tr>
<tr><td rowspan="3">$Ⅱ_2$(上厚层黏性土、下砂性土)</td><td>W0+000~7+500、W11+500~13+900</td><td>顺德均安段</td><td>9.9</td><td rowspan="3">28.1</td><td rowspan="3">41.78</td></tr>
<tr><td>W17+800~18+600、W20+000~20+500、W24+000~37+200</td><td>中山江堤段</td><td>14.5</td></tr>
<tr><td>W40+400~44+100</td><td>中山海堤段</td><td>3.7</td></tr>
<tr><td>$Ⅱ_3$(上砂性土、下黏性土)</td><td></td><td></td><td></td><td></td><td></td></tr>
<tr><td>Ⅲ(多层结构类)</td><td></td><td>W7+500~11+500</td><td>顺德均安段</td><td>4</td><td>20.27</td><td>30.13</td></tr>
</table>

由表 3-20 可知,中顺大围堤基结构类型主要有三大类,即单一结构类Ⅰ、双层结构类Ⅱ和多层结构类Ⅲ。堤基的渗透变形问题主要发生在$Ⅰ_2$、$Ⅱ_1$、$Ⅱ_3$处和Ⅲ的局部位置。如堤基结构属单一的砂性土堤基($Ⅰ_2$类)或上砂性土、下黏性土($Ⅱ_3$类),堤后地面下的水在水压力作用下很容易冒出,并将砂性土中的细颗粒带出,发生渗透破坏;堤基属Ⅲ类,但上覆薄层黏性土、第一砂土与河床砂层连通,洪水期堤后地面下的砂性土透水层存在水压力,其水头与堤前的水头基本一致。一旦堤后地面表层黏性土盖层不足以抵挡下部的水头压力,黏性土盖层将被击穿,发生渗透破坏。

4)江新联围

(1)堤身质量。

天河顶—外海段堤身填土中,下部老堤填土为粉质黏土,欠压实,局部渗透性强,如桩号 4+205、13+985、16+950、25+110 堤段,$K_{注}=1.4\times10^{-2}\sim2.6\times10^{-2}$ cm/s;新填土为含较多碎、块石的风化土,虽经压实,渗透性偏属中等,$K_{注}=1.1\times10^{-3}$ cm/s。局部堤身存在渗漏问题。堤身下部粉质黏土欠压实,渗透性中等—强,新近填土渗透性偏属中等,普遍存在渗漏及渗透稳定问题。

外海—龙泉段堤身填土多为粉质黏土,欠压实,局部透水性中等—强;新填土为含较多碎块的风化土,透水性强—中等,如桩号约 41+300 处,$K_{注}=2.4\times10^{-2}$ cm/s,局部堤身存在渗漏及渗透稳定问题。

龙泉—金牛头水闸段堤身填土主要为冲积的粉质黏土堆填,欠压实,结构较松散,其中龙泉河部分堤段上部 1~2 m 为碎石类填土,防渗性能差;桩号约 43+300(三江大桥)附近,新近填土 $K_{注}=1.2\times10^{-3}\sim1.5\times10^{-2}$ cm/s,透水性中等—强,局部存在渗漏及渗透稳定问题。

金牛头水闸—梅林冲段堤身填土主要为粉质黏土,欠压实,密实度较差,渗透性中等—强,在新会港附近及新会涤纶厂东侧存在堤身渗漏问题。

(2)堤基地质结构。

工程区内堤基土主要由黏性土和砂性土两大类组成,层状结构突出,故将堤基地质结构分为三个大类五个亚类,即单一结构类Ⅰ(包括单一黏性土单层亚类 I_1 和单一黏性土单层亚类 I_2)、双层结构类Ⅱ(包括上薄层黏性土、下砂性土双层结构亚类 II_1,上厚层黏性土、下砂性土双层结构亚类 II_2 及上砂性土、下黏性土双层结构亚类 II_3)和多层结构类Ⅲ。堤基地质结构分类汇总见表 3-21。

表 3-21 堤基地质结构分类汇总

大类	亚类	结构特征	分布堤段	分布桩号	长度/km
Ⅰ(单一结构类)	I_1(单一黏性土)	堤基为基岩	天河顶—外海段	0+000~0+550	0.55
		堤基为粉质黏土、淤泥质黏土,厚 16~22 m		1+300~6+370	5.07
		堤基为基岩		6+370~7+050	0.68
		堤基为淤泥,厚约 20 m		7+050~7+460	0.41
		堤基为基岩		7+460~7+700	0.24
		堤基为粉质黏土、淤泥质黏土,厚约 24 m		7+700~9+300	1.6
		堤基为基岩		9+300~9+600	0.3
		堤基为粉质黏土、淤泥质黏土、淤泥,厚 2~30 m		9+600~19+000	9.4
		堤基为粉质黏土,厚2~6 m,下伏为基岩全风化土		22+400~24+700	2.3
		堤基为基岩	外海—龙泉段	25+500~25+900	0.4
		堤基为淤泥,厚 12~17 m		38+600~40+000	1.4
		堤基上部为薄层粉质黏土,厚 0~10 m;中部为淤泥,厚 6~18 m;下部局部为黏土,厚 0~8 m		42+400~51+000	8.6
		堤基为淤泥、淤泥质黏土,厚 8~30 m	龙泉—金牛头水闸段	55+800~61+400	5.6
				73+200~76+000	2.8
			金牛头水闸—梅林冲段	76+000~83+000	7

续表 3-21

大类	亚类	结构特征	分布堤段	分布桩号	长度/km
Ⅱ(双层结构类)	$Ⅱ_1$(上薄层黏性土、下砂性土)	堤基上部为粉质黏土,厚约 1.1 m,下部为含泥中细砂,厚约 3.5 m,下伏为强风化砂岩	天河顶—外海段	0+550~1+300	0.75
	$Ⅱ_2$(上厚层黏性土、下砂性土)	堤基上部为粉质黏土,厚约 3 m,下部为泥质中细砂,厚约 4 m,下伏全风化花岗岩	天河顶—外海段	24+700~25+500	0.8
		堤基上部为淤泥、淤泥质黏土,厚约 27 m,中部为砂卵砾石,厚 1.5~5 m,下伏强风化泥岩	外海—龙泉段	28+600~38+600	10
		堤基上部为淤泥、淤泥质黏土,厚 12~19 m,下部为中细砂、含砾中粗砂,厚大于 5 m		40+000~42+400	2.4
		堤基上部为粉质黏土、黏土,厚 0~10 m,中部为淤泥、淤泥质黏土,厚约 22 m,下部为泥质中细砂,厚约 4 m,下伏全风化花岗岩		51+000~53+000	2
		堤基上部为淤泥、淤泥质黏土,厚约 25 m,下部为含砾中粗砂,厚约 2 m,下伏全风化花岗岩	龙泉—金牛头水闸段	55+000~55+800	0.8
		堤基上部为淤泥、淤泥质黏土,局部夹黏土,厚约 20 m,中部为含砂砾卵石,厚大于 5 m,下伏全风化砂岩、花岗岩		61+400~73+200	11.8
			金牛头水闸—梅林冲段	83+000~94+420	11.42
	$Ⅱ_3$(上砂性土、下黏性土)				
Ⅲ(多层结构类)		堤基上部为粉质黏土、淤泥质粉土,厚约 8 m,中部为含泥中细砂,厚约 3 m,下部为黏土,厚约 6 m,下伏全风化砂岩	天河顶—外海段	19+000~22+400	3.4
		堤基上部为粉质黏土、淤泥质粉土,厚约 8 m,中部为含泥中细砂,厚约 3 m,下部为淤泥质黏土,厚约 10 m,下伏全风化砂岩	外海—龙泉段	25+900~28+600	2.7
		堤基上部为淤泥质黏土,厚 5~18 m;中部为含泥中细砂、含泥砂砾石,厚 3~7 m;下部为黏土,厚 2~5 m;底部为含泥中细砂、含泥砂砾石;下伏全风化砂岩	龙泉—金牛头水闸段	53+000~55+000	2

堤基的渗透变形问题主要发生在Ⅰ$_2$(单一砂性土亚类)、Ⅱ$_1$(上薄层黏性土、下砂性土)、Ⅱ$_3$(上砂性土、下黏性土)处和Ⅲ(多层结构)的位置。由表3-21可知,江新联围堤基结构类型主要为Ⅰ$_1$(单一黏性土亚类)、Ⅱ$_2$(上厚层黏性土、下砂性土)类。只在桩号0+550~1+300段为Ⅱ$_1$(上薄层黏性土、下砂性土)堤基结构,存在渗透变形问题。其余堤段一般不存在渗透变形问题。

7. 韩江流域韩江南北堤

1)堤身质量

北堤:1996年达标加固前,北堤堤身结构不均匀,密实度较差,含砂性填土多,动物洞穴(蚁穴、鼠穴)较多,管理人员要定期施放蚂蚁药、鼠药。堤身渗透性局部呈中等状,因此洪水期堤身较普遍地出现散浸渗漏。如七丛松(0+900)、鱼苗区(1+100)、白沙宫(2+000)处在1959~1964年间堤内坡曾多次发生渗水。据记载和勘探揭示,堤身内尚存在1~3道古代填筑的三合土灰墙。2001年达标加固后,堤身已用黏性土料加高培厚压实,堤前坡已全部进行护坡处理,堤脚以混凝土起脚,下部为现浇混凝土、上部为预制混凝土护坡。堤身质量已大大提高,堤身的渗漏问题已得到有效缓解。

城堤:堤身填土质量较差,厚8~12 m,上、下部结构稍密,中部疏松,结构不均一,抗剪强度较高,中等—强透水。达标加固前堤前坡的浆砌石空隙较多,堤身又有较多的渗漏通道,洪水期堤后坡极易产生散浸甚至开裂漏水。如上水门段(3+300)、竹木门段(3+800)、下水门段(4+350~5+000)处在1975~1984年间内坡曾多次发生渗水、漏水。2001年达标加固后,堤身已进行了加高、堤后坡进行了培厚处理,堤身亦作黏土灌浆,单孔深12 m,堤前的浆砌石护坡亦做修补,形成了一道防水屏障,堤身的渗漏问题已得到缓解。

南堤:堤身以黏性素填土为主,结构一般较密实,压缩性中等,抗剪强度较高,透水性中等—弱,但局部夹大量砂性素填土,且分布不均匀,密实度偏低,透水性多呈中等透水,$\overline{K}$=2.5×10^{-3} cm/s。该段动物洞穴(蚁穴、鼠穴)较多,管理人员要定期施放蚂蚁药、鼠药。洪水期堤身的渗漏问题较严重。如八角亭上(6+100~6+200)、乌杵池、孝子坟圣者亭(8+100~8+400)、堤头云步市头(9+600~10+000)等处,历史上曾多次发生堤后坡渗水或牛皮胀。

南堤历史悠久,中华人民共和国成立前修堤、复堤大多为堤后人工取土堆填而成,未经压实,堤身质量较差,历史上南堤多次发生溃堤,特别是汕头段(桩号38+780~38+910、39+150~39+240、40+100~40+200、40+730)民国时期频频溃堤。达标加固处理后,近市区段(桩号5+100~6+300)已作为堤路结合段处理,堤身填土已压密实,横断面加大,且堤前坡为浆砌石护坡,堤身质量较好,险情隐患已基本得到解决;桩号6+300~38+410段,2 000年一遇的达标加固做了堤身加高培厚和局部堤身进行黏土灌浆处理,但效果未经检验,据现场测绘发现,有的堤段近期出现纵向裂缝,如桩号22+914~22+994东凤市场处,局部堤身的渗漏问题仍存在;汕头段(桩号38+410~42+900)经加固处理后,溃堤的危险性已很低,堤前坡亦进行了水泥砂浆护坡,但堤身单薄,堤身质量仍不稳定。

2)堤基地质结构

工程区内堤基土主要由黏性土和砂性土两大类组成,层状结构突出。北堤、城堤按100年一遇、南堤按50年一遇设防标准,其洪水位分别为桩号1+400处为18.88 m,3+000处为18.40 m,6+000处为17.20 m,10+000处为15.85 m,20+000处为13.50 m,30+000处为10.40 m,40+000处为8.25 m,按照堤基黏性土厚度为堤身挡水高度的50%作为堤基黏性土厚薄的分界线,分类汇总见表 3-22。

表 3-22　韩江南北堤堤基地质结构分类汇总

大类	亚类	结构特征	分布堤段	分布桩号	长度/km
Ⅰ(单一结构类)	Ⅰ$_1$(单一黏性土)	黏土厚约 10 m,下伏为基岩风化土	北堤	0+000~0+250	0.25
		堤基由黏土、粉质黏土、淤泥质黏土、淤泥组成,局部间夹粉细砂透镜体	南堤	9+400~12+200	2.8
		上部为黏土、粉质黏土,下部为淤泥		14+800~17+300	2.5
		上部为黏土、粉质黏土,下部为淤泥		19+800~21+400	1.6
		上部为黏土、粉质黏土,中部间夹薄层粉细砂层,下部为淤泥		23+100~25+600	2.5
		上部为粉质黏土、黏土,厚 4 m,下部为淤泥		26+500~26+800	0.3
	Ⅰ$_2$(单一砂性土)	堤基直接为砾质粗砂层,厚度大于 10 m	城堤	3+200~4+800	1.6
		堤基直接为砾质粗砂层,厚度大于 8 m	南堤	5+200~5+500	0.3
		堤基直接为砾质粗砂层,厚度大于 10 m,中部夹薄层淤泥质黏土		12+200~12+500	0.3
Ⅱ(双层结构类)	Ⅱ$_1$(上薄层黏性土、下砂性土)	堤基表层黏性土盖层厚 4~10 m,但堤后表层黏性土盖层厚小于 4 m	北堤	0+990~1+150、1+600~1+650	0.21
		上部黏性土层厚约 2 m,下部为粉细砂、砾质粗砂层	城堤、南堤	4+800~5+200	0.4
		上部黏性土层厚 2.5~3.5 m,下部为粉细砂、砾质粗砂层,局部下伏有淤泥层	南堤	5+500~6+850、7+150~8+900	3.1
		堤基表层黏性土盖层厚可达 5 m,但堤后为鱼塘,缺失黏性土盖层		13+200~13+500	0.3
		堤基表层黏性土盖层厚可达 5 m,但堤后表层黏性土盖层厚 0.5~3 m		17+500~18+000	0.5
		上部黏性土层厚 2.8~3.8 m,下部为粉细砂、砾质粗砂层		21+600~22+300	0.7
		上部黏性土层厚 1.5~2 m,中部为中砂,厚 5~7 m,下部为淤泥		31+600~32+500	0.9
		上部黏性土层厚约 1.4 m,中部细砂、含砾粗砂厚约 7 m,下部为淤泥		34+750~35+600	0.85
		上部黏性土层厚 0.5~1.3 m,中部细砂、含砾粗砂厚约 6 m,下部为淤泥		38+200~39+250	1.05
		上部淤泥、黏土层厚约 1.5 m,中部为中砂,厚 2.5~4 m,下部为淤泥		41+200~42+100	0.9
	Ⅱ$_2$(上厚层黏性土、下砂性土)	上部黏性土层厚大于 20 m,其中间夹厚约 5 m 的淤泥,下部为含泥粗砂	北堤	0+250~0+350	0.1
		上部黏性土层厚 4~10 m,局部为粉土,下部为粗砂、砂砾石,厚 6~11 m,下部为黏土、淤泥层		0+350~0+990、1+150~1+600、1+650~2+800	2.24
		上部黏性土层厚约 5 m,中部砂砾石层厚 4 m,下部为黏性土、淤泥质黏土	城堤	2+800~3+200	0.4

续表 3-22

大类	亚类	结构特征	分布堤段	分布桩号	长度/km
Ⅱ(双层结构)	$Ⅱ_2$(上厚层黏性土、下砂性土)	上部黏性土层厚 4~8 m,下部为粉细砂、砂卵砾石层	南堤	8+900~9+400	0.5
		上部黏性土层厚约 4.5 m,下部为粉细砂、砂砾石		12+500~13+200、13+500~14+800	2
		上部黏性土层厚 4~6 m,下部为粉细砂、砾质粗砂层,局部下伏有淤泥层		17+300~17+500、18+000~18+500、18+800~19+800	1.7
		上部黏性土层厚大于 4 m,下部为粉细砂、砾质粗砂层		21+400~21+600	0.2
		上部黏性土层厚 4~6 m,局部间夹薄层细砂透镜体,下部为粉细砂、砂砾石		22+300~23+100	0.8
		上部粉质黏土、淤泥质黏土厚约 3 m,中部细砂厚约 1.5 m,下部为淤泥		25+600~26+050	0.45
		上部粉质黏土、淤泥质黏土、淤泥厚约 6.5 m,中部中砂厚约 2.5 m,下部为淤泥		29+300~29+700	0.4
		上部黏土厚 3~6 m,中部细砂厚约 1.5 m,下部为淤泥		30+900~31+600	0.7
		上部黏土、淤泥质黏土厚 3~5 m,中部细砂厚约 3 m,下部为淤泥		35+600~38+200	2.6
		上部黏土、淤泥厚 2.5~3.5 m,中部中砂厚约 4 m,下部为淤泥		39+250~40+100	0.85
		上部黏土、淤泥厚约 3.5 m,中部中砂厚约 2 m,下部为淤泥		42+100~42+900	0.8
	$Ⅱ_3$(上砂性土、下黏性土)	上部砂砾石层厚约 8 m,下部淤泥质黏土	南堤	6+850~7+150	0.3
		上部细砂层厚约 7 m,下部为淤泥		30+300~30+900	0.6
		上部细砂、夹砾石粗砂层厚约 6 m,下部为淤泥		34+600~34+750	0.15
		上部细砂、夹砾石粗砂层厚约 5 m,下部为淤泥		40+600~41+200	0.6

续表 3-22

大类	亚类	结构特征	分布堤段	分布桩号	长度/km
Ⅲ(多层结构)		上部为细砂,厚约 0.5 m,往下为粉质黏土,厚约 3 m,再往下为中砂、含砾粗砂,厚约 5.5 m,下伏淤泥层	南堤	18+500~18+800	0.3
		顶部粉质黏土厚约 2 m,往下为细砂厚约 1 m ,淤泥质黏土厚约 0.5 m,细砂、粗砂厚约 7 m,下部为淤泥		26+050~26+500	0.45
		顶部细砂厚约 3 m,往下淤泥厚 1~3 m,中砂、含砾粗砂厚 1~4 m,下部为淤泥		26+800~29+300	2.5
		顶部粉质黏土厚约 1.5 m,往下为细砂厚约 1 m,淤泥质黏土厚约 1.3 m,细砂、粗砂厚约 2.4 m,下部为淤泥		29+700~30+300	0.6
		顶部黏土厚 1.5~2.5 m,局部顶夹厚约 1 m 的含泥细砂,往下为细砂、中砂厚约 5 m,淤泥厚 1.5~2.5 m,含泥中砂厚大于 1.3 m,下部为淤泥		32+500~34+600	2.1
		顶部细砂厚约 1 m,往下黏土、淤泥厚约 1.5 m,中砂厚约 2.5 m,下部为淤泥		40+100~40+600	0.5

由表 3-22 可知,韩江南北堤堤基结构类型主要有三大类,即单一结构类Ⅰ、双层结构类Ⅱ和多层结构类Ⅲ。堤基的渗透变形问题主要发生在$Ⅰ_2$(单一砂性土亚类)、$Ⅱ_1$(上薄层黏性土、下砂性土)、$Ⅱ_3$(上砂性土、下黏性土)处和Ⅲ(多层结构)的局部位置。

堤基的渗透变形一般发生在堤脚和堤后,其类型主要为管涌和流土。洪水期堤前水位高涨,高出堤后地面一定的高度,堤基下如有中等以上的透水层与河床连通,则水压力通过透水层传递至堤后,即堤后地面下存在的一定水压力。如堤基结构属单一的砂性土堤基($Ⅰ_2$类),堤后地面下的水将在水压力作用下很容易冒出,并将砂性土中的细颗粒带出,发生渗透破坏,即管涌。如城堤桩号 3+200~4+800 段,堤基属单一的砂性土结构,并与河床砂层连通,堤后地面高程 11~12 m,1964 年洪水位堤前为 16.95 m,即水头高 5~6 m,堤后地面大多铺盖着薄层的水泥作路面,但在如此高的水头作用下,多处发生“涌泉”,1964 年下水门段较大涌泉 10 处,基中碎石店内城墙侧高地面 1.5 m 处裂缝涌出水量相当 4 吋(1 吋=2.54 cm,下同)抽水机。

堤基属上薄层黏性土、下砂土双层结构亚类($Ⅱ_1$),洪水期堤后地面下的砂性土透水层存在水压力,若砂性土透水层在堤后不远处呈尖灭状,则地面下的水压力呈静水压力,其水头与堤前的水头基本一致。如堤后地面表层黏性土盖层不足以抵挡下部的水头压力,黏性土盖层将被击穿,发生渗透破坏。如南堤桩号 7+590 处,堤基上部黏性土厚约 2.5 m,堤后为 0.8 m,堤后地面高程为 7.8 m。1984 年外江洪水位为 15 m,即水头高为

7.2 m。类比一些工程,在堤后表层黏性土盖层厚度小于50%水头处容易发生渗透破坏。即黏性土盖层小于3.6 m处容易发生渗透破坏。当一处更薄弱处发生了渗透破坏,水流即从破坏处流出,静水压力减小。

堤基属上砂性土、下黏性土双层结构亚类($Ⅱ_3$),其发生渗透破坏的成因和特点与单一的砂性土堤基($Ⅰ_2$类)相似。堤基属多层结构,若表层为砂性土或表层为薄层黏性土,下部为砂性土结构,亦容易发生渗透破坏。

存在堤基渗透稳定问题的堤段有北堤桩号0+990~1+150、1+600~1+650,城堤桩号3+200~5+100,南堤桩号5+100~5+200、5+500~8+900、13+200~13+500、17+500~18+000、18+500~18+800、21+600~22+300、26+050~26+500、30+300~30+900、31+600~32+500、34+600~35+600、38+200~39+250、40+600~41+200、41+200~42+100。

3.3.2　抗冲稳定问题

珠江的主支位于西江,本节主要对西江分段进行介绍,分别为上游段高原盆地区(云南片区)、中游低山丘陵多河段区(广西片区)、下游平原三角洲河网区(大湾区),其中中游低山丘陵多河段区除西江干流浔江河段外,还包括邕江、郁江、柳江、漓江(下游称桂江),平原三角洲河网区包含了西江下游、北江下游、东江下游、韩江下游,针对各个分区堤防抗冲稳定问题的特点分别介绍。

《中国堤防工程地质》认为,珠江流域上游段堤防的主要工程地质问题是渗漏和渗透稳定问题,局部有河流弯道的河岸冲刷及堤坡稳定问题;中游段堤防抗冲稳定问题与岸坡形态及水流条件密切相关,由于中游河道流速较大,洪水涨幅也较大,河岸岸坡普遍较高,坡度较陡,除洪水对岸坡的冲刷外,洪水后的岸坡滑塌也较普遍,特别对堤外缺失外滩的迎流顶冲,深槽迫岸堤段的抗冲稳定问题更为突出;下游段堤防主要分布在三角洲河网区,抗冲稳定问题除与岸坡形态有关外,还与软土等弱抗冲层的普遍分布有关,岸坡形态主要指长期以来天然形成的迎流顶冲、深泓逼岸等危险形态,其次还存在三角洲地区大规模、大范围无序采砂等人为造成的冲刷深槽导致堤岸失稳,软土弱抗冲层主要有分布在堤基堤岸的淤泥、淤泥质土、淤泥质细砂等。

3.3.2.1　**西江上游段**

西江上游段主要位于云贵高原,只有在穿过各个盆地时沿江两岸才形成堤防,本书介绍的堤段主要位于云南片区内的几个盆地(俗称"坝子"),如位于云南曲靖市的沾曲盆地、陆良盆地,位于昆明市宜良县的宜良盆地。

1. 南盘江堤防沾曲段

沾曲段堤防(涉及南盘江河段长约52.5 km)分布在沾曲断陷盆地,沾曲段堤防工程地质条件差的D类堤段有31 km,占全段百分比达59.0%,属工程地质条件较差的C类堤段有18.50 km,占全段的35.2%,C、D类堤段合计高达94.2%。

堤防普遍存在抗冲稳定问题,因抗冲稳定问题导致的重大险段主要有岳东营滑坡群,针对河段一般的抗冲稳定问题采取了加高培厚衬护措施,衬护长度约33 km,占堤防总长的62.9%。

岳东营滑坡群含7处滑坡,主要位于下桥闸下游4.3 km的竹园大桥下游,长1 km,

是 1997 年裁弯取直后形成的新河道,开河时就产生边坡滑坍,使设计河宽 50 m 缩窄到 15~20 m。抗滑失稳导致河道束窄,反过来加剧了岸坡及堤脚的冲刷作用,由于冲刷作用加剧导致岸坡软土被冲刷进而诱发了更大规模的滑坡。

1) 弱抗冲层类型和性状

堤防沿岸分布第四系的冲积湖积层(Q_4^{al+L}),以砂砾石、砂土、含砾细砂夹黏土为主,特点是普遍夹有粉细砂层及淤泥,组成了河漫滩和阶地。

堤基的主要弱抗冲层有软可塑黏性土—淤泥,粉细砂。软可塑黏性土层的内摩擦角 φ 普遍偏小,一般为 6°~13°,淤泥的内摩擦角 φ 更小,一般为 2°~7°,黏聚力一般为 5~15 kPa,明显比长江流域的软土强度低。含泥粉细砂层的黏聚力建议值为 21. 3 kPa、内摩擦角为 9. 8°,含泥粉细砂的黏聚力强度较高。

由此可见,沾曲段堤防抗冲问题较普遍的原因之一是堤基黏性土的黏聚强度偏小,黏性土堤基中普遍含有淤泥状粉砂等弱抗冲夹层。

2) 弱抗冲层组合结构

下文通过重大抗冲失稳险段与一般险段的普遍特征说明弱抗冲层的组合结构。

在重大险段如岳东营滑坡群,堤基地质结构为多层结构($Ⅲ_1$ 型)(见图 3-3),其中粗粒土(包括砂砾石、中细砂)厚度占堤基总厚度比例小,一般小于 20%,且堤基中下部存在褐煤层、具膨胀性的第三系黏土岩,导致弱抗冲层厚度占堤基总厚度比例增大,累加淤泥及粉细砂层后厚度比例可达 40%以上。在湖积沉积环境中各沉积层层面倾角基本为水平,不存在层面倾向影响抗冲稳定性的问题。因此,发生大范围抗冲失稳问题的关键是弱抗冲层的占比较高(>35%)。

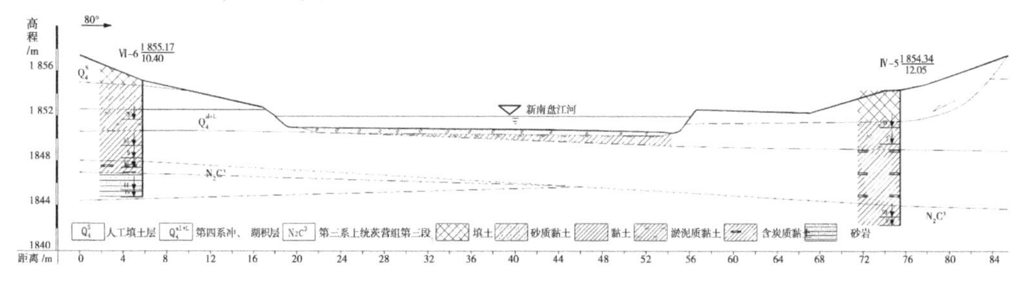

图 3-3　南盘江沾曲堤防岳东营滑坡地质断面($Ⅲ_1$ 结构)

在一般险段,堤基主要以厚层黏性土为主,堤基中的弱抗冲层主要是厚层黏性土中的粉砂、淤泥夹层,主要分布在堤基的上部或中上部,导致堤基的抗冲稳定性较差。

在一般险段,堤基地质结构为单一黏性土结构为主(I_1 型),弱抗冲层粉砂、淤泥厚度占堤基总厚度比例为 20%~25%,以局部互层、夹层或透镜体状分布,一般不存在连续大面积分布。堤基土层层面基本为水平。弱抗冲层的在堤基剖面的占比较低(<25%)。

由此可见,沾曲段堤防抗冲问题严重与否的关键因素之一是弱抗冲层的叠加比例,叠加比例较高(>35%)时导致较严重的抗冲失稳问题,叠加比例较低时(<25%)抗冲失稳问题一般。土层层面为水平,对抗冲稳定问题基本无影响。

3) 岸坡形态及水流条件

重大险段位于裁弯取直后的新开河段,新开河道较天然河道宽度扩大 2 倍以上,基本不存在迎流顶冲的拐弯凹岸段，但由于新开河道河底暴露淤泥、粉细砂层，相互交错产出，且该河段洪涝灾害频繁，大范围的洪灾重现期约为 14 年，河床遭遇洪水水流后易产生冲刷深槽，最大冲深达 2 m，导致堤岸、堤基被深槽迫岸，最终导致发生多处较大范围的滑坡。

在一般险段，1974 年当地对大多数河段进行了裁弯取直、疏挖河道、加固河堤等治理，河道大部分为顺直状，但是往往在支流交汇口河段或者是急弯段容易出现冲刷淘蚀，形成 0.5~2.0 m 的深坑，导致堤岸坍塌甚至局部堤身跨塌。

由此可见，沾曲段堤防岸坡形态并不成为影响抗冲稳定问题主要因素，而是洪水期的大水流条件叠加河床暴露的弱抗冲层导致堤防抗冲失稳问题严重，局部岸坡形态（交汇口、急弯段）未叠加大范围弱抗冲层时，抗冲失稳问题一般。

2. 南盘江堤防陆良段

陆良段堤防（涉及南盘江河段长约 36 km）分布在陆良盆地，与沾曲段堤防中间以响水坝水库相隔。堤防工程地质条件较好（B 类）的堤基长约 13.58 km，占 37.7%；工程地质条件差（D 类）的堤基长约 13.82 km，占 38.4%；其余为 A 类堤基。

堤防普遍存在抗冲稳定问题，因抗冲稳定问题导致的重大险段主要有油吓洞滑坡群（长约 380 m），因抗冲稳定问题采取了加高培厚衬护措施，衬护长度 19 km，占堤防总长的 52.8%。油吓洞滑坡群重大险段分布在 D 类堤基，一般险段分布在 D 类堤基和部分 B 类堤基。

1）弱抗冲层类型和性状

陆良盆地内干流沿岸主要地层为第四系湖积（Q_1）黏土、砂质黏土夹淤泥黏土，厚 14~20 m，下伏主要为第三系茨营组（N_2C）地层。堤基特点是部分堤基分布第三系基岩，其他堤基普遍分布或夹有粉细砂、淤泥质黏土等弱抗冲层。

弱抗冲层在重大险段与一般险段分布种类相同，均为淤泥质土、粉细砂，但厚度不同。

陆良段堤防淤泥、淤泥质土层的内摩擦角 φ 值小，仅 2.4°~3.4°，黏聚力较高，可达到 16 kPa 以上，软土具高压缩性、抗冲能力弱，可见其抗冲性能主要由内摩擦角决定。含泥粉细砂层的黏聚力建议值为 25.8 kPa、内摩擦角为 8.6°。

由此可见，陆良段堤防抗冲问题较普遍的原因之一是堤基土层普遍夹有淤泥、淤泥质土等软土，当软土大范围分布时（尤其在岸坡、河床分布）可形成较严重抗冲失稳问题并引发堤基抗滑稳定问题，当软土呈夹层或互层分布并与粉细砂层组合时，可造成一般的抗冲失稳问题。

2）弱抗冲层组合结构

下面通过重大抗冲失稳险段与一般险段的普遍特征说明弱抗冲层的组合结构。

在重大险段，以油吓洞滑坡群为例，堤基、河床以淤泥、淤泥质黏土等弱抗冲层为主，还夹粉细砂、半胶结砂砾等，发生滑坡等抗滑稳定问题的根源是河床及岸坡分布较大范围的软土，岸坡抗冲失稳后导致堤基发生滑坡失稳。

在一般险段，堤基的弱抗冲层主要是粉细砂，或与砂砾石、黏性土、淤泥质土呈互层状，或夹少量淤泥质土，导致堤基的抗冲能力较弱，但未引发大规模的滑坡。

油吓洞滑坡群堤基地质结构为上厚黏性土、下砂性土双层结构（$Ⅱ_2$ 型）（见图 3-4），但上部黏性土中软土及软塑状黏性土比例高(25%～54%),即堤基上部基本以软土等弱抗冲层为主,当河床、堤岸的弱抗冲层被冲刷后,堤基容易发生抗滑稳定问题(产生滑坡)。在湖积沉积环境中各沉积层层面倾角基本为水平,不存在层面倾向影响抗冲稳定性的问题。

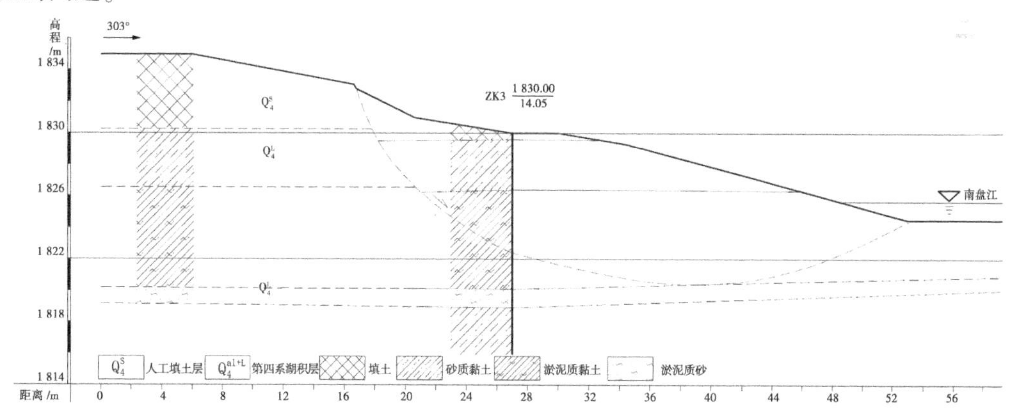

图 3-4　南盘江陆良堤防油吓洞滑坡地质断面($Ⅱ_2$ 结构)

在一般险段,堤基地质结构也是上厚层黏性土、下砂性土双层结构($Ⅱ_2$ 型),另外存在单一黏性土层($Ⅰ_1$ 型),与重大险段的区别在于黏性土中软土比例不高,主要为粉细砂层或粉细砂与黏性土层互层,但各沉积层面倾角基本为水平,不存在层面倾向影响抗冲稳定性的问题。

由此可见,陆良段堤防抗冲问题严重与否的关键因素之一是软土(弱抗冲层)厚度的比例,累计占比较高(>25%)时导致较严重的抗冲失稳问题,累计占比较低时抗冲失稳问题一般。土层层面为水平,对抗冲稳定问题基本无影响。

3)岸坡形态及水流条件

重大险段油吓洞滑坡群所在河道为裁弯取直后的新开河段,但存在支流汇入口对冲河段、发生直角转弯河段(水流冲刷左岸),即存在迎流顶冲和转弯段,且这两类河段河底及堤岸暴露大面积且厚度较大的淤泥、淤泥质土等软土层,易形成冲刷深槽,堤基被深槽切脚,最终导致左、右岸均发生滑坡。

在一般险段,1974 年当地进行了裁弯取直、疏挖河道、加主河堤等治理,河道大部分为顺直状,但是往往是在支流交汇口河段或旧河道平行或相邻河段容易出现冲刷淘蚀,形成 0.5～2.0 m 的深坑,导致堤岸坍塌甚至局部堤身跨塌。

由此可见,陆良段堤防岸坡形态是影响抗冲稳定问题的主要因素,再叠加河床暴露软土等弱抗冲层时导致堤防抗冲失稳问题严重,局部岸坡形态(交汇口、急弯段)未叠加大范围弱抗冲层时,抗冲失稳问题一般。

3. 南盘江堤防宜良段

宜良段堤防(涉及南盘江河段长约 37 km)分布在宜良盆地,宜良盆地是沿南北向"小江断裂"东支形成的断陷盆地。宜良段堤防堤基属工程地质条件较差的 C 类堤段有 15.83 km,占全段的 42.78%;属工程地质条件差的 D 类堤段有 10.67 km,占全段百分比达 28.84%,C、D 类的堤段高达 71.6%。

宜良段堤防岸坡稳定性差是该堤段主要工程地质问题之一,同时岸坡失稳导致堤基抗滑稳定性差也是本堤段的主要工程地质问题。该段堤防未发现重大险段，但是由于河床普遍分布粉土—粉细砂层，因此从上游仙觉村至下游狗街镇附近约 34 km 河段分布有 7 处长短不等的坍岸护坡段，累计长度约 8 015 m，占堤防总长的 23.5%。当地对稳定性差的堤岸除了采取护岸措施，其中还对古城镇上下游约 4.7 km 新开裁直河段堤脚采取支挡措施。

1）弱抗冲层类型和性状

河段沿岸分布的弱抗冲层主要有粉土—粉细砂、淤泥质土。

粉土—粉细砂层的黏聚力建议值为 15 kPa、内摩擦角为 21.6°，相比沾曲段堤防、陆良段堤防，该段堤防的粉土—粉细砂层内摩擦角较大，分布在 II_2 类（上厚层黏性土、下砂性土）堤基的下部，即强度略高、弱抗冲层有“保护壳”（上部黏性土），内生条件略好，出现重大险段的可能性比沾曲段堤防、陆良段堤防略低。

淤泥质土层的内摩擦角 φ 值小，仅 3°~5°，黏聚力较高，约 15 kPa 以上。软土具高压缩性，抗冲能力弱，一般分布在该段堤防的上游（古城桥闸上游）、下游（狗街桥闸下游）两端。

2）弱抗冲层组合结构

宜良段堤防全长 37 km，仅 9.25 km 堤段（占 25%）未揭露明显的弱抗冲层，其余 75% 的堤段均揭露有弱抗冲层，其中上游以古城桥闸为界，下游以狗街桥闸为界，大体可以分为 3 段。第一段：古城桥闸上游堤段，堤基地质结构为 I_1 类（单一黏性土），上部普遍分布有淤泥质土。第二段：古城桥闸—狗街桥闸堤段，堤基结构基本为 II_2 类（上厚层黏性土、下砂性土），普遍分布有粉土—粉细砂岩的弱抗冲层，弱抗冲层多数分布在下部砂层中，少数分布在上部黏性土中，呈夹层状粉土、淤泥质土产出。第三段：狗街桥闸下游，堤基地质结构为 II_1 类（上薄层黏性土、下砂性土），上部薄黏性土中夹有含砂淤泥。三段堤防弱抗冲层明显出露的总长度为 10.27 km，占比约 27.8%。第一段由于堤高小于 3 m，软土对堤基的稳定性影响小；第二段堤基上部往往是厚度较大的可塑状黏性土，即有“保护壳”，因此粉细砂层对抗冲稳定性的影响相对不大；第三段上部的软土厚度小，对堤基的影响范围相对不大。

各沉积层层面倾角基本为水平，不存在层面倾向影响抗冲稳定性的问题。

3）岸坡形态及水流条件

宜良盆地地形开阔平坦，河道蜿蜒曲折，河道断面小，为 70~80 m，河床基本上是粉细砂、粉质黏土、黏土。河岸堤脚易受洪水冲刷淘蚀，不断坍塌，影响堤身稳定的同时河槽出现加宽，塌落砂土引起河道淤滩，弯流演变，过水流量减少。古城桥闸到狗街桥闸之间为长 30 km 的平坝区，雨季江水常深 3.0 m，大洪水时水深达 7.0 m。狗街桥闸以下为峡谷，虽经 11 次炸岩滩，但至 1997 年，其河底仍比狗街桥闸底高 1.4 m，阻水作用依然存在，加之原有跨河建筑设计洪水标准低，小堤低矮，又在两岸筑圩堤堵水宽 300 m，大洪水时，坝子被淹没呈现一片汪洋。岸坡为冲洪积粉细砂、粉质黏土，土质软弱，抗剪强度低，加之洪、枯水期交替变化，使岸坡后退，造成冲刷、淘脚、坍陷等，形成险段，造成危害。

由此可见，特殊的水流条件决定了抗冲失稳问题的发生。宜良盆地呈“肚大口小”，洪水期易造成水位急涨，洪水过后冲刷淘脚现象时有发生，淤滩造成河道弯流演变。容易发生抗冲失稳问题的岸坡形态主要为急弯凹岸、支流交汇口等，如贾龙河与南盘江交汇口，老水龙、化鱼大桥、玉龙村、毛家营、石榴园、阳阴沟及中乐村、狗街桥闸下游段等河道均位于急弯凹岸，受冲刷时间长以后，堤基含粉土、粉细砂，最终导致淘脚、岸坡后退。

因此,宜良段堤防由于受洪水期特殊水流条件的影响,水流易偏摆导致岸坡发生动态变化,除了护坡措施,更合适的方式还有采取支挡堤脚,如古城桥闸新开裁弯取直河段在堤脚采取了支挡措施。

3.3.2.2 西江中游段

西江中游段主要位于广西片区内的各条河段,除了西江干流还分布有多条大型支流邕江、郁江、柳江、桂江,广西重点防洪城市基本位于这些大型支流上,如位于邕江的南宁、位于郁江的贵港、位于柳江的柳州、位于桂江上游的桂林、位于桂江下游的梧州(与西江干流浔江交汇)。另外,在西江干流浔江两岸从上游往下游依次分布有桂平、平南、藤县、苍梧等城市,浔江两岸堤防对西江洪水(归槽)影响很大。这些堤段基本上位于低山丘陵区,其中南宁、梧州及桂林城市堤防和浔江两岸堤防地处低山丘陵地区的冲积阶地,柳州及贵港等重点防洪城市堤防则处于岩溶小平原的冲积阶地。

1. 邕江南宁防洪堤

南宁防洪堤涉及邕江河段长约 30 km,防洪堤工程地质条件较好(B 类)的堤段占75%,工程地质条件较差(C 类)、差(D 类)的堤段合计占 25%。堤防多位于二级阶地上,局部一级阶地因人为或自然因素影响而缺失。

南宁段堤防存在 9 处因抗冲失稳导致的塌岸(滑坡),平均间距 3~4 km,塌岸长度 70~1 300 m 不等,平均长度约 500 m,累计长度约 4 100 m,占堤防总长的 13.7%。总体上抗冲稳定问题较普遍,但塌岸深度较浅,属于浅表型,大多未引起岸坡严重后退,发育程度一般—中等。

1)弱抗冲层类型和性状

南宁防洪堤河段分布的弱抗冲层主要是粉土,其次为局部或透镜体状分布的粉细砂,零星分布有淤泥、淤泥质土等软土,软土主要分布在上游左岸支流出口,淤积形成。

粉土标贯击数一般为 3~10 击,平均为 6 击左右,属松散状,快剪强度普遍偏高,几个堤段的黏聚力平均达 20~35 kPa,内摩擦角平均达 8°~19°,土层抗冲性能相对较好。粉土的中值粒径 d_{50} 为 0.067 mm,位于 0.05~0.5 mm 最容易被侵蚀的区间范围。

粉细砂标贯击数平均为 5~13 击,松散—稍密状,局部为中密状。

淤泥、淤泥质土呈透镜体状分布,一般分布在堤基浅表,多数被清除,局部在支流汇入口河床部位仍有分布,黏聚力一般达 15 kPa,内摩擦角可达 6°~8°。

2)弱抗冲层组合结构

石埠堤塌岸 CL1(塌岸长度 500 m)、西明江堤的石埠村塌岸 CL2(塌岸长度 900 m)、胜利砂场塌岸 CL3(塌岸长度 263 m)、江北中堤的民生码头塌岸 CL4(塌岸长度 200 m)等 4 个塌岸堤基结构均为Ⅱ$_2$类(上厚层黏性土、下砂性土),弱抗冲层粉土分布在上部黏性土、下部砂卵砾石层之间,厚 1.5~10 m。

江北东堤的洋关码头塌岸 CL5(塌岸长度 70 m)、江北东堤的凌铁水厂塌岸 CL6(塌岸长度 120 m),不存在弱抗冲层。

江南西堤的韦村三津塌岸 CL7(塌岸长度 1 300 m)、仁义塌岸 CL8(塌岸长度 150 m)、江南东堤的西园堤段塌岸 CL9(塌岸长度 810 m)等 3 个塌岸堤基结构均为Ⅱ$_2$类(上厚层黏性土、下砂性土),弱抗冲层粉土分布在上部黏性土、下部砂卵砾石层之间,厚 2~9 m,但粉土层下部还分布有粉细砂层。

综上所述,抗冲失稳险段弱抗冲层的第一组合结构为$Ⅱ_2$,占比为7/9,约78%。江北的塌岸地层中,弱抗冲层基本以中厚粉土为主,未揭露粉细砂层,总体上塌岸规模相对较小;江南的塌岸地层中,弱抗冲层基本为中厚粉土与粉细砂组合,总体上塌岸规模相对较大。不存在弱抗冲层的塌岸规模相对最小,发生塌岸的原因还与岸坡形态、水流条件有关。

3)岸坡形态及水流条件

(1)顺直河道。

石埠堤塌岸CL1附近河道较顺直,但岸坡形态受人为因素影响大,主要是采砂严重,水下岸坡变陡,河床变深。水流条件受两方面影响:一是洪水期岸坡受涨落水影响暴露的粉土容易发生崩塌,二是塌岸后受行船涌浪影响导致塌岸范围进一步扩大。现状该河段已经禁止采砂,人为因素减少,堤岸现状稳定。

江北东堤河道基本顺直微凹状,为堤路结合形式,堤上常受重型车的附加荷载,堤前无阶地或漫滩保护,河床深切,岸坡高陡,因此发生了小型垮塌。

江南西堤的韦村三津塌岸CL7、仁义塌岸CL8岸坡形体均是河道较顺直,但堤前均无阶地或漫滩保护,岸坡高陡,常形成多级错落的小型垮塌,最终都是小型垮塌连片形成大范围垮塌。

江南东堤西园堤段垮塌CL9,河道较顺直,堤前均无阶地或漫滩保护,河床深切,岸坡高陡,造成垮塌。堤身前坡为直立的钢筋混凝土墙,高6~8 m,并进行喷锚处理,锚杆间距1 m。堤前岸坡已全部为浆砌石护坡,从坡脚到坡顶分两级护坡,约25°。岸坡垮塌造成混凝土堤身出现过密集的贯穿性裂隙。

(2)拐弯凹岸。

西明江堤河段也是受人工采砂破坏严重,引起了较多小范围的崩塌或浅层滑坡,较严重地段有西明江堤的石埠村塌岸CL2、胜利砂场塌岸CL3。石埠村塌岸CL2,采砂造成下部砂卵砾石层胶结体被破坏,且位于河道拐弯外,凹岸受冲明显,形成深槽迫岸,最终造成大面积垮塌。胜利砂场塌岸CL3,采砂造成水下岸坡变陡,河床变深,同时采砂堆积造成较大上部荷载,最终形成垮塌。

江北中堤也位于河道凹岸,河水侧蚀较严重,河床深切,导致一级阶地前缘出现垮塌。其次上部黏性土与粉土内地下水丰富且排水不畅,造成土层软弱易产生垮塌。

2. 郁江贵港防洪堤

贵港防洪堤沿郁江河段长约20 km,主要分布在郁江北堤、郁江南堤,主要的支流是鲤鱼江,分布河段约8 km。堤基工程地质条件属于好(A类)、较好(B类),未揭露工程地质条件较差(C类)、差(D类)的堤段。堤防多位于一级阶地之上。

贵港防洪堤总体上除分布零星小型塌岸外,大部分堤段自然边坡稳定性较好。沿河堤岸普遍可见石炭系下统(C_1d)—中统(C_2d)的白云质灰岩、灰岩等基岩出露。堤基普遍以厚度较大的黏性土为主。局部岸坡稳定性较差的堤岸均存在岩溶洼地及漏斗,因长期管道渗漏影响了上覆土层的稳定性,从而形成非受冲型的塌岸。灰岩区红黏土对堤防的影响详见3.4.1节。

贵港防洪堤郁江南堤存在2处非受冲型的塌岸,为罗伯湾塌岸、牌楼塌岸,相距约5 km,塌岸长200~400 m,宽10 m左右。鲤鱼江左岸堤防在铁路桥上游出现一处塌岸,长度约300 m。

1) 弱抗冲层类型和性状

堤基分布厚度较大的冲积黏性土层及次生红黏土，未揭露粉土、粉细砂、软土等弱抗冲层，主要是红黏土存在胀缩性，受长期岩溶管道渗漏影响或河水涨落影响，局部干缩开裂，形成小崩塌，或与刚性建筑物结合部位发生变形破坏。

2) 弱抗冲层组合结构

贵港防洪堤堤基结构基本以 I_1 类（单一黏性土）为主，局部 II_2 类（上厚黏性土、下砂性土）。未揭露弱抗冲层，不存在弱抗冲层的组合问题。

3) 岸坡形态及水流条件

贵港防洪堤多位于郁江一级阶地之上，阶面高程 40~55 m。一级阶地上部为黄色黏土、粉质黏土或粉土，中部为花斑黏土，下部为黄色黏土，局部夹卵砾石层，厚度 5~25 m，其下多为石炭系灰岩、白云质灰岩等。阶地前缘形成几米至 20 m 高的岸坡。岸坡坡角 10°~45°。阶地上部黏性土大都呈硬塑—可塑状，压缩性中等，力学强度较高，工程地质条件较好，加之沿线河边断续零星分布灰岩露头，坡脚稳定性较好，因此岸坡大都稳定性较好，没有发现大型或大范围的岸坡、滑坡等。

由于贵港地区地表岩溶形态（洼地、漏斗）发育较多，岩溶管道系统对上覆土体的稳定性产生不利影响，因此局部临江部位的土层垮塌形成了塌岸，这是郁江南岸两处的塌岸、鲤鱼江铁路桥附近塌岸的内因。罗伯湾塌岸的外因与位于凹岸受冲有关；牌楼塌岸位于凸岸且河道比较顺直，外因推测与沙场堆载的外部荷载有关；鲤鱼江铁路桥附近塌岸外部原因不明。

红黏土岸坡一般可维持较陡的坡度，但在水位变幅范围内，失水—湿水的反复作用明显降低土的抗剪强度，因此堤前岸坡的长期稳定亦应重视。

3. 柳江柳州防洪堤

柳州防洪堤涉及柳江河段长约 23 km，防洪堤工程地质条件总体上较好（B 类）—好（A 类），合计占堤防总长的 84.7%，工程地质条件较差（C 类）、差（D 类）的堤段合计占 15.3%。堤防多位于二级阶地上或前缘，其中曙光三中堤局部位于一、二级阶地过渡带，鹧鸪江堤位于溶蚀残余堆积区。

柳州防洪堤总体上除分布零星小型塌岸外，大部分堤段自然边坡稳定性较好。沿河堤岸局部可见石炭系中统（C_2d）的白云质灰岩、灰岩等基岩出露。堤基上部的黏性土厚薄不均，局部厚度大，局部厚度相对较小。灰岩区红黏土对堤防的影响详见 3.4.1 节。

柳州防洪堤上游左岸的木柴厂堤（长 3.75 km）存在 12 处因抗冲失稳导致的小型塌岸，间距 100~600 m，塌岸长度 50~400 m 不等，平均长度约 130 m，累计长度约 1 500 m，占木柴厂堤堤防总长的 40.9%，抗冲稳定问题较普遍，但塌岸形成的坎高仅 0.3~3 m，宽度小，对堤岸稳定影响小。在支沟或支流汇入口处，由于冲沟切割深度较大，一般为 7~15 m，还存在 5 处因冲积形成的小滑坡，平均滑坡方量约 1 900 m^3，宽度 14~23 m，由于处在支流汇入口对干流堤防总体影响小。

柳州防洪堤下游右岸的静兰堤（3.1 km）存在 6 处因抗冲失稳导致的小型滑坡，间距 180~1 200 m，塌岸长度 50~220 m 不等，平均长度约 80 m，累计长度约 510 m，占静兰堤堤防总长的 16.5%。静兰堤跨越 4 处较大冲沟，冲沟切割深度 14~21 m。冲沟切割对堤基土层分布变化及堤防岸坡稳定的影响是柳州防洪堤的重要特点。

柳州防洪堤主要塌岸长度累计约 2 010 m,占堤防总长的 8.7%。

1)弱抗冲层类型和性状

柳州防洪堤河段分布的弱抗冲层主要是粉土,其次为粉细砂、少量软土。粉细砂在大部分堤段为局部或透镜体状分布,多分布在下部的砂卵砾石层中,只有在鹧鸪江堤分布较连续。淤泥质土等软土主要在冲沟或支流汇入口附近分布。

粉土标贯击数一般为 3~12 击,平均为 6 击左右,局部较高达 9~12.5 击,属松散状为主,局部稍密状。饱和快剪强度普遍偏高,多数堤段的黏聚力平均达 13~23 kPa,最高为下游静兰堤的 36 kPa,多数堤段的内摩擦角平均达 7°~19°,最高为上游及中游两段,达 23°。中值粒径 d_{50} 为 0.046~0.068 mm,位于 0.05~0.5 mm 最容易被侵蚀的区间范围,但总体上柳州防洪堤粉土抗剪强度较高,抗冲性能相对较好。

粉细砂标贯击数平均为 8~19 击,松散—稍密状为主,局部为中密状。

淤泥、淤泥质土等软土呈透镜体状分布,一般分布在堤基浅表,多数被清除,局部在支流汇入口沟底部位仍有分布,含朽木、泥炭等具腥臭味,饱水,软塑—流塑状。

2)弱抗冲层组合结构

木材厂堤发生 12 处小塌岸主因是分布有粉土,其组合结构主要为上厚层黏性土、下砂性土双层结构($Ⅱ_2$ 类),粉土主要分布在黏性土的下部,局部(有 2 处)在较大的冲沟部位地基地质结构类型变为上薄层黏性土、下砂性土双层结构($Ⅱ_1$)。另有 5 处支流沟口附近的滑坡均由上部的软土抗冲失稳以后造成。

静兰堤堤基地质结构类型为上厚层黏性土、下砂性土双层结构($Ⅱ_2$ 类),且弱抗冲层粉土分布有上、下两层,因此塌岸位置较多。

3)岸坡形态及水流条件

木柴厂堤段河岸较为平直,下游段为冲刷岸(凹岸),岸坡中上部坡度大多较陡。岸坡未发现有大、中型滑坡,小型的蠕动变形,崩塌较多。可分为以下 4 段:

(1)0+000~1+530。

该段岸坡坡角 25°~38°,大多 25°~30°,岸坡完整性较好,未发生较大的崩解、坍滑,仅在 0+140~0+250、0+430~0+480、0+720~0+860 段岸坡有小陡坎,崩塌、塌滑发生,陡坎一般高 0.3~0.5 m。岸坡稳定性较好,防洪堤轴线离岸边距离 15~25 m。

(2)1+530~2+400。

该段岸坡坡角 20°~28°,坡高 18~20 m,岸坡无冲沟切割,见 3 处挖沙形成深槽分布在坡脚,深槽深 2~4 m,长 15~80 m,属基本稳定岸坡。

(3)2+400~2+700。

该段岸坡坡角约 32°,坡高 18 m。坡脚多被淘空,形成较为连续的崩塌,属临界稳定坡,应采取抗冲护岸措施。

(4)2+700~3+750。

该段为冲刷岸,岸坡坡角一般为 25°~30°,局部达 50°,坡高 18~20 m。本段为冲刷岸,洪水期水流淘蚀严重,多处已产生小型崩塌、塌滑,属基本稳定岸坡,应采取抗冲护岸措施。

白沙堤上游段地处闹市区,堤防紧靠河岸(一般离河岸 10~20 m 布置)。河岸边坡的稳定性与堤防安全密切相关。加之岸坡较陡,受河水冲刷,未建堤时部分岸坡已产生坍滑。下游段(2+389~4+890)为沉积岸,岸坡稳定性稍好。岸坡未发现较大的滑坡,仅有少量小型塌滑、崩塌发生。

河西堤紧靠阶地前缘布置，一般离岸边0~7 m，岩坡高约20 m，壶西大桥（四桥）以上为沉积岸，岸坡坡角约30°，较为稳定。壶西大桥—铁路桥段，为沉积岸—冲刷岸过渡带，河岸岸坡20°~25°，岸坡稳定性较差，未建堤时存在两处塌滑，分别为木材厂塌岸和养鸡场塌岸，宽度分别为70 m和40 m。铁路桥—中药厂段为冲刷岸，岸坡较陡，已采用混凝土护坡等斜坡式护岸处理。

静兰堤根据岸坡稳定状况，大致可以分为两段，上游段（0+000~1+000）河床基岩连续出露，岸坡稳定性较好。下游段（1+000以下）河床基岩零星出露，岸坡土体抗冲刷能力较差，本段为冲刷岸，加之开采河砂，河床下切，加剧了岸坡冲刷，形成多处坍岸、滑坡。这些坍岸、滑坡主要是由坡脚冲刷、淘蚀失稳导致的。

鸡喇堤多紧靠岸坡坡顶布置，河道较顺直，岸坡坡角较陡，一般为20°~30°，上游岸坡一般稳定性较好。局部受生活污水排放影响，在洪水期发生较大变形并演变成滑坡，如在福利院段存在一长约100 m、宽约60 m的滑坡。该滑坡系1996年6月17日洪水后变形发展而成，福利院废水排污，形成2条冲沟，因而坡面比较零乱，后缘部分出现0.3~1.0 m的陡坎。滑坡发生后部分围墙被拉裂，树木呈马刀树，前缘比较平直，未见鼓丘，已做切顶削坡处理。下游段为冲刷岸，柳机附近有较多小型坍滑，但规模不大。

总体上看冲沟切割较深的堤段及其附近由于岸坡较高陡，基本上是抗冲稳定性较差的堤段。

4. 漓江桂林防洪堤

桂林防洪堤涉及漓江河段长约16 km，防洪堤工程地质条件总体上较好（B类）—好（A类），合计占堤防总长的75.4%，工程地质条件较差（C类）、差（D类）的堤段合计占堤防总长的24.6%。堤防多位于一级阶地上。

桂林防洪堤除分布零星小型塌岸外，大部分堤段自然边坡稳定性较好。沿河堤岸零星在孤峰处可见泥盆系上统（D_3）的灰岩夹白云岩、白云质灰岩等基岩出露，未见厚度较大的红黏土。

桂林防洪堤因冲刷问题引起的塌岸主要位于漓江及其支流桃花江上。漓江塌岸有3处，均为小型塌岸，间距2 600~4 900 m，塌岸长度50~500 m不等，平均长度约210 m，累计长度约650 m，仅占漓江左岸堤防总长的4.1%，抗冲稳定问题较轻微。桃花江堤岸有3处，均为小型塌岸，间距2 000~4 000 m，塌岸长度40~200 m不等，平均长度约90 m，累计长度约280 m，占桃花江两岸堤防总长的1.5%。由于堤防岸坡普遍较低矮，河水来水量小，对岸坡的冲刷强度总体偏弱。桂林防洪堤主要塌岸长度累计约930 m，占堤防总长的8.7%。

1）弱抗冲层类型和性状

桂林防洪堤河段整体上不存在连续分布的弱抗冲层，主要在局部河段呈薄层分布或零星分布弱抗冲层，类型主要有粉细砂，其次为与黏性土混杂的粉土。

粉细砂一般厚1 m，局部达6.5 m，松散状为主，局部为稍密状。中值粒径（d_{50}）为0.155 mm，位于0.05~0.5 mm最容易被侵蚀的区间范围。

与黏性土混杂的粉土，标贯击数一般为4~15击，平均为7击左右，呈软可塑—可塑状。天然快剪强度黏聚力平均达7.9 kPa，建议值为6.7 kPa，内摩擦角普遍较高，平均达25.6°，建议值为24°。总体上桂林防洪堤粉土的抗冲性能相对较好。

2) 弱抗冲层组合结构

漓江因抗冲问题引起的塌岸均位于左岸，其中塌岸 CL1 的弱抗冲层为粉细砂，组合结构为上部含泥粉细砂、下部为砂砾卵石的单一砂性土结构（I_2）；塌岸 CL2 的弱抗冲层为弱细砂，组合结构为上厚层黏性土、下砂性土结构（II_2）；塌岸 CL6 的弱抗冲层为与黏性土混杂的粉土，组合结构为上厚层黏性土、下砂性土（主要为砂砾卵石）结构（II_2）。

桃花江因抗冲问题引起的塌岸有 3 处，分别为塌岸 CL3、塌岸 CL4、塌岸 CL5，塌岸 CL3 与塌岸 CL5 的弱抗冲层为与黏性土混杂的粉土，塌岸 CL4 的弱抗冲层为粉细砂，组合结构均为上薄层黏性土、下砂性土（主要为砂砾卵石）结构（II_1）。

综上可见，抗冲失稳险段弱抗冲层的第一组合结构为 II_1，占比为 3/6，约 50%。黏性土厚度总体不大，黏性土厚度 3~6 m 可算厚黏性土，薄黏性土厚度仅 1~2 m。

3) 岸坡形态及水流条件

(1) 顺直河道。

漓江塌岸 CL2（塌岸宽度 100 m），河段顺直，但上游 100 m 左右存在铁路桥墩，铁路桥墩改变了水流流向，使河岸附近的水道逐渐变深，将 II_2 结构中的砂性土暴露出来，并将粉细砂及砂砾卵石中的细颗粒冲走形成塌岸，甚至卵石亦被河水冲蚀运移，导致上覆的浆砌石堤岸倾覆。

桃花江塌岸 CL4（塌岸宽度 200 m），河段位于桃花江的西门桥上游，河道基本顺直，但岸坡采用干砌石护坡后坡度陡，达到 40°~50°，关键是干砌石地基中粉质黏土中存在一层粉细砂透镜体，粉细砂在洪水涨落的反复冲击下逐渐失稳，粉质黏土被浸泡—失水过程反复，粉质黏土对干砌石产生了主动土压力，主动土压力达到一定值以后，干砌石地基变形最终失稳发生塌岸。

(2) 拐弯凹岸。

漓江塌岸 CL6（塌岸宽度 500 m），河段位于漓江桥下游的凹岸，且凹岸下游的凸岸还存在宽大浅滩，导致河面束窄，深泓线不断左移，对坡脚及岸坡的冲刷危害大，本塌岸的宽度是桂林防洪堤塌岸中最大的。

桃花江塌岸 CL3（塌岸宽度 40 m），河段位于鲁家桥坝下游的凹岸，鲁家桥坝为人工拦河石坝，人为地改变了水流方向和流速，对冲了左岸的粉质黏土夹粉土层，形成一深凹槽，岸坡不断被侵蚀，导致产生了小范围塌岸，主要危害是危及了公路路基。

桃花江塌岸 CL5（塌岸宽度 40 m），河段位于桃花江下游雉山桥下游的左岸凹岸处，右岸为基岩，左岸采用浆砌石挡墙护岸，但基础坐落于粉质黏土上，粉质黏土未揭露连续的弱抗冲层透镜体，因此只是受冲形成塌岸，范围较小与塌岸 CL3 一致。

(3) 江心洲分流。

漓江塌岸 CL1（塌岸宽度 50 m），河段存在宽大江心洲形成分流，分流水道进水口大而出水口小，塌岸 CL1 位于主航道，受主航道水流及行船涌浪影响，塌岸附近河道受冲刷较严重，且深泓线迫岸，砂砾卵石上部及内部的粉细砂等细颗粒被冲走形成塌岸，甚至卵石亦被河水冲蚀运移，导致上覆的浆砌石堤岸倾覆。据了解，倾覆的浆砌石块能缓解河水对坡脚的冲刷。

上述塌岸部分已经采取了护岸工程，如 CL1、CL2、CL5 三处塌岸原岸坡已采取浆砌石护岸措施,但护岸措施仍然发生失稳并直接影响其上矮堤的稳定,浆砌石护岸结构失效的关键因素是基础埋设深度偏浅,未进入有效或稳定抗冲层。

CL4 塌岸护岸工程失稳的关键因素就是护岸基础没有穿过 Ⅱ_1 或 Ⅱ_2 结构中的黏性土层并落在砂卵石上,而是以粉质黏土作为干砌石的基础,当粉质黏土存在弱抗冲夹层时就容易失稳,对比凹岸的塌岸 CL3,塌岸范围扩大了 4 倍。

5. 桂江及西江梧州防洪堤

梧州防洪堤涉及桂江河段长约 1.8 km,涉及西江河段约 8.4 km,总长度约 10.2 km。防洪堤工程地质条件总体上较好(B 类),占堤防总长的 61.6%,工程地质条件较差(C 类)的堤段占堤防总长的 25.6%,其余为工程地质条件好(A 类)的堤段。堤防多位于一级阶地前缘及部分漫滩上,其中河西堤桂江段阶地被 5 条古冲沟分割,阶面宽窄不一。

梧州防洪堤由于堤基普遍存在人工填土层,因此渗漏与渗透稳定问题是堤防的主要问题,同时堤防岸坡的抗滑稳定问题也较普遍,而抗冲稳定问题相对较轻,只是个别抗滑失稳堤段与抗冲问题有关,如河西堤桂江二桥小滑塌群、下富民码头滑坡(主要为 Ⅰ_1 结构)与河流侧蚀冲刷、洪水涨落有关,累计长 523 m;河东堤主要在桂东人民医院附近有冲刷问题(主要为 Ⅱ_2 结构),累计长约 400 m。梧州防洪堤与抗冲失稳有关的险段合计长约 923 m,占堤防总长的 9.0%。

1)弱抗冲层类型和性状

梧州防洪堤涉及的弱抗冲层主要有粉土、含泥粉细砂,局部为淤泥质黏土,呈透镜状分布,主要分布在河东堤的西江下游段。

粉土,标贯击数一般为 5~13 击,平均为 7~8 击,呈软塑—可塑状,局部夹粉细砂。天然快剪强度黏聚力平均达 11 kPa,内摩擦角平均达 12.9°。西江段的粉土中值粒径(d_{50})为 0.064 mm,位于 0.05~0.5 mm 最容易被侵蚀的区间范围。总体上梧州防洪堤粉土的黏聚力较高,但内摩擦角比桂林防洪堤($\varphi=24°$)的明显偏小,抗冲性能一般。

含泥粉细砂,主要为浅灰色,局部灰黑色,局部相变为粉土,粉粒含量较高,含水量大,标贯击数 5~21 击,平均约 10 击,呈松散—稍密状,局部中密,多分布在桂江两岸,在西江段多为透镜状分布。中值粒径(d_{50})为 0.072 mm,比桂林防洪堤($d_{50}=0.155$ mm)的明显偏小,接近粉土状,同样位于 0.05~0.5 mm 最容易被侵蚀的区间范围。

淤泥质黏土,饱和,软塑状,透镜状分布,最厚可达 8.7 m。黏聚力建议值 5~9 kPa,固结不排水三轴剪(C_u)摩擦角偏高,φ 超过 15°。

2)弱抗冲层组合结构

河东堤弱抗冲层组合结构主要为上厚层黏性土、下砂性土(Ⅱ_2),其余为单一砂性土(Ⅰ_2)。Ⅰ_2 结构中含泥粉细砂厚度较大(超过 8 m)占主导。

Ⅱ_2 结构中主要为粉土或含泥粉细砂等弱抗冲层,分布在黏性土与砂砾卵石之间,在西江下游段的上厚黏性土中局部存在厚度较大的淤泥质土,主要是西江下游段桂东人民医院—云龙大桥段,存在粉土—淤泥质土—含泥粉细砂三种弱抗冲层组合的堤基,抗冲稳定问题较突出,塌岸后形成一片长约 200 m 的凹岸段危及堤顶公路。最下层弱抗冲层受基岩风化层的影响底面非水平,存在倾向河床的角度,倾角约 13°。

桂江梧州河东堤西江下游桂东人民医院附近地质断面(Ⅱ_2 结构)见图 3-5。

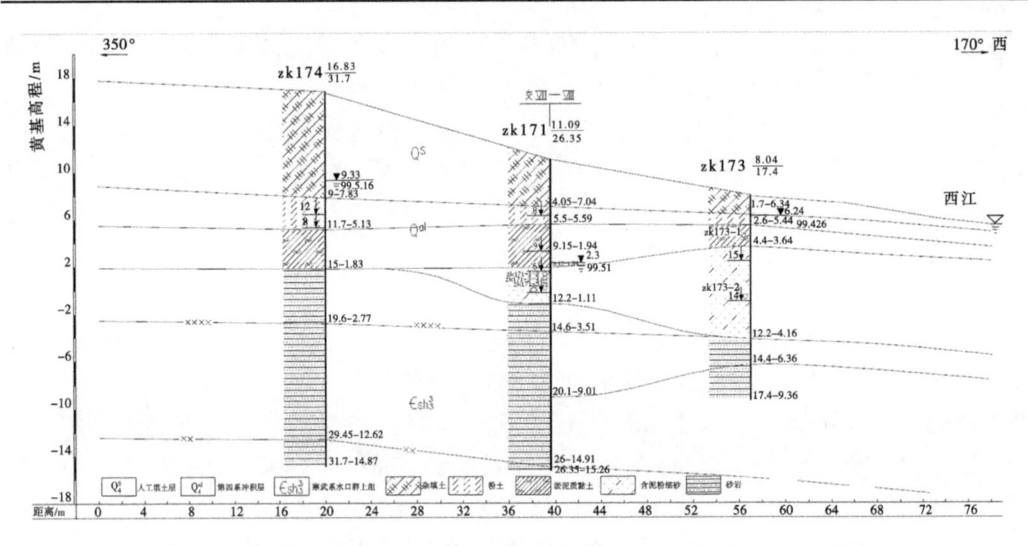

图 3-5 桂江梧州河东堤西江下游桂东人民医院附近地质断面（Ⅱ$_2$ 结构）

河西堤没有分布连续的弱抗冲层，在西江段局部分布粉土层（累计长约 1 000 m），弱抗冲层组合结构为单一黏性土（Ⅰ$_1$），局部（西江桥—角嘴段）为上厚层黏性土、下砂性土（Ⅱ$_2$），在桂江段分布有软塑状粉土层、含泥粉细砂透镜体，弱抗冲层组合结构为单一黏性土（Ⅰ$_1$）。

桂江梧州河西堤防桂江二桥下游地质断面（Ⅰ$_1$ 结构）见图 3-6。

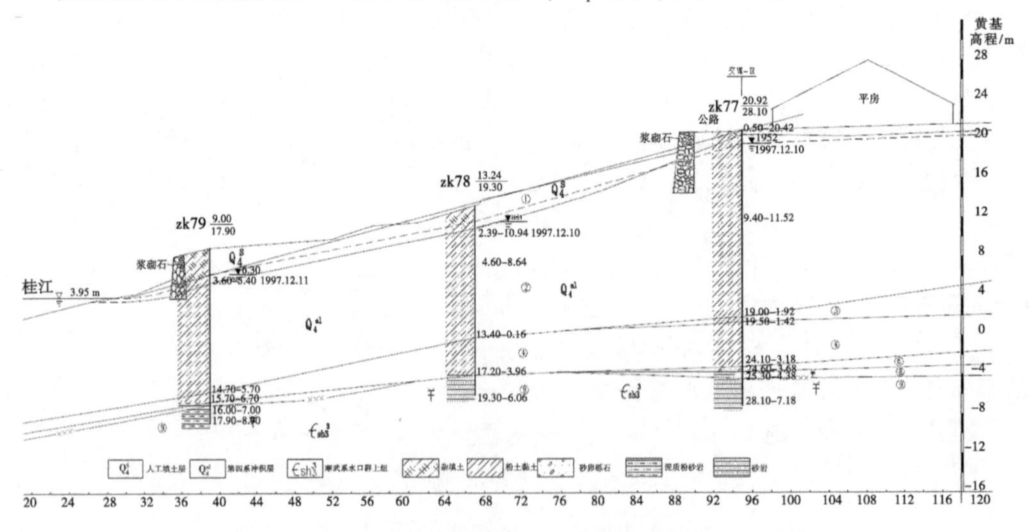

图 3-6 桂江梧州河西堤防桂江二桥下游地质断面（Ⅰ$_1$ 结构）

3）岸坡形态及水流条件

高标准堤防建成以后，改变了洪水期的流态及流速，迎流顶冲段及由软土或粉细砂构成的堤前岸坡，如河东堤西江下游段锦江宾馆、桂东人民医院一带岸坡，河西堤龙新小学一带岸坡，其抗冲稳定性差，可能危及堤基稳定，应考虑必要的防冲措施。

河东堤桂江段主要位于凸岸,所以桂江下游段即使有单一砂性土(I_2)结构的堤基,抗冲稳定问题也不突出。

(1)顺直河道。

河东堤西江段河道顺直,所以西江上游段即使有单一砂性土(I_2)结构的堤基,抗冲稳定问题也不突出,主要是西江下游段桂东人民医院—云龙大桥段,存在粉土—淤泥质土—含泥粉细砂三种弱抗冲层组合的堤基,抗冲稳定问题较突出,塌岸后形成一片长约 200 m 的凹岸段危及堤顶公路,发生垮塌后的水下岸坡较平缓,但水上岸坡较陡,坡角可达 16°~22°。

河西堤西江段西江桥—角嘴亚段,河道较顺直,堤前保护平台窄小或缺失,岸坡存在岸坡稳定问题及抗冲稳定问题。该亚段也存在多处滑坡,主要是抗滑稳定问题。

(2)拐弯凹岸。

河西堤西江段龙新小学—西江桥亚段,本亚段主要位于凹岸,堤前保护平台窄小,岸坡较高,局部存在小范围的岸坡稳定问题。本段河岸曾发生 5 处滑坡。滑坡体产生于岸坡中部及下部,垂直滑向河床。构成滑坡体的地层均以第四系冲积②粉质黏土为主,滑坡后缘线均呈弧形,滑坡体厚度一般均小于 6 m,属浅层滑坡。滑波的主要原因是表层大部分有人工杂填土层,透水性强,下伏②粉质黏土、③黏土透水性弱(阻水),人工杂填土层与②粉质黏土或③黏土之间接触面(形成软弱夹层)倾向河床而产生滑动。这一段主要地质问题是抗滑稳定问题,但由于位于凹岸受水流冲刷较强,因而诱发较多滑坡。

河西堤桂江段,该段河道总体上位于凹岸以及受多处冲沟切割,阶地完整性差,受冲刷作用相对强烈,堤防也出现多处滑坡,主要问题是抗滑稳定问题,但存在软塑状粉土及透镜状粉细砂的部分,由于抗冲失稳也导致抗滑稳定问题突出。其次,岸坡坡角普遍偏陡,坡角 15°~20°(见图 3-6)。

6. 浔江两岸桂平段

桂平防洪堤涉及西江一级支流郁江河段长约 15 km,涉及西江干流浔江河段长约 45 km,防洪堤工程地质条件总体上较好(B 类占 52.5%)—好(A 类占 12.5%),合计占堤防总长的 65%,工程地质条件较差(C 类)、差(D 类)的堤段合计占 35%。堤防多位于一级阶地上,局部位于二级阶地残留区或基岩全风化层上。

总体上桂平地区在郁江两岸、浔江两岸堤防的基岩为泥盆系中统—上统的灰岩、泥质灰岩、白云岩等碳酸盐岩,堤基总体上普遍分布黏性土,且厚度较大,单一黏性土结构(I_1)的堤基占比超过 55%,软弱抗冲层对桂平防洪堤的抗冲失稳问题并未起到主导作用,沿江岸坡的形态、迎流顶冲作用等起主要作用,沿江岸坡往往较高陡,可能与桂平河段的河水流速较大有关,另外作为西江的主干河道,洪水期的来水量大,洪水涨落形成的河流侵蚀及搬运作用较强;迎流顶冲作用主要发生在直角转弯的凹岸段,局部堤段存在深槽迫岸问题。

如桂平城区堤人民东西段(长约 300 m),郁浔东堤中段的石景坑河口护岸(长约 150 m)、小纹护岸(长约 150 m)、石嘴镇护岸(长约 400 m)、木圭堤木圭镇护岸(长约 400 m)、江口堤江口镇护岸(长约 350 m)等地,三布堤在 ZK153 上游附近八槐儿塌岸(长约 300 m),因土坡塌滑严重已采用浆砌石护坡,桂平防洪堤与抗冲失稳有关的险段合计长约 2 050 m,占堤防总长的 3.4%。总体来看,由于堤防岸坡较陡,普遍存在冲刷问题,但是未形成明显险段,当地提前采取了坡脚抛石、砌石护面等措施,减小了发生险情的可能。

1) 弱抗冲层类型和性状

桂平防洪堤涉及的弱抗冲层主要有粉土夹粉细砂,局部为呈透镜状分布的淤泥质黏土,主要分布在郁浔右堤的郁浔东堤、木圭堤。

粉土夹粉细砂,主要为灰黄色,含泥量较高,标贯击数为 4~14 击,平均约 8.2 击,呈松散—稍密状。中值粒径(d_{50})为 0.067 mm,与南宁(d_{50}=0.067 mm)、柳州(d_{50}=0.046~0.068 mm)、梧州(d_{50}=0.064 mm)三个地方的防洪堤粉土的中值粒径基本一致,同样位于 0.05~0.5 mm 最容易被侵蚀的区间范围。由于粉土与粉细砂层混杂,该层总体认定为砂性土类。

淤泥质黏土,饱和,呈软塑—流塑状,透镜状分布。黏聚力建议值 5~9 kPa,内摩擦角 3°~9°。该弱抗冲层局部成为黏性土夹层。

2) 弱抗冲层组合结构

工程区内堤基土的弱抗冲层主要是粉土夹粉细砂(认定为砂性土类),根据该层的分布位置可将组合结构分为砂性土单层亚类 I_2,上薄层(厚层小于 2.5 m)黏性土、下砂性土双层结构亚类 II_1,上厚层黏性土、下砂性土双层结构亚类 II_2,上砂性土、下黏性土双层结构亚类 II_3,其中以 II_2 亚类结构为主。

在郁浔右堤的郁浔东堤、木圭堤等局部分布的弱抗冲层为淤泥质黏土,因此组合结构基本为黏性土单层亚类 I_1。

局部由于岸坡较陡,土层存在一定倾角倾向河床,角度可达 10°以上。浔江桂平木圭堤护岸段地质断面(II_2 结构)见图 3-7。

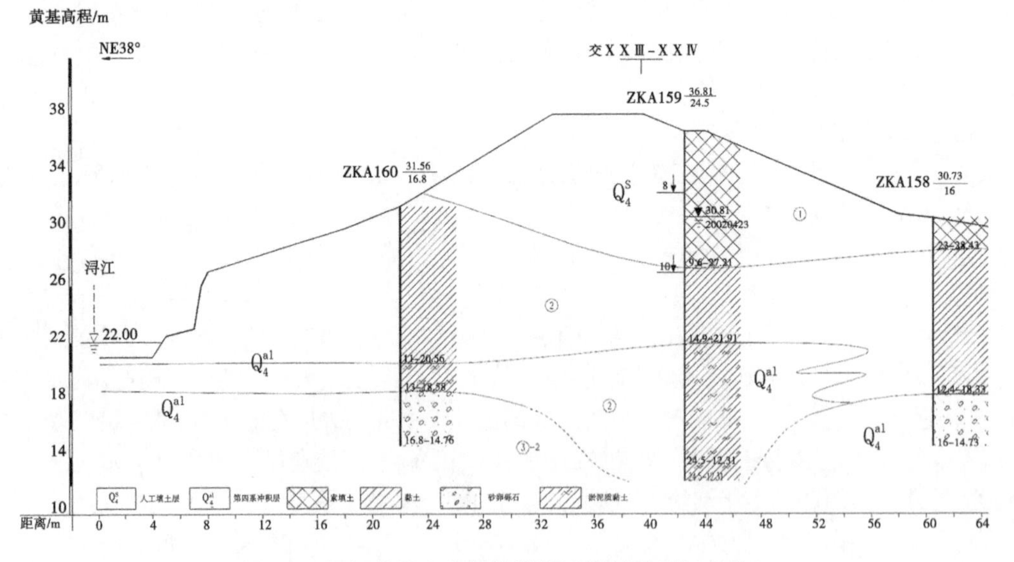

图 3-7 浔江桂平木圭堤护岸段地质断面(II_2 结构)

3) 岸坡形态及水流条件

陡岸:大部堤岸为土质岸坡,坡角 20°~30°,其上植被较好,局部堤下部灰岩出露较高,如在桂平城区堤上段的永江水闸附近、郁浔东堤郁江段部分,在堤的下部出现岩质岸坡,均为稳定岸坡。部分堤段土质岸坡陡立(坡角 40°~50°)。如石景坑河口堤岸坡角约 25°,局部由于深槽迫岸,堤脚甚至形成陡立岸坡,如木圭堤段坡脚(见图 3-8)。

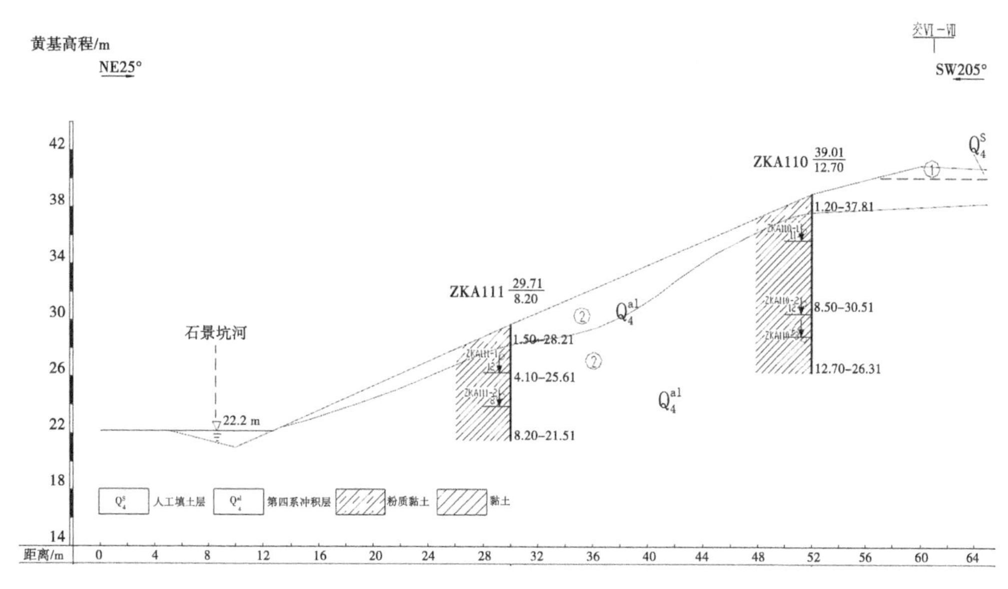

图3-8 桂平浔江东堤石景坑河口护岸段地质断面(Ⅰ₁结构)

窄滩:局部外滩较窄甚至没有,河床水流速较快,且为冲蚀岸,如桂平城区堤人民东路段(长约300 m),郁浔东堤中段的石景坑河口护岸(长约150 m)、小纹护岸(长约150 m)、石嘴镇护岸(长约400 m)、木圭堤木圭镇护岸(长约400 m)、江口堤江口镇护岸(长约350 m)等地,基本上漫滩缺失。

拐弯:在三布堤沿岸和江口镇沿岸,由于河道拐弯凹岸的侧蚀作用剧烈,时有岸坡的小塌滑出现,尤其是三布堤在ZK153上游附近,因土坡塌滑严重,已采用浆砌石护坡。江口护岸段和石嘴镇护岸段位于浔江近直角转弯段的凹岸,水流作用为迎流顶冲,抗冲问题和岸坡稳定问题更加突出。

此外,在桂平郁江两岸,由于玛骝滩水库蓄水,河水位抬高,致使坝前一带土坡亦产生较严重的坍塌现象(右岸较左岸更甚)。如不采取处理措施,将危及堤脚稳定,在本书特殊工程地质问题"水库对堤防的影响"部分对此有详细说明。

桂平城区堤勒高埠—官涌水闸段:占桂平城区堤长的83%,除桂平糖厂往上游一带(长约4.5 km)有外滩(堤内外主要为耕地),其余部位均无外滩;郁江大桥下游段土质岸坡较陡(坡角30°~40°),且均位于郁江、黔江的冲刷岸;郁江大桥下游市区段堤内地面高程37~41 m(多为40 m),其上主要为民房、公路等;在市区后塘一带有大片鱼塘分布(面积12万m^2),在官涌水闸见一低洼地也有分布(面积1万m^2)。岸坡稳定问题比较突出,对郁江大桥下游段加强护岸工程,如砌石护面,甚至护坡桩等。

郁浔右堤的郁浔东堤江边畲—石嘴段:占郁浔右堤长度的36%。在石景坑河出口、小纹村、石嘴镇一带,外滩狭窄(宽度小于10 m),岸坡陡立(坡角往往在25°以上),河流冲刷较强烈。此外,大部分堤段外滩宽广,滩面高程38 m左右,堤内外基本为耕地,堤内间隔有村镇居民点。因此,局部段堤身岸坡稳定问题突出。建议对岸坡问题突出地带,实施坡脚抛石、削坡,甚至退堤。

木圭堤:占郁浔右堤总长的17%。在木圭镇一带外滩缺失,岸坡较陡,且临冲刷岸;大部分堤段外滩宽广(80~200 m),滩面高程35 m左右,除木圭镇堤内为城区居民点分布外,堤内外均为耕地、农舍。故存在木圭镇城区岸坡稳定问题,建议对木圭城区段进行护岸整治。

黔浔左堤的浔江西堤白沙村—黎冲塘水闸段、三布堤段占黔浔左堤长度的44%。外滩宽广,滩面高程36~40 m。堤内外多为耕地。三布堤段河水流速较快,对岸坡冲蚀较剧烈。黔浔左堤的浔江西堤白沙村-黎冲塘水闸段、三布堤段占黔浔左堤长度的44%,虽然该段堤防外滩较宽广,但河水流速较快,对岸坡冲蚀较剧烈,历年洪水期在局部曾发生崩堤等状况,因此,该段堤防存在岸坡冲刷问题。三布堤段存在岸坡冲刷问题,建议对三布堤段河床进行堤前抛石等护岸处理。

7. 浔江两岸平南段

平南防洪堤涉及西江干流浔江河段长约38 km,防洪堤工程地质条件总体上好(A类占62%)—较好(B类占26%),合计占堤防总长的88%,工程地质条件较差(C类)、差(D类)的堤段合计占12%。堤防多位于一级阶地上,局部位于二级阶地残留区或基岩全风化层上。

总体上平南地区在浔江两岸堤防的基岩为泥盆系中统—上统的灰岩、泥质灰岩、白云岩等碳酸盐岩,堤基总体上普遍分布黏性土,且厚度较大,单一黏性土结构(I_1)的堤基占比达72%。全部堤岸均为土质岸坡,仅在平南城区左堤的乌江口、平南城区右堤的下渡水闸、浔江南岸河武堤的武林水闸附近,沿河床及岸坡脚见灰岩出露。

软弱抗冲层对平南防洪堤的抗冲失稳问题并未起到主导作用,主要是沿江岸坡的形态、迎流顶冲作用等起主要作用,沿江岸坡往往较高陡,作为西江干流河水流速较大,洪水期的来水量大,洪水涨落形成的河流侵蚀及搬运作用较强;迎流顶冲作用主要发生在直角转弯的凹岸段,局部堤段存在深槽迫岸问题。平南防洪堤与抗冲失稳有关的险段合计长约4 710 m,占堤防总长的12.4%。

1)弱抗冲层类型和性状

平南防洪堤堤基基本上分布的是黏性土层,弱抗冲层较少揭露,局部零星分布的弱抗冲层主要有粉土、含泥粉细砂,主要分布在平南城区左堤、平南城区右堤局部。

粉土主要为灰色,含泥量较高,标贯击数为3~4击,平均约3.5击,松散状。中值粒径(d_{50})推测与上游河段相距50 km的桂平粉土(d_{50}=0.067 mm)基本一致。由于粉土与含粉细砂层混杂,该层总体认定为砂性土类。

2)弱抗冲层组合结构

工程区内堤基土的弱抗冲层主要是粉土夹含泥粉细砂(认定为砂性土类),根据该层仅是零星揭露,主要位于上部厚黏性土、下部含泥砂砾卵石之间,组合结构为上厚层黏性土、下砂性土双层结构亚类II_2。

3)岸坡形态及水流条件

陡岸:大部分为土质岸坡,岸坡坡角一般为20°~40°,其上植被较好,岸坡稳定。部分堤段岸坡陡(坡角40°~60°),可能由深槽迫岸或坡脚塌岸后形成。

窄滩:外滩狭窄甚至没有(堤外阶地宽6~50 m),造成了连片的小规模坍塌,如浔江北岸思介堤的古雍塌岸(长约1 000 m)、雷公冲塌岸(长约150 m),平南城区左堤的乌江村塌岸(长约500 m),单竹堤的葛塘岭塌岸(长约162 m),平南城区右堤的马屋塌岸(长约800 m)、上渡塌岸(长约500 m)、下渡塌岸(长约300 m),河武堤的大成圩塌岸(长约800 m)、武林河口塌岸(长约300 m)。

拐弯:一般在河道拐弯的凹岸侧蚀作用比较强烈,如浔江北岸的古雍村河段、平田砖瓦厂河段(长约200 m)、凹岸下游的乌江河口段、葛塘岭河段等,浔江南岸的上渡至下渡之间河段、大成河段、武林河口段等。由于拐弯沿岸河流侧蚀作用剧烈,时有岸坡的小塌滑出现。乌江公社、大成圩、武林河口岸坡为迎流顶冲段,抗冲问题和岸坡稳定问题更加突出(见图3-9)。如大成圩的堤岸高14 m,坡角约22°。

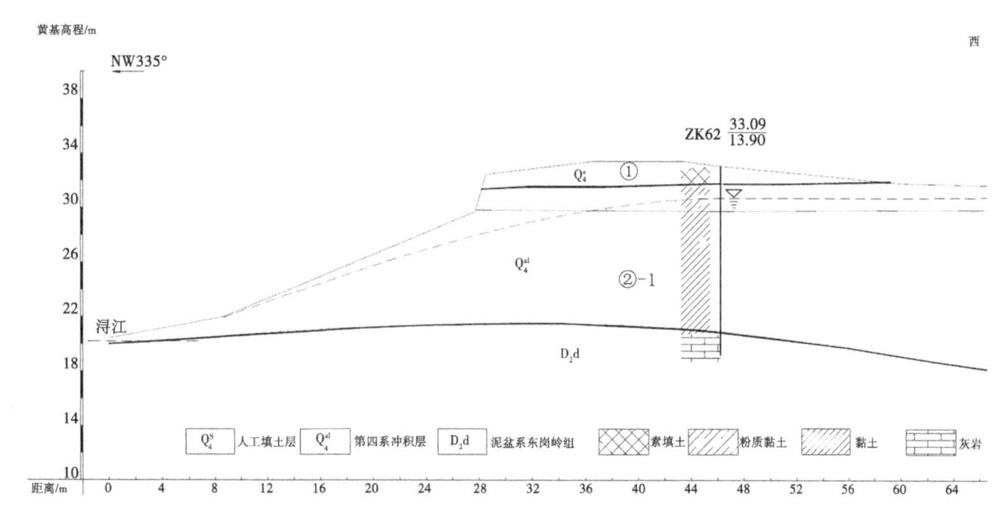

图3-9　平南浔江南岸河武堤大成圩迎流顶冲段地质断面(I_1结构)

8. 浔江两岸藤县段

藤县防洪堤主要指北流河以西的河西堤,涉及西江干流浔江河段长约2 km、西江一级支流北流河河段长约1.3 km。防洪堤自2002年开始修建,堤身采用钢筋混凝土箱形结构,基础采用人工挖孔桩基础,堤基工程地质条件总体上好(A类占100%)。堤防多位于一级阶地上。

总体上藤县防洪堤防的基岩为寒武系黄洞口组的浅变质碎屑岩,堤基总体上普遍分布黏性土,且厚度较大,堤基地质结构以单一黏性土(I_1)结构为主,全部堤岸均为土质岸坡,但局部填土厚度较大,不易清理干净。

由于藤县河西堤的箱形混凝土堤身采用桩基础,因此软弱抗冲层对堤基的抗冲稳定基本不起作用,主要影响岸坡的抗冲稳定。本段堤防河道较顺直,分布了藤县的主要码头(4处),说明浔江本段河道的主航道主要靠近河西堤,河道水深较大。影响岸坡稳定的主要因素是岸坡的坡角、洪水期的涨落,可能形成深泓逼岸。

1)弱抗冲层类型和性状

藤县河西堤堤基分布的弱抗冲层主要是粉土,特点是局部与粉质黏土混杂,局部夹含泥粉细砂(见图3-10)。

粉土主要为灰色、深灰色,湿—饱和,松散,平均标贯击数为6.7击,松散状。由于粉土与粉质黏土混杂,塑性指数总体在8~12,该层总体认定为黏性土类,仅在下部局部含泥粉细砂。

2)弱抗冲层组合结构

由于弱抗冲层粉土(认定为黏性土类)多分布在上部黏性土与下部基岩风化层之间,组合结构为单一黏性土亚类I_1。

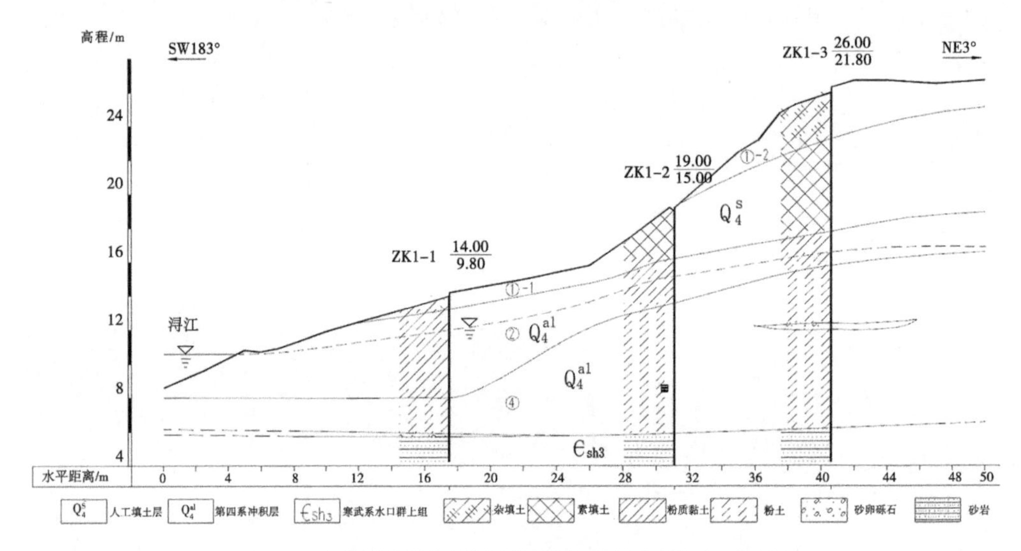

图 3-10　藤县浔江南岸河西堤陡坡地质断面($Ⅰ_1$ 结构)

3)岸坡形态及水流条件

河西堤岸坡坡角 16°~36°,堤顶与枯水河面高差约 16 m,且岸坡前缘存在粉土等弱抗冲层,堤岸的抗冲稳定性较差,但在新建堤防时设计采用干砌石护坡,并在干砌石下设反滤层,在坡脚设浆砌石挡土墙护脚,外侧 5 m 范围内铺设厚 1 m 的钢筋石笼作为抗冲和压脚护坡。因此,新建堤防段不存在岸坡稳定问题。

9. 浔江两岸苍梧段

苍梧防洪堤主要指浔江南岸的龙圩堤,涉及西江干流浔江河段长约 4 km。防洪堤自 1997 底年开始修建,有土堤、土石混合堤、箱式混凝土堤及扶壁式混凝土堤四种堤型,其中佛子矿码头至地产公司二顶仓段为土堤,除土堤采用天然堤基外,其余采用桩基础。堤基工程地质条件总体上较差(C 类占 61%),其余为较好(B 类占 39%)。堤防多位于一级阶地前缘。

总体上苍梧防洪堤防的基岩部分为寒武系黄洞口组的浅变质碎屑岩,部分为燕山期的花岗岩。堤基总体上普遍分布黏性土,且厚度(10~30 m)较大。由于黏性土层厚度大,除了土堤段(佛子矿码头至地产公司二顶仓段)采用天然堤基,其他堤段都采用桩基础,因此主要在土堤段存在抗冲稳定问题。苍梧防洪堤与抗冲失稳有关的险段合计长约 900 m,占堤防总长的 22.5%。

1)弱抗冲层类型和性状

苍梧龙圩堤堤基未揭露连续的弱抗冲层,零星分布的弱抗冲层为粉细砂、软塑—流塑状粉质黏土(软土),该层软土位于黏性土层底部。

粉细砂:灰色、浅黄色,饱和,参考与该层埋深相近的软塑—流塑状粉质黏土的标贯击数,平均约 4.9 击,松散状。

软塑—流塑状粉质黏土(软土):灰色、深灰色,含一定量有机质,大多呈软塑状,少量呈流塑,标贯击数平均为 4.9 击。

2)弱抗冲层组合结构

堤基地质结构主要为上厚黏性土、下砂性土结构($Ⅱ_2$),局部在水平方向上含泥粉细砂、含泥砂卵砾石层断续分布，部分地带缺失砂性土，堤基属于单一黏性土结构（I_1）。

3）岸坡形态及水流条件

佛子矿码头至二顶仓段，河道位于凹岸的下游，存在河流侧蚀作用，岸坡坡角普遍较大（达到26°以上），属冲刷岸坡，且堤顶与枯水河面高差超过15 m，对抗冲稳定均有不利影响，一般在冲沟或支流出口部位，黏性土层下部的软塑—流塑状粉质黏土层暴露出来，对岸坡的抗冲稳定造成影响，如新利河口等局部地带见小型滑坡塌岸现象。

苍梧龙圩堤支流河口陡坡地质断面（II_2 结构）见图3-11。

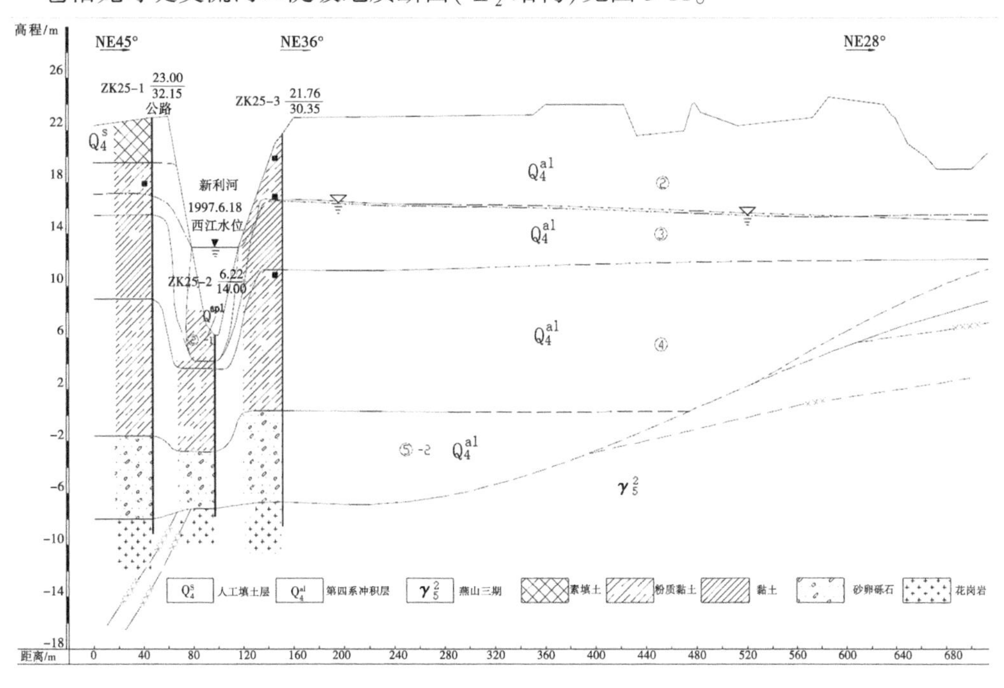

图3-11　苍梧龙圩堤支流河口陡坡地质断面（II_2 结构）

3.3.2.3　西江下游段及三角洲

珠江三角洲是由西江、北江和东江冲积而成的湾内充填式三角洲，三角洲东、北、西三面被丘陵残丘围绕，南临南海。

1. 北江大堤

北江大堤涉及北江河段长约63 km，均位于北江的左岸，大堤堤基工程地质条件好（A类）的堤段占30.7%，工程地质条件较好（B类）的堤段占23.6%，工程地质条件较差（C类）的堤段占15.9%，工程地质条件差（D类）的堤段占29.8%。堤防或分布在残丘上（A类），或分布在一级阶地上（B类、C类），或分布在河漫滩上（D类）。

北江大堤是全国七大重要堤防之一，属一级堤防，从1963年开始经过多期地质勘察工作，堤防工程地质问题已查明，经过多年的洪水检验，抗冲失稳堤段分布也已基本明确，基本分布在无外滩的堤段，如石角段5+780～9+500、石角段13+250～14+200、芦苞段27+400～29+900、芦苞段30+600～35+800、黄塘段41+200～43+900、西南段51+380～52+940等6处堤段。与冲刷问题有关的大的历史险情主要有位于芦苞段的街头圩长潭险情（27+436～28+250，20世纪60年代）、位于芦苞段的芦苞圩险情（32+600～32+970，1968

年、1992 年)。北江大堤历史上与抗冲失稳有关的堤段合计长约 16.63 km,占堤防总长的 26.4%,发生较大险情的 2 处险段长约 1 180 m,占堤防总长的 1.9%,这些险情在后来堤防等级提升加固工程中都得到了根本治理。

1) 弱抗冲层类型和性状

北江大堤堤基冲积层存在二次沉积旋回,受河道变迁、环境变化及堤防溃口等因素影响,堤基地层结构复杂多变,在堤基土中软土、粉土、粉细砂等三种弱抗冲层均有分布。

软土:主要有淤泥、淤泥质土、夹砂淤泥等,属于较连续分布的弱抗冲层,以流塑状为主,如芦苞段 27+400~29+900 堤段该层连续分布,厚 4~10 m,饱和快剪强度标准值黏聚力为 6.5 kPa,内摩擦角高达 8.6°。

含泥粉细砂:属于局部分布的弱抗冲层,深灰色,含泥量较高,局部夹淤泥,松散状—稍密状,如西南段 51+380~52+940 堤段该层厚 3~4 m,芦苞段的芦苞圩险情(32+600)附近该层厚 3~15 m,中值粒径(d_{50})为 0.14 mm,位于 0.05~0.5 mm 最容易被侵蚀的区间范围。

粉土:一般与黏性土、淤泥质土、含泥粉细砂混杂或相变,呈零星或透镜体状,呈松散或软可塑状,标贯击数一般为 5~7 击,饱和快剪强度 c=21 kPa、φ=6.0°。

2) 弱抗冲层组合结构

发生抗冲失稳问题的堤段主要的堤基地质结构为上部含泥粉细砂、下部为砾质粗砂的单一砂性土结构(I_2),即总体上是以砂性土为主的堤基结构;其次为上薄层黏性土、下砂性土结构($Ⅱ_1$),如西南段 51+380~52+940 堤段弱抗冲层为含泥粉细砂;再次还存在上砂性土、下黏性土结构($Ⅱ_3$)。

北江大堤三水大桥下游凹岸(桩号 52+048)地质断面(I_2 结构)见图 3-12。

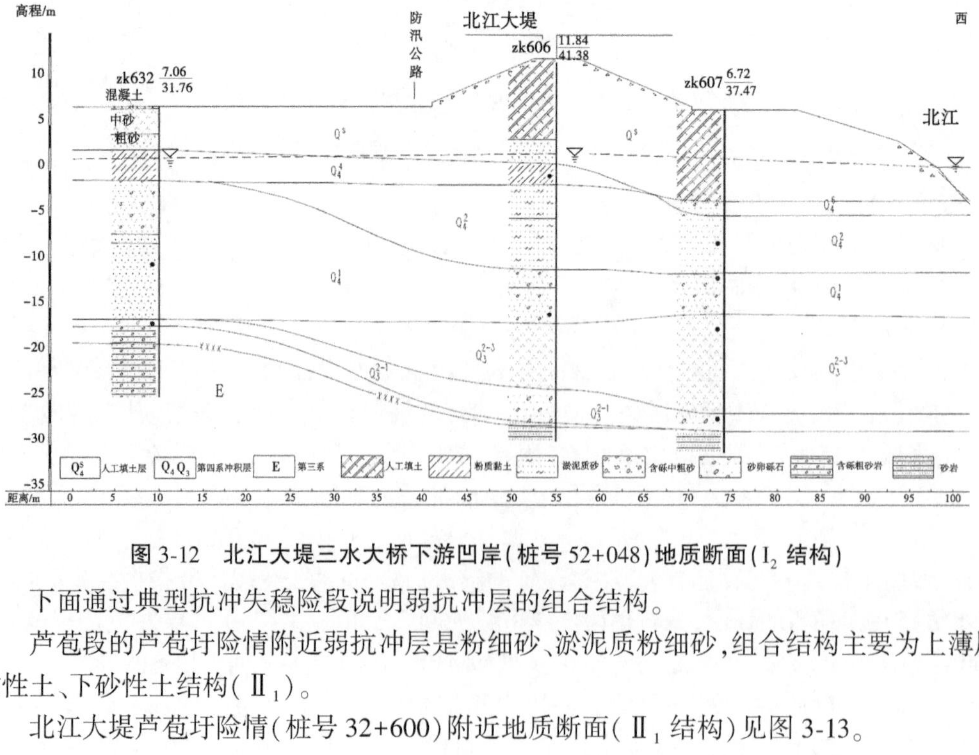

图 3-12　北江大堤三水大桥下游凹岸(桩号 52+048)地质断面(I_2 结构)

下面通过典型抗冲失稳险段说明弱抗冲层的组合结构。

芦苞段的芦苞圩险情附近弱抗冲层是粉细砂、淤泥质粉细砂,组合结构主要为上薄层黏性土、下砂性土结构($Ⅱ_1$)。

北江大堤芦苞圩险情(桩号 32+600)附近地质断面($Ⅱ_1$ 结构)见图 3-13。

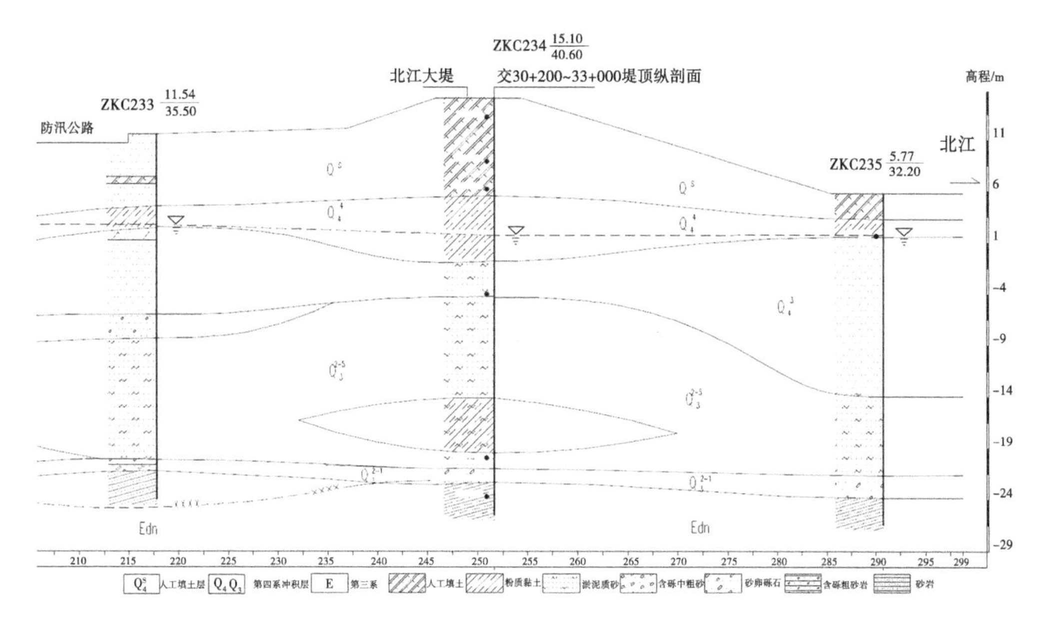

图3-13　北江大堤芦苞圩险情(桩号32+600)附近地质断面($Ⅱ_1$结构)

芦苞段27+400~29+900堤段弱抗冲层为淤泥,但该段堤基存在特殊现象即决堤后在堤内形成的冲积砂层(一般为浅黄色细砂),覆盖在软土上部,形成上砂性土、下黏性土结构($Ⅱ_3$),即总体上岸坡的坡脚以细砂与软土的组合结构。

北江大堤芦苞段街头圩附近(桩号27+800)地质断面($Ⅱ_3$结构)见图3-14。

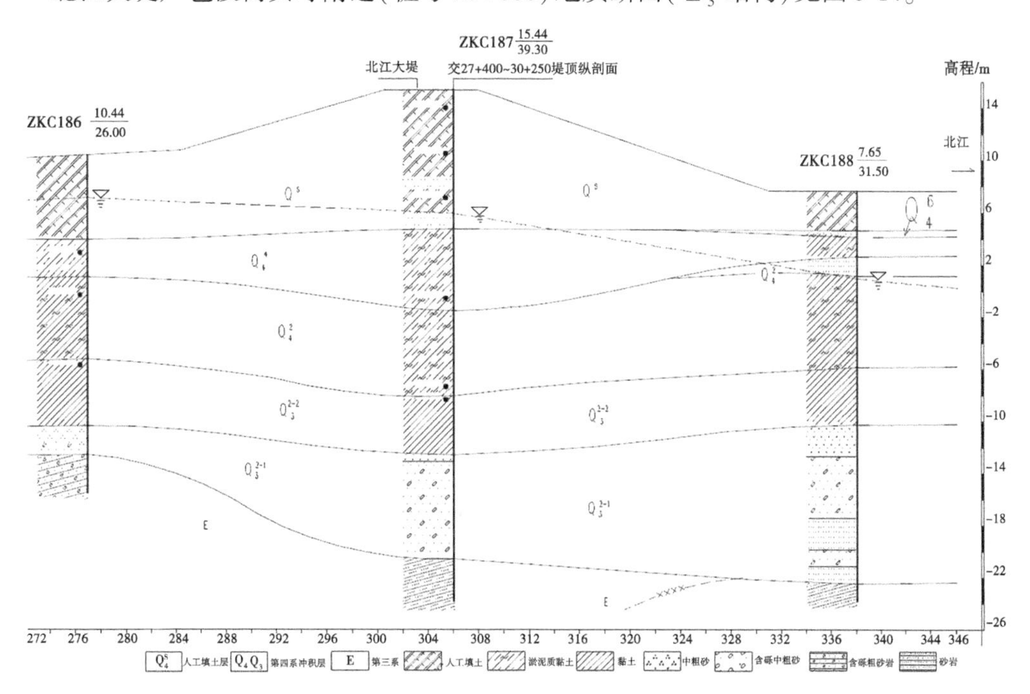

图3-14　北江大堤芦苞段街头圩附近(桩号27+800)地质断面($Ⅱ_3$结构)

总体上看,对抗冲稳定影响最大的弱抗冲层组合结构一般是单一砂层出露的 I_2 结构堤基。

3)岸坡形态及水流条件

北江大堤河段江面普遍较宽,为 500~1 000 m,有滩地或江心洲的江面更宽,经过长年累月的演变,岸坡抗冲稳定性存在问题的河段往往是滩地缺失的部位,外因是水流条件的演化,内因是存在弱抗冲层。以前缺失滩地的河段经过自然演变和人工处理,现状如下:

桩号 5+780~9+500 现状由于采取人工丁字坝将主河道集中在右河床,左河床大堤脚下形成宽阔滩地,目前抗冲失稳问题基本不存在。其中桩号 7+220~9+500 堤段是石角段险情多发堤段,也是北江大堤主要险段之一,多次大的险情(漏水、管涌、喷砂)都出现在这个堤段。

桩号 13+250~14+200 现状为江心洲一侧淤积河道,现状河道淤积后基本与江心洲连在一起形成,堤脚仅有小沟流过水,抗冲失稳问题较轻微。

(1)拐弯凹岸。

桩号 27+400~29+900 位于街头圩的凹岸,外滩缺失,河流侧蚀甚至迎流顶冲作用较强,堤内存在较多水塘,呈现“两水夹一基”的岸坡形态,处理措施:对堤外岸坡除了坡面防护还采取了堤脚支护措施。

桩号 30+600~35+800 位于街头圩—芦苞圩之间,上下游形成一个长距离的凹岸,外滩缺失,芦苞圩甚至存在较强的迎流顶冲作用,桩号 32+650~32+850 堤段,河水主流直冲堤脚;堤段在水力动能的冲蚀下,抗冲刷能力差的堤基砂粒被河水冲蚀带走,堤基稳定性受到破坏,堤身的安全也就不可避免地受到严重威胁。处理措施:曾进行抛石护坡,但效果不理想,抛石很快就被河水冲走,建议采用抗冲刷能力强的连续墙措施保护堤基,现状除了坡面防护还应采取堤脚支护措施。

桩号 41+200~43+900 尤其是桩号 42+500~43+000 黄塘圩下游,外滩缺失,位于凹岸处,河水主流直冲堤脚,堤内存在较多水塘,呈现“两水夹一基”的岸坡形态,岸坡总体较平缓,局部较陡,坡角为 12°。堤基结构虽属 I_1 类,但长期受河水冲蚀,堤基仍存在稳定问题。处理措施:建议采用顺岸护堤脚措施,现状除了坡面防护还采取了堤脚支护措施。

(2)顺直河道。

桩号 51+380~52+940,尤其是桩号 51+380~52+000 三水大桥下游堤段,外滩缺失,之前由于河床挖砂失控及水流改变,河床下切相当严重,最深达-15. 0 m 左右,导致岸坡较陡,坡角达 40°。堤段在水力动能的冲蚀下,抗冲刷能力差的堤基砂粒被河水冲蚀带走,堤基稳定性受到破坏,堤身的安全也就不可避免地受到严重威胁。特别是桩号 51+380~52+000 堤段,已发生塌岸现象,属高危险堤段。处理措施:曾进行抛石护坡,但效果不理想,抛石很快被河水冲走,建议采用抗冲刷能力强的连续墙措施保护堤基。

2. 景丰联围

景丰联围分两部分:一是位于西江的左岸(北岸),长约 41 km;二是位于西江一级支流青岐涌的右岸(西岸),长约 18. 6 km。景丰联围堤基工程地质条件好(A 类)的堤段占 22. 9%,工程地质条件较好(B 类)的堤段占 53. 1%,工程地质条件较差(C 类)的堤段占

17.6%,工程地质条件差(D类)的堤段占6.41%。

景丰联围局部存在特殊水流条件是西江河段穿过羚羊峡(长约7.5 km),峡谷与冲积平原转换导致河流流态转变,位于西江北岸的景丰联围面临较强的迎流顶冲作用,产生了较多的岸坡抗冲失稳险段,景丰联围内抗冲失稳问题比较突出的堤段主要分布在羚羊峡下游的广利围、丰乐围。

在21世纪初,由于未能得到综合的整治,景丰联围内河岸冲刷失稳险情极为严重。受冲刷失稳导致的险段较多,在广利围上游有大莲塘险段(10+600~11+300),位于广利围的险段有张良险段(22+160~23+260)、广利街险段(24+705~25+105)、平坦险段(26+160~26+460)、塘口险段(26+805~27+805)、赤顶险段(29+155~29+505)等5处;位于丰乐围的险段有波罗窦险段(34+785~35+885)、锅耳湾险段(36+485~37+485)等2处;位于青岐涌的险段有竹元旺险段(42+585~43+335)、龙湾险段(48+385~49+085),鱼苗场险段(50+240~51+040),上、下步险段(54+240~55+040),上、下罗险段(56+040~56+740)等5处。所有抗冲失稳险段合计有13处,总长度约9.7 km,占堤围总长的16.3%。

1)弱抗冲层类型和性状

景丰联围堤基分布弱抗冲层主要有粉土、含泥粉细砂,软土,多以透镜体或薄层状分布。

粉土:灰色—深灰色,局部相变为含泥粉细砂,局部夹腐木,松散状为主,局部中密,取样黏粒含量较高,以软可塑—软塑状为主,快剪强度建议值较高,黏聚力为7.9~17 kPa,内摩擦角为11°。

含泥粉细砂:一般与其他砂层(如中砂、含泥中粗砂等)混杂,分布连续性差,平均标贯击数为9.9击,以松散状为主。

软土:主要有泥炭质土或夹砂淤泥,深灰色—灰黑色,软塑状,属于极零星分布的透镜体,对黏性土小值平均值进行统计分析,快剪强度建议值为黏聚力8~10 kPa,内摩擦角4.5°~6.5°。

2)弱抗冲层组合结构

下面通过典型抗冲失稳险段说明弱抗冲层的组合结构。

大莲塘险段(10+600~11+300)弱抗冲层为软土(泥炭质土),组合结构主要为上部软土,下部黏土、粉质黏土的单一黏性土结构(I_1)(见图3-15),即从河床至岸坡、堤基上部均分布了软土,所以岸坡的抗冲主要受软土制约。

张良险段(22+160~23+260)的弱抗冲层主要为粉土,组合结构主要为上厚层黏性土、下砂性土的双层结构(II_2)(见图3-16),黏性土中普遍分布有粉土,在粉土中局部有夹砂淤泥等软土。

上、下罗险段(56+040~56+740)弱抗冲层主要是含泥粉细砂、局部为粉土,组合结构主要为上薄层黏性土、下砂性土的双层结构(II_1)(见图3-17),砂性土中含泥粉细砂、中砂、含泥中粗砂及砂砾石。

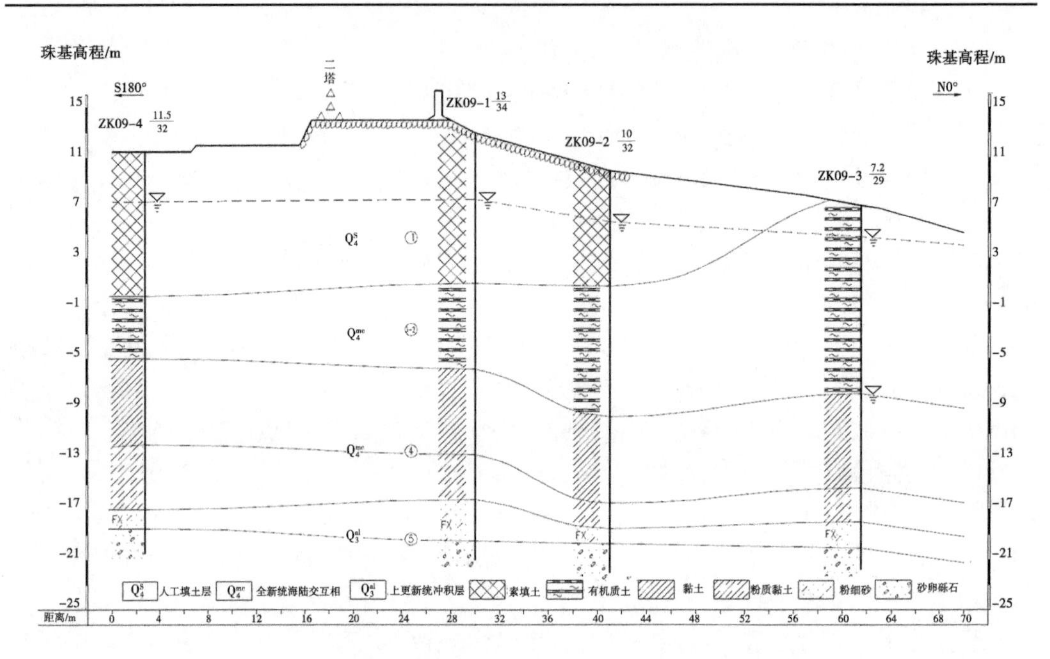

图 3-15　景丰联围大莲塘险段(桩号 11+300)地质断面(I_1 结构)

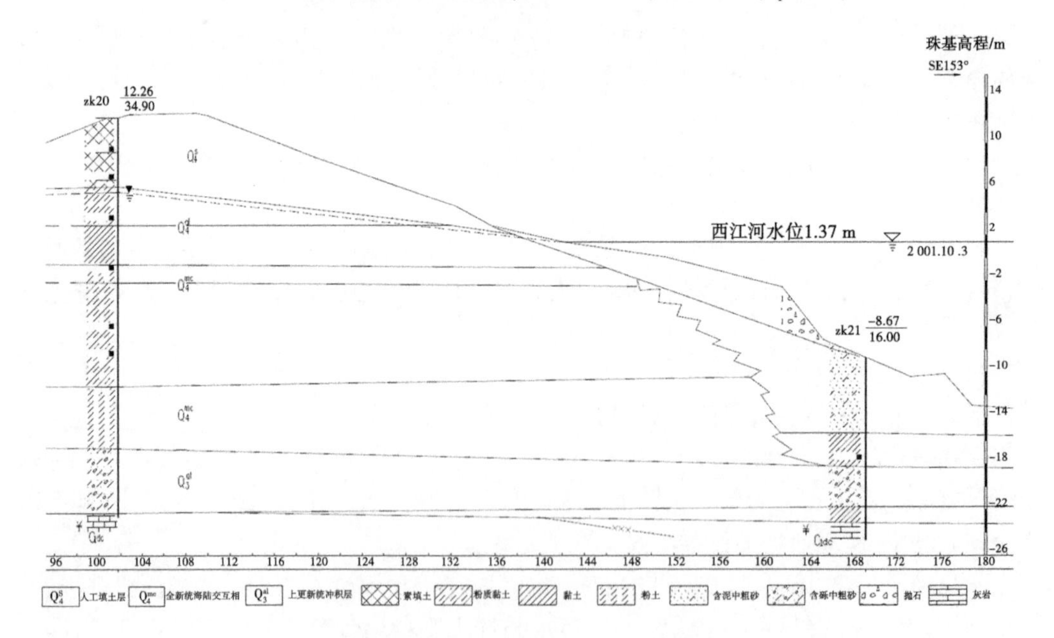

图 3-16　景丰联围张良险段(桩号 22+840)地质断面(II_2 结构)

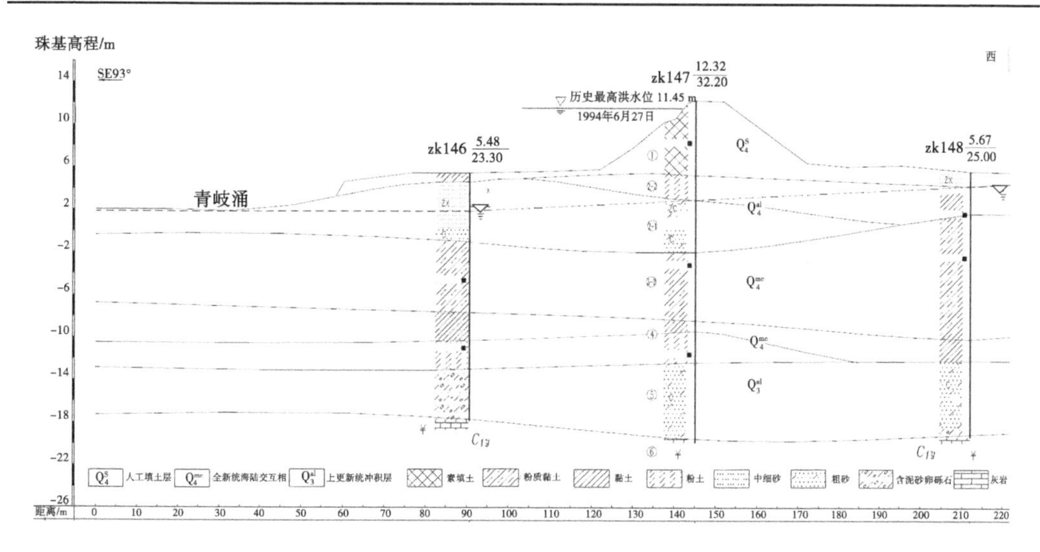

图3-17　景丰联围上、下罗险段(桩号56+580)地质断面(Ⅱ$_1$结构)

3)岸坡形态及水流条件

(1)江心洲分流及拐弯凹岸。

广利围上游存在羚羊峡谷(见图3-18),峡谷江面宽约500 m,出峡谷后江面拓宽至1 000 m以上,同时河道拐弯角度约45°,从北东流向改为向东流向。

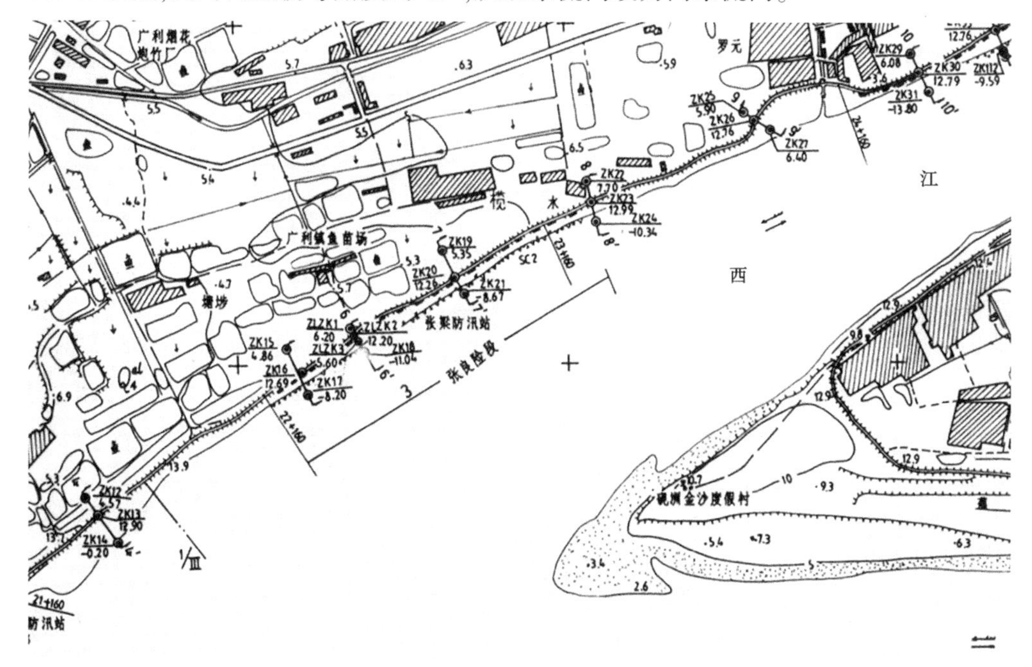

图3-18　景丰联围羚羊峡谷出口迎流顶冲堤段(江心洲分流、“两水夹一基”)

由于受羚羊峡峡谷的影响,水流在出口段位置较湍急,对堤脚、岸坡形成较强的迎流顶冲作用,但进入下游广利围段河道较开阔,水流相对较缓,并淤积成江心洲(蚬洲和黄垢沙)。受江心洲蚬洲分流的影响,堤脚的受冲破坏更严重,存在抗冲稳定问题。

本地段张良险段(桩号 22+160~23+260)、赤顶险段(桩号 29+155~29+505)受江心洲分流形成的迎流顶冲作用较强形成,广利街险段(桩号 24+705~25+105)、平坦险段(桩号 26+160~26+460)、塘口险段(桩号 26+805~27+805)则是受河道拐弯、水流湍急等影响而形成。现状岸坡坡比一般为 1∶1.1~1∶1.5,严重影响堤身的安全。历史上以上险段前坡经常发生塌岸等险情。

对险段采取如下治理措施:大量钢筋笼装石抛石护岸,土工石袋防冲。堤外坡下部混凝土面板或浆砌石、中部干砌石护坡,上部约 6 m 为土质草坡。

(2)束窄河道。

在广利围结束段和丰乐围起始段位置,河道重新束窄,水流又变急,迎流顶冲作用强烈,河水对两岸进行了冲刷。本段堤基土为粉质黏土,抗冲能力一般,故存在抗冲稳定问题。险工段菠萝窦险段(桩号 34+785~35+885)、锅耳湾险段(桩号 36+485~37+485)由于冲刷的原因,堤脚岸坡较陡,坡比一般为 1∶1~1∶2,局部甚至达到 1∶0.5,严重威胁着堤坝的安全。历史上两险段前坡经常发生塌岸等险情。

岸坡处在冲刷地段,受汛期—平水期的交替循环、冲蚀和底蚀作用,岸坡不断后退,冲蚀了软塑状粉土及含泥粉细砂等弱抗冲层以及长期浸泡形成的软塑状粉质黏土等,形成深槽迫岸,深槽最深处可达-10.80 m,受土层性状、水流状态和江水陡涨陡落、风浪迫击岸坡等综合因素影响,岸坡动水压力增大,土体力学强度降低,特别是堤岸形成上缓下陡地形,极易造成岸坡失稳。

对险段采取如下治理措施:大量钢筋笼装石抛石护岸,土工石袋防冲。堤外坡下部为混凝土面板或浆砌石、中部为干砌石护坡,上部约 6 m 为土质草坡。

(3)拐弯凹岸。

青岐涌段河道弯曲多变,河床宽度亦多变化,堤脚多处受河水的直接对冲,造成深槽迫岸,使堤脚变陡峻,进而影响堤身的抗滑稳定。堤基土多为粉质黏土,抗冲性能一般,随着时间的推移,河水对堤脚的冲刷会愈演愈烈,进而威胁堤身的安全与稳定。竹元旺险段(桩号 42+585~43+335)、龙湾险段(桩号 48+385~49+085)、鱼苗场险段(桩号 50+240~51+040)是由于河道在此段拐弯,受河水的冲刷而造成深槽迫岸、堤脚陡峻等险情。

上、下步险段(桩号 54+240~55+040),上、下罗险段(桩号 56+040~56+740)河道拐弯、束窄,堤前缺失外滩平台,堤脚凹岸受冲,上、下步险段同时受江心洲分流影响,堤脚陡峻,深槽迫岸,外坡临空,严重威胁堤身的安全。

对险段采取如下治理措施:堤脚抛石护岸,堤脚处为浆砌石直立挡墙起脚,堤前坡下部为浆砌石、中部为干砌石护坡、上部为草坡。

3. 樵桑联围

樵桑联围北起三水思贤滘,南至顺德甘竹溪,西以西江干流为界,东以北江干流、南沙涌、顺德水道为界,它是一个由樵北围与桑园围相联接而成的四面环水的闭合堤围,围堤(防)总长 116 km。大堤工程地质条件较差—差(C~D 类)的堤段占 72.4%,工程地质条件差(D 类)的堤段占 27.6%,即堤基工程地质条件总体上以较差—差为主。

由于西江从梧州至广东省三水县思贤滘称为下游,从思贤滘至珠海市磨刀门企人石称为河口段,因此樵桑联围位于西江、北江的河口段,该地区覆盖层出现了三角洲相特定的陆海混合形成的松软砂土质,导致堤基普遍分布了软土、粉细砂等弱抗冲层,因此堤围出现了大量的与抗冲失稳有关的险段。弱抗冲层的普遍分布是抗冲失稳险段多的内因也是主因,外因是环境气候变化、地形、人为因素等,内、外因共同作用导致堤身、堤基容易发生抗冲失稳破坏。因抗冲失稳有关的险段,在樵桑联围东堤有 14 处,在樵桑联围西堤有 11 处,合计有 25 处抗冲失稳险段,总长度约 24.1 km,占堤围总长的 20.8%。

1)弱抗冲层类型和性状

樵桑联围堤基分布的弱抗冲层主要有软土、粉土、含泥粉细砂,多以成层或多层分布。

软土:主要为淤泥、淤泥质土,深灰色、灰色,常夹薄层粉砂、粉土呈互层状,局部含腐木、叶或贝壳碎片,软—流塑状,淤泥质土快剪强度建议值为黏聚力 8~10 kPa,内摩擦角 7.5°~10°;淤泥快剪强度建议值为黏聚力 5.5~8 kPa,内摩擦角 5°~8°。

粉土:深灰色、灰色,常夹薄层淤泥质土、粉砂,松散。取样黏粒含量较高,以软塑—流塑状为主,快剪强度值较高,黏聚力 16.8~18 kPa,内摩擦角 10°~21°,以东堤丹灶堤附近最为软弱,西堤的强度普遍较高,由于夹有粉砂,其内摩擦角普遍偏高。

含泥粉细砂:黄、灰黄、灰等各色,分选性较好,常夹薄层粉土或含泥,略具黏性,松散—中密,饱和。快剪强度建议值较高,黏聚力 8~10 kPa,内摩擦角 25°~27°。

综上所述,由于粉土、粉细砂的内摩擦角强度普遍偏高,起决定作用的弱抗冲层主要是软土。

2)弱抗冲层组合结构

由于弱抗冲层普遍分布,因此全线各种堤基地质结构均有弱抗冲层的组合,堤基土体地质结构均为多层结构(Ⅲ类),按上部黏性土层的厚薄进一步细分为三个亚类,即$Ⅲ_1$亚类:上部为 2~3 m 厚的粉质黏土、淤泥与淤泥质土类,其间常夹多层薄至极薄层次的砂性土;中下部为黏性土、砂性土多层出现。$Ⅲ_2$亚类:上部为厚度大于 3 m 的黏性土;中下部为软土、黏性土、砂性土多层出现。$Ⅲ_3$亚类:上部缺失黏性土,为较厚—厚层砂层;中下部为软土、黏性土、砂性土多层出现。可见,各种组合结构中均分布有淤泥或淤泥质土等软土。

堤基土体总体分层趋势呈较稳定—稳定的近水平状,局部分层微倾,或偶呈透镜状交叉互换。

下面通过典型抗冲失稳险段说明弱抗冲层的组合结构。

龙池险段(西堤 1 桩号 17+200~17+760)弱抗冲层为淤泥质土,为$Ⅲ_1$亚类组合结构(见图 3-19),上部黏性土,中下部以细砂、粉细砂等砂性土为主,关键是上部薄层黏性基本分布的是淤泥质土。

三门险段(西堤 2 桩号 5+550~6+800)的弱抗冲层主要为淤泥质土,为$Ⅲ_2$亚类组合结构(见图 3-20),上部厚层黏性土(大于 15 m),中下部的砂性土埋深 25 m,暂未揭露,上部厚层黏性土基本分布的是淤泥质土。

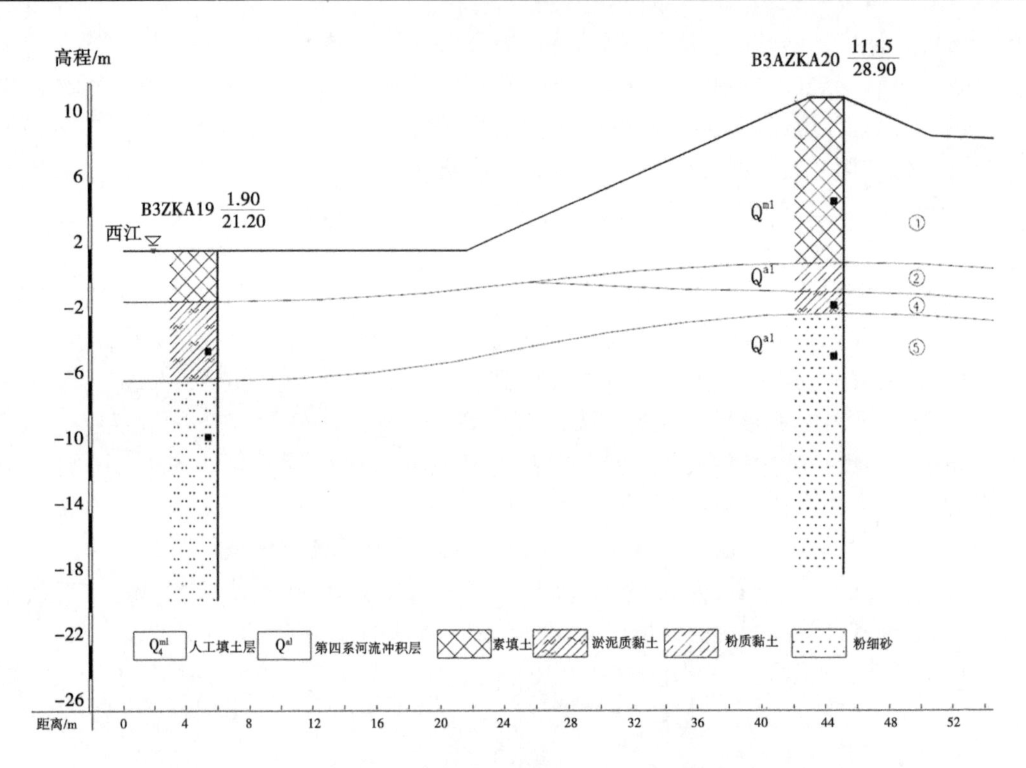

图 3-19　樵桑联围龙池险段（西堤 1 桩号 17+500）地质断面（$Ⅲ_1$ 结构）

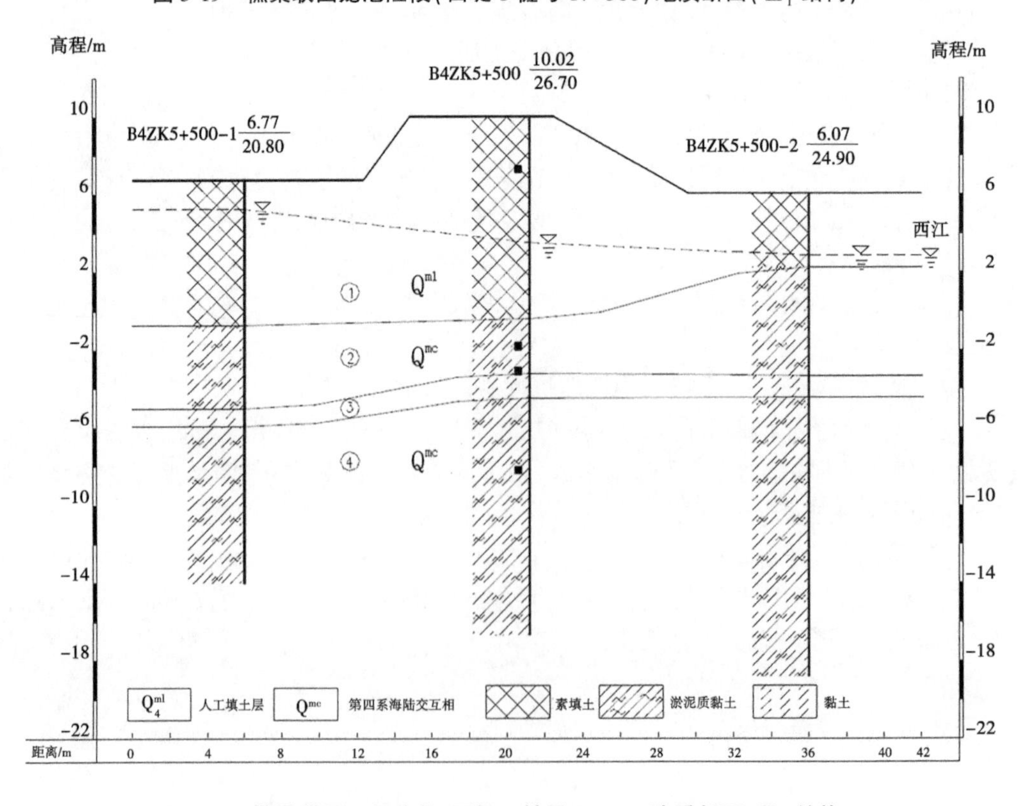

图 3-20　樵桑联围三门险段（西堤 2 桩号 5+550）地质断面（$Ⅲ_2$ 结构）

岗根险段弱抗冲层主要是含泥粉细砂，为Ⅲ$_3$亚类组合结构（见图3-21），上部砂性土均为含泥粉细砂等弱抗冲层，中下部主要以黏性土为主。

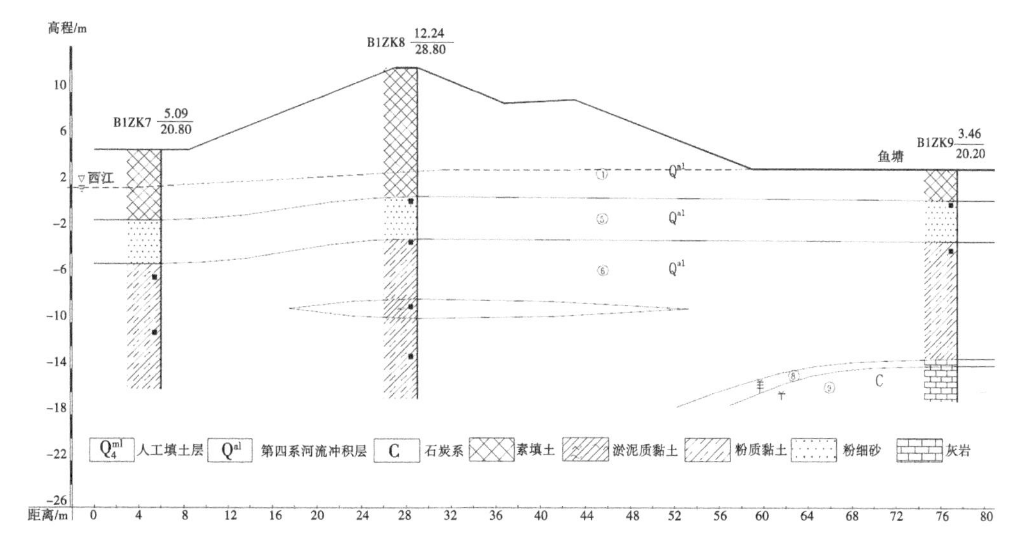

图3-21 樵桑联围岗根险段（西堤1桩号0+375）地质断面（Ⅲ$_3$结构）

3）岸坡形态及水流条件

本段堤围存在较多抗冲失稳险段的内因是弱抗冲层的普遍分布，如岸坡多存在松散或软弱的细中砂与淤泥质土，外因是堤围处往往背水临塘，外临河道岸边近，且无外滩平台，主流深槽迫岸，河道由宽变窄，或坐弯迎流顶冲，导致出现抗冲稳定性差，形成坍岸，危及堤身安全，带有普遍性。比较典型的历史险段均发生在较差和差的工程地质地段内，如东堤横基头、邵家尾、龙湾、西堤铁牛坦和相公庙等险段。加之这些险段要与前述渗透变形问题有着有机的关联，使其两者问题显得更为严峻。

本堤围抗冲失稳的堤段多（合计25处），根据其岸坡形态及水流条件，可以分为拐弯凹岸、拐弯后对岸、汇水口、喇叭出口、束窄河道、江心洲分流、顺直河道7类，其中拐弯凹岸、拐弯后对岸、汇水口3个部位主要受到迎流顶冲作用比较强烈，束窄河道、江心洲分流等2种部位主要受到侧蚀作用比较强烈。

（1）拐弯凹岸。

该类部位主要是河道拐弯后在凹岸受到坐弯顶冲作用形成险段，包括东堤的杨家险段、黄家险段、文明村险段、国泰险段、龙湾基险段、真君庙险段、龙江大坝险段，西堤的河洲岗险段、相公庙险段，合计11个险段，占樵桑堤围抗冲失稳险段的44%，详见表3-23。

（2）拐弯后对岸。

该类部位主要是受到拐弯后水流的迎流顶冲作用形成险段，包括东堤南沙涌的横基头险段，西堤西江的龙池险段，合计2个险段，占樵桑堤围抗冲失稳险段的8%。

横基头险段，东堤1桩号13+600～14+100，长度约500 m，堤基为厚层淤泥质土夹粉土、细砂，位于南沙涌沙滘大桥拐弯后下游对岸，河岸受冲较强烈，主流迫岸、刷脚。建议处理措施：护坡、护岸或灌浆提高细砂、粉土抗渗能力。

表 3-23　樵桑联围拐弯凹岸险段情况

序号	险段名称	桩号位置	长度/m	险情及其原因分析	建议处理措施
1	杨家	东堤 1:9+300~10+000	700	堤基为厚层中砂;位于杨家村拐弯河段,河道从往南拐弯后改往东,拐角约 90°,且在拐弯部位河道收缩变窄,主流迫岸、刷脚	护坡、护岸(混凝土挡墙)
2	黄家	东堤 1:11+000~11+800	800	堤基上部为含泥细砂层;位于上沙滘拐弯河段,河道从往东南拐弯后改往东,拐角约 70°,且在拐弯部位河道变窄,主流迫岸、刷脚	护坡、护岸(混凝土挡墙)
3	文明村	东堤 1:17+080~17+625	545	堤基上部为厚 1.5 m 淤泥质土及粉质黏土夹砂土,下为砂层;位于拐弯凹岸处,拐角约 30°,水流刷脚、塌坡	护岸、培土或灌浆提高砂土抗渗力
4	国泰	东堤 1:19+530~20+300	750	堤基为厚 0.5~1.5 m 淤泥质土,下为粉细砂;位于国泰村附近拐弯凹岸处,拐角约 30°,堤内有鱼塘,水流刷脚、塌坡	护坡、护岸,堤内填塘
5	龙湾基	东堤 1:22+830~25+365	2 635	堤基上部为粉质黏土,下部为淤泥质土、粉砂层;位于拐弯凹岸处,水流侧蚀明显,还受到船行涌浪的影响,深槽迫岸	抛石护岸,混凝土护坡,丁坝挑流
6	真君庙	东堤 2:4+600~5+150	1 500	堤基为厚 10 m 多的细砂层;位于河段局部的弯弧段,坐弯顶冲,河道收窄,主流迫岸、刷脚	护坡、护岸,混凝土护墙防冲
7	龙江大坝	东堤 2:11+080~11+488	400	堤基为淤泥细砂层;位于河段局部的弯弧段,坐弯顶冲,水流刷脚	抛石护岸,混凝土护坡
8	河洲岗	西堤 1:3+225~3+725	500	堤基坐落在淤泥质土层上;位于西江思贤滘分水口下游局部弯弧段,水流急,坐弯顶冲,堤脚冲刷严重,渗漏	抛石护脚,混凝土护坡,填塘固基,灌浆防渗

续表 3-23

序号	险段名称	桩号位置	长度/m	险情及其原因分析	建议处理措施
9	三门（十甲）	西堤 2:5+550~6+800	1 150	堤基坐落在厚淤泥质土层上;位于西江凹岸上游,受河流侧蚀作用较强,水流刷脚	削坡退建,外坡护混凝土,抛石护脚,局部搅拌桩加固堤基
10	文兰书院	西堤 2:7+700~8+850	1 150	堤基为淤泥质土、粉质黏土层,堤后鱼塘;位于西江拐弯部位,拐角约 45°,坐弯顶冲,水流刷脚	抛石护脚(或混凝土墙防冲),填塘
11	相公庙	西堤 2:37+521~38+181	660	堤基为淤泥质软土层;位于甘竹河拐弯凹岸处,拐角约 70°,坐弯顶冲,水流刷脚	抛石护脚

龙池险段,西堤 1 桩号 17+200~17+760,长度约 560 m,堤基坐落在厚约 3.0 m 的淤泥质粉质黏土层上,下部为砂层,位于西江富湾镇拐弯后下游对岸,河岸受冲较强烈,主流迫岸刷脚(见图 3-22)。建议处理措施:抛石护脚,浆砌石平台,填塘固基,灌浆。

图 3-22　樵桑联围龙池险段(拐弯后对岸迎流顶冲)

(3)汇水口。

在多条河道的汇水口部位受到水流的迎流顶冲作用形成险段,较大的险段主要位于思贤滘的岗根险段,占樵桑堤围抗冲失稳险段的 4%。

岗根险段:西堤 1 桩号 0+190~0+550,长度约 360 m,地处西江、北江汇流部位的思贤滘,水流急,对堤脚冲刷严重。建议处理措施:抛石护脚,堤坡混凝土护坡,堤身灌浆。

(4)束窄河道。

该类部位主要是河道被束窄以后水流发生较强侧蚀作用,如东堤的邵家尾险段,西堤的铁牛坦险段、关家祠险段、牛路口险段、大路淀险段,合计 5 个险段,占樵桑堤围抗冲失稳险段的 16%,详见表 3-24。

表 3-24 樵桑联围束窄河道险段情况

序号	险段名称	桩号位置	长度/m	险情及其原因分析	建议处理措施
1	邵家尾	东堤 1:15+100~15+800	700	堤基为厚层淤泥质土夹粉土、细砂;位于南沙涌江心洲下游束窄河道的凹岸,主流迫岸、刷脚	护坡、护岸或灌浆提高细砂、粉土抗渗能力
2	铁牛坦	西堤 2:9+750~10+700	995	堤基为砂层;位于西江平沙岛下游河道缩窄处,坐弯顶冲,水流刷脚,坍岸	堤基灌浆防管涌,抛石护脚
3	关家祠	西堤 2:31+854~32+034	180	堤基为黏土,淤泥质土;位于西江与甘竹河分流口甘竹滩水电站下游,河道束窄,水流刷脚	抛石护脚
4	牛路口	西堤 2:32+544~32+704	160	堤基为淤泥质软土;位于西江与甘竹河分流口甘竹滩水电站下游,河道束窄,同时受下游的甘竹滩大桥桥墩影响水流条件,水流刷脚	抛石护脚
5	大路淀	西堤 1:0+190~0+550	360	堤基坐落在粉质黏土层上,下部为砂层;位于西江残丘河道束窄后下游喇叭状出口处,水流急,堤脚冲刷严重	抛石护脚,混凝土护坡

(5)江心洲分流。

该类部位主要是受江心洲分流以后的水流对江岸有较强的侧蚀作用并形成险段,如东堤的南岸五甲险段、果基险段、猪行险段、三槽口险段,西堤的三门险段、文兰书院险段、铁牛坦险段、铜鼓滩险段,合计 8 个险段,占樵桑堤围抗冲失稳险段的 20%,详见表 3-25。

表 3-25 樵桑联围江心洲分流险段情况

序号	险段名称	桩号位置	长度/m	险情及其原因分析	建议处理措施
1	南岸五甲	东堤 1:2+350~2+700	350	堤基上部为厚 1.1~2.4 m 粉质黏土,下为细砂层;受南沙涌与北江之间江心洲分流影响,位于分流口附近水流割脚	堤基、堤身加固,护坡、护岸
2	果基	东堤 1:25+600~26+580	980	强透水层埋深浅,堤脚鱼塘;位于顺德水道与吉利河分水口附近,水流侧蚀作用较强	抛石护岸、基础灌浆、填塘

续表3-25

序号	险段名称	桩号位置	长度/m	险情及其原因分析	建议处理措施
3	猪行	东堤2:1+000~3+525	2 525	堤基为厚1.5~3.0 m淤泥质土,下为粉细砂;位于顺德水道在罗村沙江心洲分水口附近,水流侧蚀作用较强,主流迫岸、割脚	坝头抛石护脚及护岸
4	三槽口	东堤2:13+838~16+450	2 613	堤基上部为软塑黏土,淤泥质土,下部为中砂层;位于顺德水道在鲤鱼沙江心洲分水口附近,水流侧蚀作用较强,坐弯顶冲,水流切脚	抛石护岸,混凝土护坡
5	铜鼓滩	西堤2:20+750~23+300	2 550	堤基为淤泥质土;位于西江沙仔江心洲分流后的凹岸,内坡临塘,典型的“两水夹一基”,坐弯顶冲,水流刷脚	20世纪90年代曾做丁坝抛石护脚和填塘等处理,但软土基仍存在隐患

(6)顺直河道。

该类部位虽然河道较顺直,但堤前缺失外滩保护,岸坡坡脚有软弱砂层出露,被水流割脚水下岸坡形成陡岸,逐渐演变成险段,如南岸十甲险段。

南岸十甲险段:东堤1桩号4+025~4+650,长度约625 m,堤基上部为厚1.0~1.2 m的淤泥质土、粉质黏土,位于南沙涌的顺直河道,堤内坡为大量鱼塘,“两水夹一基”,受侧向水流割脚。建议处理措施:堤基、堤身加固,护岸。

综上所述,由于本堤围位于三角洲河口段,属河网型地区,河道弯折多,河床沉积的江心洲多,河道交叉的口门多,这些河道形成的岸坡形态、水流条件均不利于堤围的抗冲稳定性,加之三角洲相地层中软土、粉细砂等弱抗冲层多,因此抗冲失稳堤段比例高。

4. 佛山大堤

佛山大堤位于北江下游河段及支流潭洲水道、东平水道的左岸,全长40.92 km,从上游至下游划分为三段:其中上段称南海西段,上起南海市小塘镇小塘水厂,下至罗村镇沙口水船闸,桩号南海西0+000~12+100,长12 100 m;大堤中段称石湾段,上起沙口水船闸,经石湾区政府,下至汾江出口处石肯水船闸,桩号石0+000~19+920,长19 920 m;大堤下段称南海东段或平洲段,上起石肯水(船)闸,下至三尾涌出口处的沙尾大桥,桩号南海东10+000~8+900,长8 900 m。南海西段主要位于北江左岸,石湾段主要位于潭州水道、东平水道北岸,南海东段主要位于东平水道西岸。大堤工程地质条件较好(B类)的堤段占55.2%,工程地质条件较差(C类)的堤段占25.2%,工程地质条件差(D类)的堤段占19.6%。

佛山大堤与樵桑联围同样位于思贤滘下游,处于珠江的河口段,该地区存在三角洲海陆交互相的松软砂土质覆盖层。南海西段揭露4处抗冲失稳险段,石湾段揭露2处抗冲失稳险段,南海东段揭露3处抗冲失稳险段,合计有9处险段,总长度约10.25 km,占堤围总长的 25.0%。虽然堤基地质条件较好(B 类)的比例超过一半,但发生抗冲失稳的险段范围占比超过樵桑联围的 20.8%,因为石湾段堤围出现断断续续的抗冲失稳情况,总长达到 4 200 m。

1)弱抗冲层类型和性状

佛山大堤堤基分布的弱抗冲层主要有软土、含泥粉细砂,局部分布粉土,其中软土、含泥粉细砂为成层大面积分布且有 2~3 层。

软土:主要为淤泥质粉质黏土、淤泥,深灰色、灰黑色,含有机质、贝壳碎片、夹薄层状粉砂等,主流塑—软塑状,淤泥质土快剪强度建议值为黏聚力为 9.4 kPa,内摩擦角为 7.1°;淤泥快剪强度建议值为黏聚力为 7.9 kPa,内摩擦角为 5.2°。

含泥粉细砂、淤泥质粉细砂:黄色、灰黄色、深灰色,分选性较差,偶夹贝壳、腐木,松散状,饱和。快剪强度建议值较高,黏聚力为 5~10 kPa,内摩擦角为 23°~25°。

粉土:深灰色、灰红色,含砂,松散,很湿—饱和,以软塑—流塑状为主,快剪强度建议值黏聚力为 8.5~11.5 kPa,内摩擦角为 13.5°~17.5°,在南海东段堤围(东平水道)的强度最低,南海西段堤围(北江)的强度普遍较高。

综上所述,由于粉土、粉细砂的内摩擦角强度普遍偏高,起决定作用的弱抗冲层主要是软土。

2)弱抗冲层组合结构

由于弱抗冲层普遍分布,因此全线各种堤基地质结构均有弱抗冲层(主要是软土)的组合,堤基土体地质结构可以分为 5 个亚类,其中主要以双层结构亚类($Ⅱ_2$)为主,即上部黏性土层厚度普遍大于 5 m,下部砂层厚度大,占堤基总长的 69.1%;其次为多层结构类(Ⅲ),黏性土层与砂性土层较薄,多呈互层状,其抗渗能力取决于黏性土层的厚薄和砂、砾石层的水力联系性,河岸易冲刷,占堤基总长的 17.6%;第三上部为砂性土,且厚度较大,下部为黏性土,属双层结构亚类($Ⅱ_3$),占堤基总长的 8.2%;其他少量的为单一黏性土结构亚类($Ⅰ_1$),占堤基总长的 4.8%,单一砂性土结构亚类($Ⅰ_2$),占堤基总长的 0.3%。

堤基土体总体分层趋势呈较稳定—稳定的近水平状,局部分层微倾,或偶呈透镜状交叉互换。

下面通过典型抗冲失稳险段说明弱抗冲层的组合结构。

小塘渡口险段(南海西桩号 0+285~0+555):弱抗冲层主要为粉细砂、淤泥质粉质黏土,单一砂性土结构亚类($Ⅰ_2$),堤基上部黏性土大部缺失,堤基以粉细砂等砂性土为主,在岸坡坡脚局部存在的黏性土以淤泥质土等软土为主(见图 3-23)。

米布氹险段(南海西桩号 10+325~11+350):弱抗冲层主要为粉细砂,上部为砂性土,且厚度较大,砂层厚 1.7~8.5 m,下部为黏性土,含淤泥质黏土、粉质黏土,厚 1.2~15.3 m。属于上砂下土的双层结构亚类($Ⅱ_3$),淤泥质黏土主要分布在岸坡坡脚(见图 3-24)。

从小塘渡口险段和米布氹险段可以看出,即使是弱抗冲层,以砂性土为主的堤基仍局部存在软土,加剧了抗冲失稳的风险。

白蛇漩险段(石湾桩号 12+000~16+200):自上至下分 4 大层:①淤泥质粉质黏土,厚 2.0~6.4 m;②粉—细砂,厚 2.5~9.9 m;③淤泥质粉质黏土、黏土,厚 2.0~11.5 m;④细

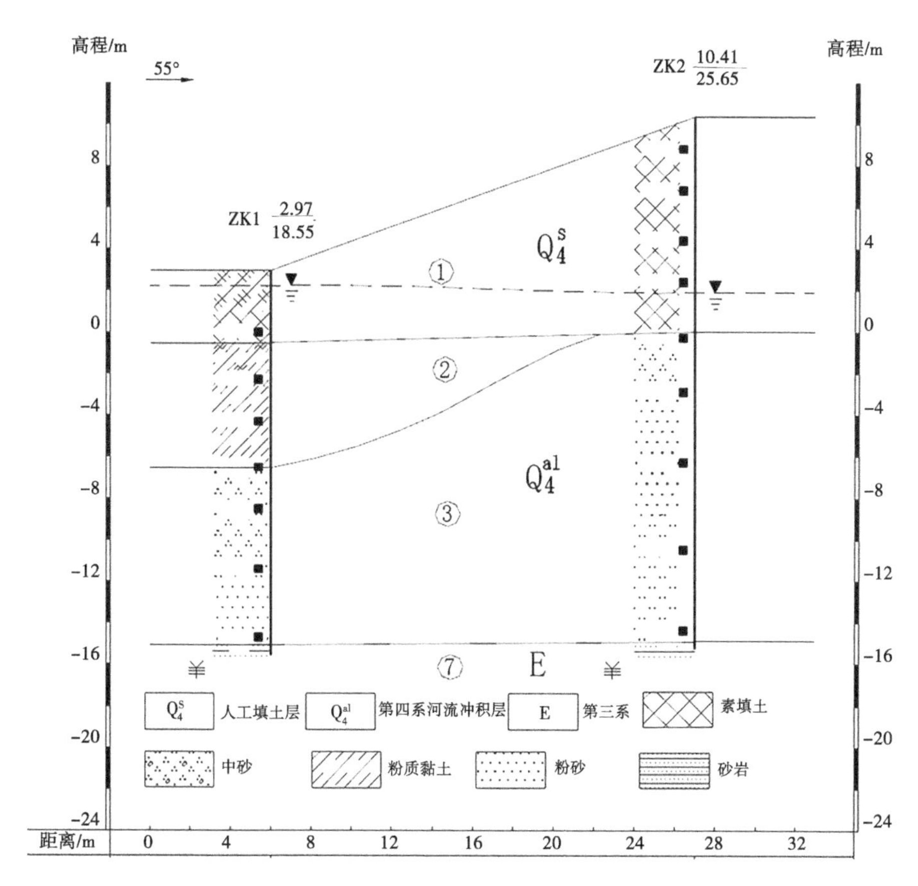

图3-23　佛山大堤小塘渡口险段（南海西桩号0+285）地质断面（Ⅰ₂结构）

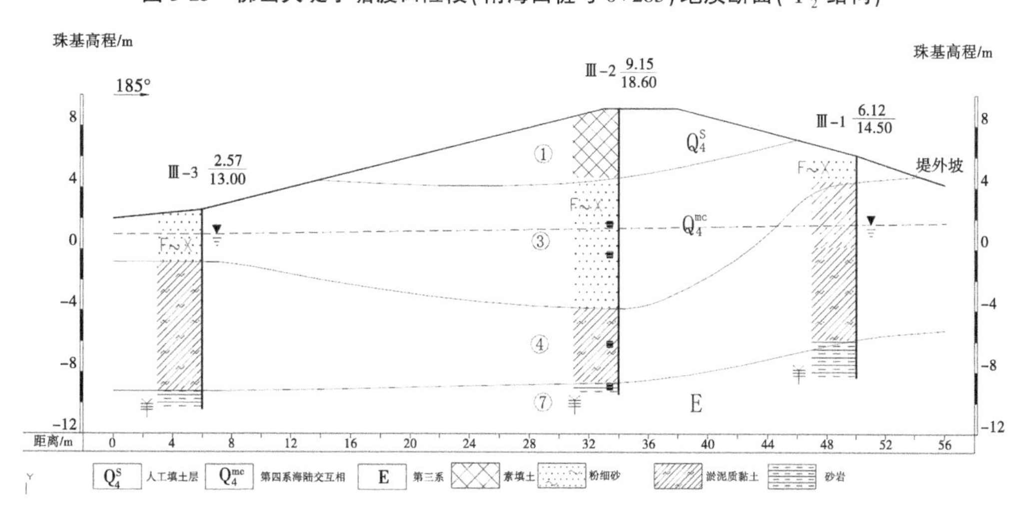

图3-24　佛山大堤米布氹险段（南海西桩号10+700）地质断面（Ⅱ₃结构）

砂，厚1.7~5.5 m，局部达9.5 m。于下游段（石湾桩号14+800）部分地段只沉积淤泥质粉质黏土和粉质黏土，厚达17.4~18.4 m。普遍上层为黏性土层，下层为砂质土层，形成连续2个沉积旋回。堤基虽有4层，但都是软土与粉细砂两种弱抗冲层的组合。

白蛇漩险段(石湾桩号 12+000~16+200)地质断面($Ⅱ_2$~Ⅲ结构)见图 3-25。

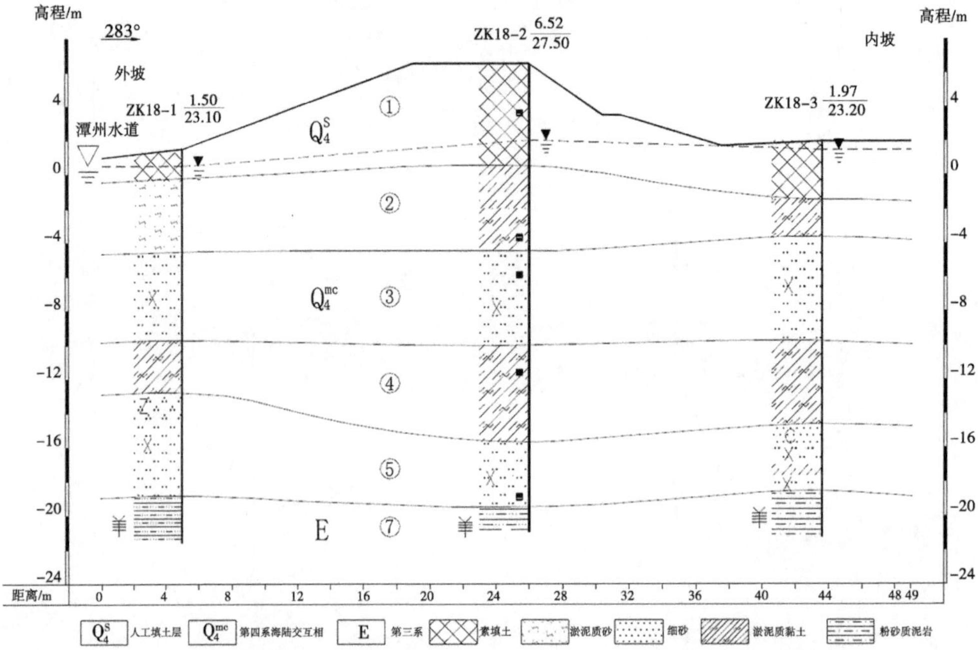

图 3-25　白蛇漩险段(石湾桩号 12+000~16+200)地质断面($Ⅱ_2$~Ⅲ结构)

3)岸坡形态及水流条件

大部分堤段堤前岸坡由淤泥质土及粉细砂层构成,其抗冲及抗滑稳定性差,遇不利流态,岸坡稳定问题较突出。本堤围抗冲失稳的堤段较多(9 处),抗冲失稳险段占比较大(25%),根据其岸坡形态及水流条件,主要分为拐弯凹岸、束窄河道 2 类,其中拐弯凹岸部位主要受到迎流顶冲作用比较强烈,束窄河道部位主要受到侧蚀作用比较强烈。

(1)拐弯凹岸。

该类部位主要受到坐弯顶冲作用形成险段,包括南海西堤的小塘险段、大氹险段、西门险段、米步氹险段,石湾堤的白蛇漩险段、石肯险段,南海东堤的马沙险段,合计 7 个险段,占佛山大堤抗冲失稳险段的 78%,详见表 3-26。

表 3-26　佛山大堤拐弯凹岸险段情况

序号	险段名称	桩号位置	长度/m	险情及其原因分析	建议处理措施
1	小塘	南海西:0+285~0+555	400	堤基为粉细砂层,局部软土;位于北江河道从沙头村—潭州水道分叉口长约 15 km 大的拐弯凹岸处,该处遇到河道变窄、弯曲,水流急,船只多涌浪,尤其是在洪水期,对堤基、岸坡部位冲刷较严重,导致失稳	抛石护岸、混凝土护坡

续表 3-26

序号	险段名称	桩号位置	长度/m	险情及其原因分析	建议处理措施
2	大氹	南海西:4+045~5+155	1 110	堤基上部为粉质黏土和粉土;位于北江河道从沙头村—潭州水道分叉口长约 15 km 大的拐弯凹岸处,失稳处呈弯曲状,为坐弯顶冲现象,外坡脚受冲刷,河水的侧蚀冲刷产生横向环流,岸坡不断受到破坏,甚至逐渐淘空坡脚堤基,造成不稳定	抛石护岸,混凝土护坡,丁坝挑流
3	西门	南海西:6+500~6+900	400	堤基主要为淤泥质土、粉质黏土;位于北江河道从沙头村—潭州水道分叉口长约 15 km 大的拐弯凹岸处,失稳处位于局部凹岸,水流冲蚀较强烈	护岸、培土
4	米步氹	南海西:10+325~11+350	1 025	堤基上部主要为粉细砂层,局部为淤泥质土;位于潭州水道转弯凹岸,受河水急流强烈冲刷,已造成岸坡逐渐变陡,加上堤基存在淤泥质软土,基础产生沉陷,堤围上部出现裂缝,岸坡和堤身存在不稳定现象	护坡、护岸,混凝土护墙防冲
5	白蛇漩	石湾:12+000~16+200	4 200	堤基淤泥质粉质黏土与粉细砂互层,分 2 个旋回;水道多弯曲,较窄,水流急,强水力对岸坡冲刷,与抗渗稳定问题也有关联,堤身部分地段曾出现裂缝、管涌、牛皮胀和外坡 50 余 m 大崩塌,严重影响堤防安全	抛石护岸、混凝土护坡
6	石肯	石湾:17+600~19+920	2 320	堤基主要为淤泥、淤泥质土、淤泥质粉细砂;位于东平水道凹岸处,坐弯顶冲,河床狭窄,深槽迫岸,最大深槽高程达-17.0 m;外坡脚受冲,基脚淘空。 在 1965~1969 年汛期曾多次外坡崩塌。1962 年 2 月和 1970 年 2 月因基脚淘空,枯水期又发生外坡崩塌,长 20 m 和 30 m	抛石护岸、混凝土护坡
7	马沙	南海东:1+100~1+250	150	堤基主要为上部软土、下部粉细砂层;位于东平水道凹岸拐点、细水闸出口处,外坡岸边遭受水流或洪水冲刷淘蚀,破坏了岸坡的稳定性	抛石护岸、混凝土护坡

(2)束窄河道。

该类部位主要是河道被束窄以后水流发生较强侧蚀作用,主要分布在东平水道西岸的南海东堤,如塱下前险段、东瓜氹险段,占樵桑堤围抗冲失稳险段的22%,详见表3-27。

表3-27　佛山大堤束窄河道险段情况

序号	险段名称	桩号位置	长度/m	险情及其原因分析	建议处理措施
1	塱下前	南海东桩号:5+750~6+250	500	堤基主要为粉细砂层,局部为淤泥质土;位于东平水道与其他水道汇合后的下游,水面宽从300 m束窄至100 m,水流侧蚀、急流割脚,堤后临塘	抛石护岸、混凝土护坡,堤内填塘固基
2	东瓜氹	南海东桩号:8+100~8+250	150	堤基主要为淤泥质土层;位于东平水道两条河涌汇入口的下游,水面宽从140 m束窄至110 m,水流侧蚀、急流割脚,堤后临塘	抛石护脚,堤内填塘固基

5. 中顺大围

中顺大围划分为东干堤、西干堤。东干堤又分为顺德均安段、中山江堤段、中山海堤段,总长51.7 km,西干堤又分为顺德均安段、中山江堤段、中山海堤段、西河闭口段,总长66.4 km。东干堤主要位于西江下游的东海水道、小榄水道西岸;西干堤主要位于西江下游的干流(下游为磨刀门水道)东岸,局部位于海洲水道东岸。东干堤大堤工程地质条件较好(B类)的堤段占33.14%,工程地质条件较差(C类)的堤段占65.12%,工程地质条件差(D类)的堤段占1.74%。西干堤大堤工程地质条件较好(B类)的堤段占49.09%,工程地质条件较差(C类)的堤段占48.83%,工程地质条件差(D类)的堤段占2.08%。总体上,中顺大围总堤长118.1 km,其中工程地质条件较差(C类)—差(D类)的堤段占比为57.9%。

中顺大围位于樵桑联围的下游、西江下游末段,大部分河段已是感潮河段,大面积分布厚度较大的三角洲海陆交互相的松软砂土质覆盖层。东干堤揭露7处抗冲失稳险段,其中顺德均安段有3处、中山江堤段有4处;西干堤揭露9处抗冲失稳险段,其中顺德均安段有1处、中山江堤段有8处;合计有16处险段,总长度约15.83 km,占堤围总长的13.4%。

1)弱抗冲层类型和性状

中顺大围堤基分布的弱抗冲层主要有软土(淤泥、淤泥质黏土、淤泥质粉质黏土)、粉细砂(含泥粉细砂、淤泥质粉细砂),均为成层大面积分布且有2~3层。

第一类软土:包括淤泥、淤泥质土,深灰色,局部夹粉砂,含少量贝壳碎片,流塑—软塑状。每段堤基中淤泥与淤泥质土并无明显的分层,但总体趋势是顺德均安段与中山江堤段的堤基软土以淤泥质土为主,而更靠近出海口的中山海堤段堤基软土以淤泥为主。中顺大围堤基软土快剪强度分区统计见表3-28。

表 3-28　中顺大围堤基软土快剪强度分区统计

堤名	部位	上层软土②-2		下层软土④-1		上、下层软土平均	
		黏聚力	内摩擦角	黏聚力	内摩擦角	黏聚力	内摩擦角
		c/kPa	φ/(°)	c/kPa	φ/(°)	c/kPa	φ/(°)
顺德均安	东堤	17.7	13.4	18.9	8.1	18.3	10.7
	西堤	15.2	12.2	12.2	8.2	13.7	10.2
中山江堤	东堤	19.6	10.1	20.1	8.4	19.8	9.2
	西堤	20.6	10.5	—	—	20.6	10.5
顺德均安—中山江堤平均		18.3	11.6	17.1	8.2	18.1	10.2
中山海堤	东堤	10.0	12.9	5.5	9.2	7.8	11.0
	西堤	3.5	13.2	10.8	13.3	7.2	13.2
中山海堤平均		6.8	13.0	8.2	11.2	7.5	12.1

从表 3-28 中可以看出，中顺大围堤基软土存在水平方向和垂直方向两个方面的差异。

(1)水平方向上，分为远离出海口和靠近出海口区域。远离出海口的顺德均安—中山江堤各堤段软土的抗剪强度基本一致，靠近出海口中山海堤各堤段的软土的抗剪强度也基本一致，但靠近出海口中山海堤的软土的黏聚力比顺德均安—中山江堤软土黏聚力明显降低，下降了 59%，而内摩擦角则上升了 18.6%，与靠近出海口软土含水量上升、含沙量上升有关。如靠近出海口中山海堤软土的平均含水量为上层 48.4%、下层 47.6%，远离出海口顺德均安—中山江堤软土的平均含水量为上层 40.4%、下层 41.9%，平均含水量整体上上升了 6.8 个百分点，上升比例为 16.5%。远离出海口顺德均安—中山江堤软土的平均塑性指数为上层 19.5、下层 22.3，靠近出海口中山海堤软土的平均塑性指数为上层 16.3、下层 15.2，即靠近出海口软土的塑性指数整体下降，下降比例为 25%，可塑性下降反映了含沙量上升。

(2)垂直方向上，由于整个中顺大围的软土在剖面深度上分上、下两层(②-2、④-1)，上、下层软土的黏聚力基本一致，但上层软土的内摩擦角普遍比下层软土高 16%~41.4%，这与上层软土比下层软土的含沙量较高有关，因为上层软土的塑性指数平均为 17.9，下层软土的塑性指数平均为 18.7，即上层软土的可塑性略低，反映其含沙量略高。

第二类含泥粉细砂、淤泥质粉细砂：灰色—深灰色，饱水，松散—稍密状。远离出海口的顺德均安—中山江堤各堤段快剪强度平均值黏聚力为 11.7 kPa，内摩擦角为 23.4°；靠近出海口中山海堤各堤段快剪强度平均值黏聚力为 4.6 kPa，内摩擦角为 20.0°，内摩擦角基本相当，差别在于靠近出海口粉细砂层含水量大幅上升，从远离出海口的 25.8%上升至靠近出海口的 41.8%，导致黏聚力大幅下降，详见表 3-29。

表 3-29　中顺大围堤基粉细砂物理力学指标分区统计

堤名	部位	含泥粉细砂、淤泥质砂③-1			
		黏聚力	内摩擦角	含水率	含沙量
		c/kPa	φ/(°)	ω/%	>0.075 mm/%
顺德均安	东堤	8.2	27.5	22.7	67.4
	西堤	5.2	28.0	24.9	73.6
中山江堤	东堤	21.7	14.8	29.9	52.2
	西堤	—	—	—	—
顺德均安—中山江堤平均		11.7	23.4	25.8	64.4
中山海堤	东堤	—	—	—	—
	西堤	4.6	20.0	41.8	59.0
中山海堤平均		4.6	20.0	41.8	59.0

2)弱抗冲层组合结构

由于弱抗冲层普遍分布,因此全线各种堤基地质结构均有弱抗冲层(软土、粉细砂)的组合。东干堤堤基地质结构可以分为4个亚类,其中以多层结构类(Ⅲ)为主,黏性土或软土与砂性土多层互层状,占堤基总长的53.2%;其次为上厚黏性土(主要为软土)、下砂性土的双层结构亚类($Ⅱ_2$),占堤基总长的35.2%;第三为单一黏性土结构亚类($Ⅰ_1$),占堤基总长的9.8%;第四为上砂性土、下黏性土结构亚类($Ⅱ_3$),占堤基总长的1.7%。西干堤堤基地质结构可以分为3个亚类,其中以上厚黏性土、下砂性土的双层结构亚类($Ⅱ_2$)为主,占堤基总长的30.1%;其次为多层结构类(Ⅲ),黏性土或软土与砂性土多层互层状,占堤基总长的41.8%;第三为单一黏性土结构亚类($Ⅰ_1$),占堤基总长的28.1%。

堤基土体总体分层趋势呈较稳定—稳定的近水平状,或呈透镜状交叉互换,但局部下部基岩或基岩风化层埋藏浅导致堤基土层存在微倾斜,倾向外江面,倾角可达5°。

下面通过典型抗冲失稳险段说明弱抗冲层的组合结构。

土地涌险段(桩号W15+752~16+148):弱抗冲层主要为粉细砂、淤泥质黏土,并与砂壤土等组成多层结构(Ⅲ),且由于土层微倾向外江,倾角达5°,堤基的弱抗冲层在岸坡坡脚均有暴露,见图3-26。

铁塔脚险段(桩号W25+661~26+984):弱抗冲层主要为淤泥质黏土,也是整个堤基主要地层,其中夹一层含贝壳层,整个岸坡也以软土为主,且岸坡前缘由于河流冲刷形成陡坎,组合结构主要是单一黏性土结构亚类($Ⅰ_1$),见图3-27。

航标闪灯险段(桩号W28+020~28+540):弱抗冲层主要为淤泥质黏土,也是整个堤基主要地层,其厚度超过16 m,厚软土层下部存在一层砂性土,以粗砂为主,由于其顶板埋深较大,岸坡及坡脚未出露。组合结构为上厚黏性土、下砂性土的双层结构亚类($Ⅱ_2$),见图3-28。

3)岸坡形态及水流条件

大部分堤段堤前岸坡由淤泥质土及粉细砂层构成,其抗冲稳定性差,遇不利流态,岸

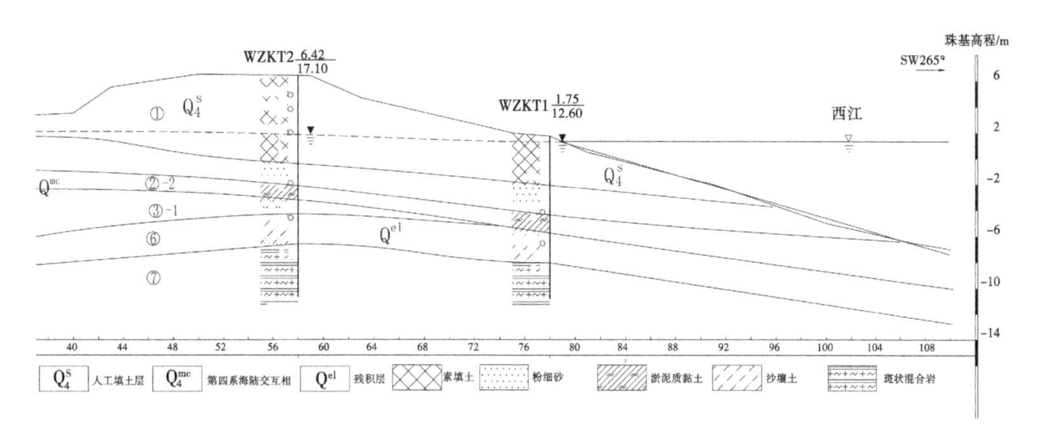

图 3-26 中顺大围土地涌险段(桩号 W15+752~16+148)地质断面(Ⅲ结构)

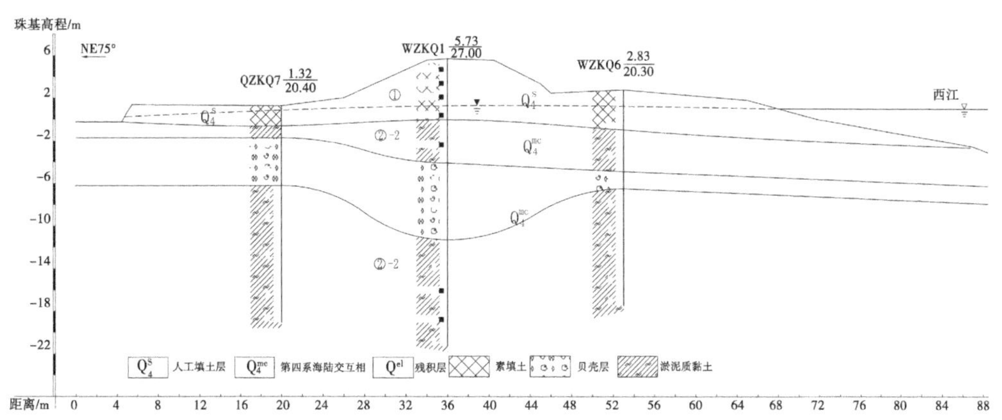

图 3-27 中顺大围铁塔脚险段(桩号 W25+661~26+984)地质断面($Ⅰ_1$ 结构)

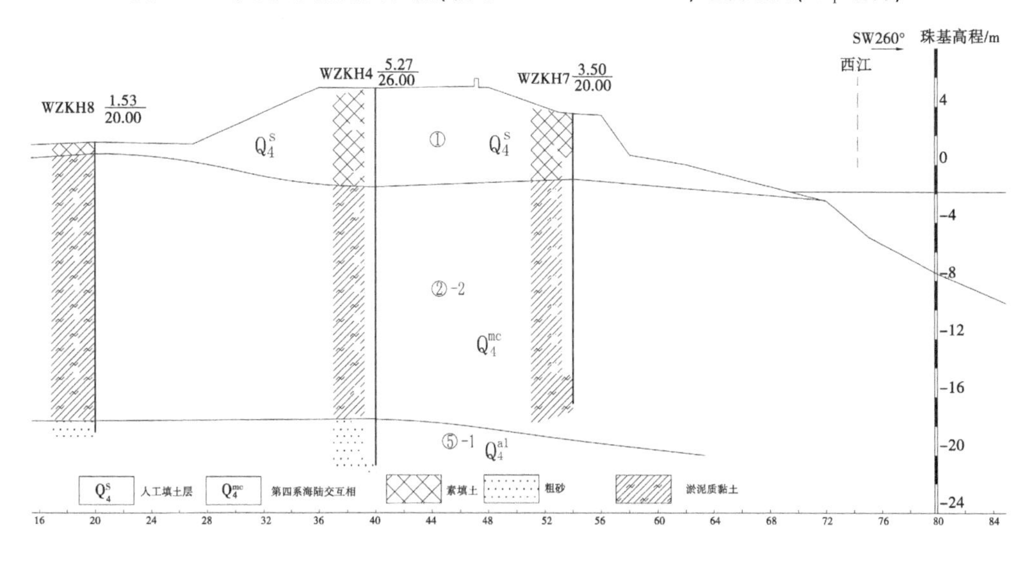

图 3-28 中顺大围航标闪灯险段(桩号 W28+020~28+540)地质断面($Ⅱ_2$ 结构)

坡稳定问题较突出。本堤围抗冲失稳的堤段较多(16 处),抗冲失稳险段占堤围总长比重(13.4%)较大,根据其岸坡形态及水流条件,主要分为拐弯凹岸、束窄河道、江心洲分流、顺直河道 4 类,其中拐弯凹岸部位主要受迎流顶冲作用比较强烈,束窄河道部位、江心洲分流等 2 种部位主要受侧蚀作用比较强烈,顺直河道主要是坡脚砂层出露被水流冲刷切割。

(1)拐弯凹岸。

该类部位主要是河道拐弯后在凹岸受到坐弯顶冲作用形成险段,包括东干堤的 SC3 新宁险段、SC4 福兴险段、SC5 沙口险段、SC6 裕安险段,西干堤的 SC8 外村险段、SC9 土地涌险段,合计 6 个险段,占中顺大围抗冲失稳险段的 37.5%,详见表 3-30。

表 3-30　中顺大围拐弯凹岸型险段情况

序号	险段名称	桩号位置	长度/m	险情及其原因分析	建议处理措施
1	新宁	E14+500~16+209	1 709	堤基为淤泥质土,平均厚度超过 16 m。位于东海水道南岸的拐弯凹岸处,拐弯凹岸前后长超过 1.5 km,河道拐角达 90°。水流对岸坡对冲、迎流顶冲作用强烈,导致形成水下陡坡,坡角达 33°	浆砌石护岸
2	福兴	E19+198~20+704	1 506	堤基主要为淤泥质土夹一层 1.7~3.8 m 厚的细砂层,细砂层在岸坡坡脚出露。位于小榄水道与东海水道分叉口下游的凹岸,河道拐角约 30°,水流对凹岸侧的对冲作用较强,导致形成水下陡坡,坡角一般 20°,最陡达 45°。另外,受到附近码头进出船只涌浪影响明显	浆砌石护岸
3	沙口	E21+781~22+384	603	堤基主要为淤泥质土、淤泥质砂。位于小榄水道沙口社区前后河段拐弯凹岸处,河道拐角达 30°以上,水流对沙口社区河岸的侧蚀作用较强,缺少外滩地保护,导致形成水下陡坡。另外,小榄水道行船多,受涌浪影响明显	浆砌石护岸
4	裕安	E27+100~27+729	629	堤基主要为淤泥质土、中细砂,坡脚主要为中细砂出露。位于小榄水道特大桥的凹岸,凹岸段前后长约 900 m,过凹岸以后河道拐角超过 30°,水流对凹岸侧的对冲作用较强,缺少外滩地保护,逐渐形成陡坡,坡角约 23°。另外,小榄水道行船多,受涌浪影响明显	浆砌石护岸

续表 3-30

序号	险段名称	桩号位置	长度/m	险情及其原因分析	建议处理措施
5	外村	W7+650~9+050	1 400	堤基主要为淤泥质黏土。位于海州水道从西江分叉口下游 2 km 的左岸凹岸处,河道拐角达 45°,水流对凹岸处的迎流顶冲作用强烈,缺少外滩地保护,逐渐形成陡坡	抛石护脚,浆砌石护岸,并从对岸将岸坡土挖移过来,拓宽河道并将主河道右移,保护左岸岸坡
6	土地涌	W15+752~16+148	396	堤基主要为粉细砂与淤泥质土的互层结构。位于海州水道凹岸处,坐弯顶冲,河床有束窄,河道拐角达 30°,缺少外滩地保护,水下岸坡整体较陡,达 16°	抛石护脚,浆砌石护岸,并修建 5 条挑水丁坝

(2)束窄河道。

该类部位主要是河道被束窄以后水流发生较强侧蚀作用,东干堤的 SC1 七滘险段,西干堤的 SC10 铁塔险段、SC12 细砂险段,合计 3 个险段,占中顺大围抗冲失稳险段的 18.7%,详见表 3-31。

表 3-31　中顺大围束窄河道型险段情况

序号	险段名称	桩号位置	长度/m	险情及其原因分析	建议处理措施
1	七滘	E2+000~5+650	3 650	堤基上部为淤泥质土与黏性土,下部为粉细砂层。位于东海水道从西江分叉口下游约 1.5 km 处,河道从汇入口的宽 1 000 m 束窄至宽 500 m,水流流速加快,对岸坡发生强侧蚀作用,导致形成深槽迫岸	浆砌石护岸
2	铁塔	W25+661~26+984	1 323	堤基主要为淤泥质土,局部夹贝壳层。位于西江干流江门港对面凹岸处,上下游河道宽 800~1 100 m,此处河道宽约 500 m,水流流速加快,对岸坡发生强侧蚀作用,堤前保护平台缺失,导致形成深槽迫岸,整体岸坡坡角 17°,局部陡坎约 40°	抛石护脚,浆砌石护岸

续表 3-31

序号	险段名称	桩号位置	长度/m	险情及其原因分析	建议处理措施
3	细砂	W35+301~35+801	500	堤基主要为深厚淤泥质土,厚度将近 30 m。位于海洲河道局部束窄河道处,上下游河道宽 500~600 m,此处河道宽 350~400 m,水流流速加快,对岸坡发生较强侧蚀作用,堤前保护平台缺失,导致形成深槽迫岸,整体岸坡坡角 16°,局部陡坎约 27°	抛石护脚,浆砌石护岸

(3)江心洲分流。

在该类部位,江心洲分流以后的水流对江岸有较强的侧蚀作用,形成险段,如东干堤的 SC2 麦家围险段,西干堤的 SC13 新围险段、SC14 二顷四险段、SC15 沙头顶险段,合计 4 个险段,占中顺大围抗冲失稳险段的 25.0%,详见表 3-32。

表 3-32　中顺大围江心洲分流型险段情况

<table>
<tr><th>序号</th><th>险段名称</th><th>桩号位置</th><th>长度/m</th><th>险情及其原因分析</th><th>建议处理措施</th></tr>
<tr><td>1</td><td>麦家围</td><td>E5+835~6+435</td><td>600</td><td>堤基主要为淤泥质土。位于东海水道,受海心沙岛分流影响,水流对岸坡形成直接对冲,堤前缺失保护平台,水下岸坡陡峻</td><td>浆砌石护岸</td></tr>
<tr><td>2</td><td>新围</td><td>W41+963~42+400</td><td>437</td><td rowspan="2">堤基主要为淤泥质土与中粗砂、沙壤土多层组合结构。位于西江干流磨刀门水道,因受位于上游 700 m 的鲫鱼沙岛江流影响,水流主流向与干堤轴线呈 25°左右的交角直冲新围堤段,造成河床面左低右高,左岸河床面高程在-8~-13 m,右岸河床面高程在-0.3~-1.5 m,两河床岸高差达到 7~11 m,而且深槽离左岸堤脚只有 20~50 m,由于险段水深,流急,坡陡(坡角 16°~26°),因此经常发生护坡塌落,丁坝头断裂沉入江中的险况</td><td rowspan="2">从 20 世纪 80 年代改用抛丁坝与抛护坡石,同时结合大堤加固培厚达标,混凝土路面、混凝土护岸及填塘固基等的治险方法,至 1999 年止共抛丁坝 8 条,间距在 30~73 m,丁坝长 15~18 m,堤顶宽 2 m,堤顶高程+1.5 m,坡比 1:1,经多年观测,已收到明显效果,局部丁坝后边出现淤积,水下坡度变缓</td></tr>
<tr><td>3</td><td>二顷四</td><td>W42+400~43+600</td><td>1 200</td></tr>
</table>

续表 3-32

序号	险段名称	桩号位置	长度/m	险情及其原因分析	建议处理措施
4	沙头顶	W45+756~46+006	250	堤基及岸坡由淤泥质土组成。受上游江心洲、河道束窄及凹岸影响,岸坡受水流冲刷较严重,水下岸坡达 15°~20°。堤前保护平台窄小	抛石护脚及浆砌石护岸

(4)顺直河道。

该类部位虽然河道较顺直或位于凸岸,但堤前缺失外滩保护,岸坡坡脚有软弱砂层出露,被水流割脚水下岸坡形成陡岸,逐渐演变成险段,如东干堤的 SC7 新沙险段,西干堤的 SC11 航标闪灯险段、SC16 永祥围险段,合计 3 个险段,占中顺大围抗冲失稳险段的 18.8%,详见表 3-33。

表 3-33　中顺大围顺直河道型险段情况

序号	险段名称	桩号位置	长度/m	险情及其原因分析	建议处理措施
1	新沙	E34+466~34+716	250	堤基及岸坡主要为淤泥质土及粉细砂层。位于小榄水道的凸岸处,但外滩保护平台窄小,由于坡脚出现细砂层,被水流切割,造成水下岸坡较陡,坡角 18°~24°,对堤身的稳定不利	浆砌石护岸
2	航标闪灯	W28+020~28+540	520	堤基及岸坡主要为淤泥质土,局部淤泥质砂层。位于西江干流的顺直河道处,但由于砂层北水流切割形成陡岸,水下坡角整体达 23°~27°,形成深槽迫岸	抛石护脚,浆砌石护岸,抛 3 条丁坝挑流
3	永祥围	W53+320~54+120	800	堤基及岸坡主要为淤泥质土、粉细砂互层结构。位于西江干流磨刀门水道顺直河道处,由于坡脚出现细砂层,被水流切割,造成水下岸坡较陡,坡角 22°~29°,所幸堤前存在宽约 40 m 的平台保护	抛石护脚及浆砌石护岸,抛 5 条丁坝挑流

总体上中顺大围各险工段都已采取措施如抛石护岸、浆砌石或混凝土块护坡等传统的处理措施,个别河道较宽段还修筑了拦水丁坝,西干堤均安堤段外村险段还将对岸岸坡土抽过来,改变河道主河床,这些措施都能有效地缓解岸坡受冲程度。

6. 江新联围

江新联围北起新会市棠下天河顶(0+000),沿西江右岸延伸,经江门市(20+000)、外海镇(25+000)、睦州镇(45+000),沿虎坑水道转西向,经三江镇(60+000),止于新会市梅林冲(94+420),全长 94.42 km,其中江堤长 54.6 km,潮感区堤长 39.82 km。根据堤段所处位置、堤身结构、堤基土工程特性划分为天河顶—外海段(桩号 0+000~25+500)、外海—龙泉段(桩号 25+500~53+000)、龙泉—金牛头水闸段(桩号 53+000~76+000)、金牛头水闸—梅林冲段(桩号 76+000~94+420)四段干堤。

天河顶—外海段、外海—龙泉段主要位于西江右岸(西岸),西江基本由北向南流;龙泉—金牛头水闸段位于龙泉河、虎坑河北岸及江门水道两岸;金牛头水闸—梅林冲段位于江门水道出口西岸—南坦海东岸。大堤工程地质条件好(A 类)的堤段占 4.3%,工程地质条件较好(B 类)的堤段占 89.3%,工程地质条件较差(C 类)的堤段占 6.4%,即整体上堤基工程地质条件较好。

江新联围位于中顺大围西侧,同样位于西江下游末段,42%的河段属感潮河段,较大面积分布了三角洲海陆交互相的软土覆盖层(砂性土较少)。天河顶—外海段揭露 5 处抗冲失稳险段,外海—龙泉段揭露 4 处抗冲失稳险段,龙泉—金牛头水闸段揭露 2 处抗冲失稳险段,合计有 11 处险段,总长度约 5.24 km,占堤围总长的 5.5%。由于堤基沿线花岗岩、侏罗系粉砂岩、寒武系变质砂岩等基岩或基岩风化层局部埋深较浅,因此海陆交互相覆盖层的厚度局部相对较小,甚至出现堤基为基岩的单一结构。其次冲积层中砂性土的比例相对较少,因此总体上出现抗冲失稳险情的堤基占堤围总长的比例相对较小。

1) 弱抗冲层类型和性状

江新联围堤基分布的弱抗冲层主要是软土,包括淤泥、淤泥质土,虽成层大面积分布,但大部分只分布 1 层。

淤泥质土:多分布在天河顶—外海段,深灰色—灰黑色,多呈软塑(稍密)状,局部呈流塑状淤泥,平均标贯击数为 3 击。天然快剪强度平均值:黏聚力普遍偏高,达 18 kPa,内摩擦角略偏低,仅 3.7°。

淤泥:深灰色—灰黑色,局部夹贝壳碎片,夹粉细砂薄层,饱和,流塑。外海—龙泉段天然快剪强度平均值黏聚力 5.5 kPa,内摩擦角 5.4°;龙泉—金牛头水闸段天然快剪强度平均值黏聚力 7.9 kPa,内摩擦角 9.4°;金牛头水闸—梅林冲段天然快剪强度平均值黏聚力 5.1 kPa,内摩擦角 6.0°。可以看出,在西江丘陵间的支流及分叉河道(龙泉河、虎坑河北岸及江门水道)两岸的淤泥抗剪强度较西江主干河道的淤泥略高。

2) 弱抗冲层组合结构

由于弱抗冲层普遍分布,因此全线各种堤基地质结构均有弱抗冲层(主要是软土)的组合,堤基土体地质结构可以分为 4 个亚类,其中主要以单一黏性土(主要为软土)结构亚类(I_1)为主,占堤基总长的 49.1%;其次为上厚层黏性土(主要为软土)、下部砂性土的双层结构亚类(II_2),占堤基总长的 41.5%;第三为多层结构类(Ⅲ),黏性土层与砂性土层较薄,多呈互层状,河岸易冲刷,占堤基总长的8.1%;第四为零星分布的上部薄层黏性土、下砂性土的双层结构亚类(Ⅱ$_1$),占堤基总长的0.8%。可见,江新联围堤基基本上以黏性土或软土为主,仅局部砂性土厚度比例略大一些。

堤基土体总体分层趋势呈较稳定—稳定的近水平状,局部分层微倾,或偶呈透镜状交叉互换。

下面通过典型抗冲失稳险段说明弱抗冲层的组合结构。由于Ⅰ$_1$与Ⅱ$_2$结构亚类占堤基地质结构的比例超过90%,因此主要的线段也基本上分布在这两种堤基地质结构的堤段,其中Ⅰ$_1$亚类堤基发生抗冲失稳线段有8个,Ⅱ$_2$亚类堤基发生抗冲失稳线段有3个。

龙泉河险段(桩号54+100~55+800):弱抗冲层主要为淤泥质土及淤泥,属于单一黏性土结构亚类(Ⅰ$_1$)(见图3-29),堤基上部局部为黏性土,黏性土与软土层中总厚度超过30 m,其中软土厚度比例超过70%。在岸坡坡脚出露的大部分是淤泥等软土。

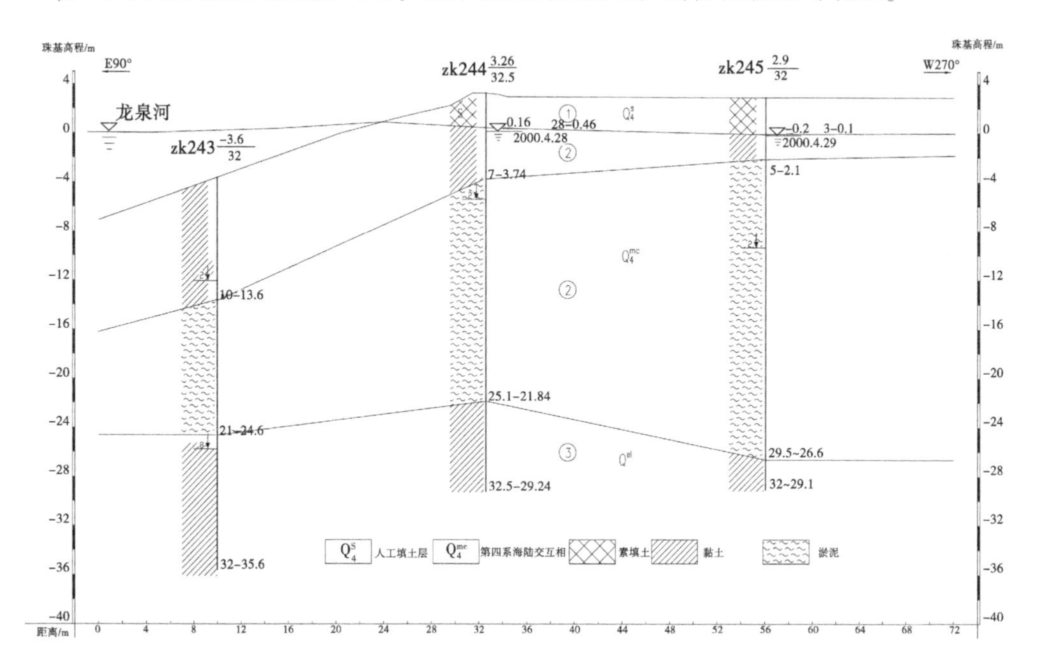

图3-29 江新联围龙泉河险段(桩号55+200)地质断面(Ⅰ$_1$结构)

虎坑河险段(桩号56+450~57+850):弱抗冲层主要为淤泥质土及淤泥,厚度较大,超过20 m,下部出现一层平均厚度超过6 m的细砂层,属于上厚黏性土、下砂性土双层结构亚类(Ⅱ$_2$)(见图3-30),由于堤基上部软土厚度(>20 m)大,而堤防挡水高度(<4 m)小,下部的砂层对堤基影响小。

3)岸坡形态及水流条件

堤段堤前岸坡由淤泥、淤泥质土等软土组成,其抗冲稳定性差,但由于河段靠近出海口,流速一般较小,河水涨落变幅小,三角洲地区水网发达,也极少见急涨急落的现象,因此虽然由于堤基基本上为软土,岸坡稳定问题较突出。抗冲失稳的堤段较多(11处),但抗冲失稳险段的规模普遍较小,总长占堤围的比重也较小(5.5%)。根据其岸坡形态及

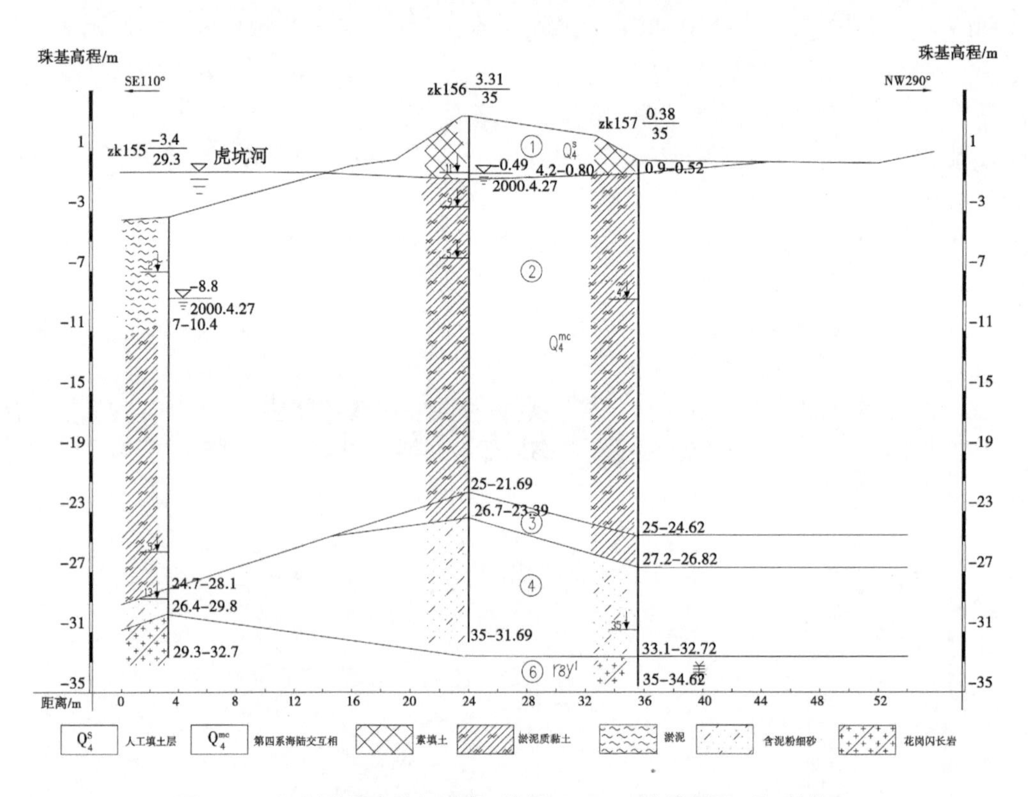

图 3-30　江新联围虎坑河险段(桩号 57+000)地质断面(Ⅱ₂ 结构)

水流条件,主要分为拐弯凹岸、束窄河道、江心洲分流 3 类,其中拐弯凹岸部位主要受到迎流顶冲作用比较强烈,束窄河道、江心洲分流 2 种部位主要受到侧蚀作用比较强烈。

(1)拐弯凹岸。

该类部位主要是河道拐弯后在凹岸受到坐弯顶冲作用形成险段,包括外海—龙泉段的 SC8 白洲围险段、SC9 水照门险段,龙泉—金头牛水闸段的 SC10 龙泉河险段、SC11 虎坑河险段,合计 4 个险段,占江新联围抗冲失稳险段的 36.4%,详见表 3-34。

表 3-34　江新联围拐弯凹岸型险段情况

序号	险段名称	桩号位置	长度/m	险情及其原因分析	建议处理措施
1	白洲围	46+200~46+500	300	堤基为薄层黏性土(2~5 m),下部为厚层淤泥(8~15 m)。位于西江西岸的拐弯凹岸处,堤外平台缺失,堤脚临河,常年受水流冲蚀,水下形成陡坡,河水对堤脚冲刷加剧,急流切脚,深槽迫岸,影响堤基及堤身的稳定	抛石护脚
2	水照门	50+450~50+790	340		抛石护脚

续表 3-34

序号	险段名称	桩号位置	长度/m	险情及其原因分析	建议处理措施
3	龙泉河	54+100~55+800	1 700	堤基主要为淤泥质土、淤泥质砂,上游靠近南楼水闸附近埋深12~15 m 分布有 3 m 厚左右的砂砾石层。位于西江支流龙泉河的拐弯凹岸处,堤外平台缺失,河道拐弯,河水对堤脚冲刷加剧,急流割脚,深槽迫岸,局部形成陡峻的水下地形,形成不稳定堤岸,对堤基稳定威胁增大	抛石护脚
4	虎坑河	56+450~57+850	1 400	堤基主要为淤泥,坡脚主要为淤泥出露,下部分布有花岗岩风化层或冲积细砂层。位于西江支流虎坑河的拐弯凹岸处,堤外平台缺失,河道拐弯,河水对堤脚冲刷加剧,急流割脚,深槽迫岸,对岸为龙口山石场,开采石料后的弃渣直接填于虎坑河中,人为地束窄河道,使虎坑河险段的险情更加严峻。1998 年虎坑河险段曾溃堤约 30 m,正是由堤前岸坡受水流冲刷变陡峻失稳产生的,1999 年发生了长约 200 m 的滑坡后重建	1999 年发生了长约 200 m 的滑坡后重建,并抛石护脚

(2)束窄河道。

该类部位主要是河道被束窄以后水流发生较强侧蚀作用,如天河顶—外海段的 SC4 蚌精岩险段、SC5 清栏险段,外海—龙泉段的 SC6 黄字围险段、SC7 虾口险段,合计 4 个险段,占江新联围抗冲失稳险段的 36.4%,详见表 3-35。

(3)江心洲分流。

该类部位主要是受江心洲分流以后的水流对江岸有较强的侧蚀作用并形成险段,如天河顶—外海段的 SC1 鲳鱼岩险段、SC2 渗入坝险段、SC3 六十丈险段,合计 3 个险段,占中顺大围抗冲失稳险段的 27.2%,详见表 3-36。

金牛头水闸—梅林冲段由于堤前河道开阔,水流速度较缓慢,堤前坡角一般较缓,局部堤段由于堤后为厂区或本身为码头,堤前已作护岸或混凝土直墙,抗冲稳定问题不突出,因此该段堤防未发生抗冲失稳导致的险情。

表 3-35　江新联围束窄河道型险段情况

序号	险段名称	桩号位置	长度/m	险情及其原因分析	处理措施
1	蚌精岩	12+950~13+150	200	堤基为超过 30 m 的软土。河道束窄后水流较急,堤前缺失缓冲平台,对岸坡发生较强侧蚀作用,形成陡峻的水下岸坡。河道为主航道,行船涌浪对岸坡有不利影响	堤前抛石护脚,堤脚处浆砌石起脚,堤外坡为预制混凝土块护坡
2	清栏	24+850~25+050	200	堤基主要为上部黏性土、下部细砂层。河道束窄后水流较急,堤前缺失缓冲平台,对岸坡发生较强侧蚀作用,形成陡峻的水下岸坡。河道为主航道,行船涌浪对岸坡有不利影响	
3	黄字围	37+350~37+600	250	堤基为厚 18~25 m 的黏性土及软土,软土占比超 90%。黄字围险段、虾口险段所处河道严重束窄,江水流速加快,对堤岸的冲刷加剧,造成堤岸的不稳,河道为主航道,行船涌浪对岸坡有不利影响	抛石护岸
4	虾口	40+700~40+900	200		抛石护岸

表 3-36　江新联围江心洲分流型险段情况

序号	险段名称	桩号位置	长度/m	险情及其原因分析	处理措施
1	鲋鱼岩	3+600~3+800	200	堤基主要为厚度超过 20 m 的黏性土及淤泥、淤泥质土等,软土比例超过 80%。受江心洲分流影响,河水流态发生改变,堤前缺失缓冲平台,堤脚受较强的侧蚀作用,形成陡峻的堤脚岸坡。其中 1995 年六十丈发生滑坡,正是由岸坡受冲变陡,堤基淤泥质土滑动引起的	2000 年完成了 100 年一遇的达标加固,加固后堤前抛石护岸,堤脚处浆砌石起脚,堤前坡为预制混凝土块护坡
2	渗入坝	4+450~4+600	150		
3	六十丈	5+500~5+800	300		

7. 东莞大堤

东莞大堤位于东莞市东北部的东江下游左岸,大堤始于东江支流石马河的常平镇九江水横堤,沿石马河左岸至东江,然后沿东江左岸往下游方向,经企石、石排、石龙、茶山、东城、莞城等镇(区)至南城区周溪村,包括常平镇的常平围、桥头镇的桥头围、企石镇的五八围、石排镇的福燕洲围、茶山及石龙镇的京西鳌围、东江南支流左岸的东城区和莞城及南城区的东莞大围。东莞大堤是由以上 6 条堤围组成的统称,堤线全长 63.66 km。大堤堤基工程地质条件好(A 类)的堤段占 17.82%,工程地质条件较好(B 类)的堤段占 29.94%,工程地质条件较差(C 类)的堤段占 41.56%,工程地质条件差(D 类)的堤段占

10.68%。

东莞大堤位于珠江口东侧，在石龙镇下游进入东江下游末段的河网区，处于珠江的河口段，该地区存在三角洲海陆交互相的松软砂土质覆盖层。福燕洲围存在 2 处冲刷险段、1 处因冲刷导致的塌岸，东莞大围存在 1 处冲刷险段、1 处因冲刷导致的塌岸，桥头常平围存在 1 处因冲刷导致的塌岸，五八围存在 1 处因冲刷导致的塌岸，合计有 7 处与抗冲失稳有关的险段，总长度约 5.87 km，占堤围总长的 9.2%。

1) 弱抗冲层类型和性状

东莞大堤堤基分布的弱抗冲层主要有淤泥质土、粉细砂，一般只分布 1 层，且层位稳定分布较广泛，仅京西鳌围缺失淤泥质土。

淤泥质土：深灰色、灰黑色，流塑—软塑状，含少量腐烂植物碎屑和粉砂。

快剪强度平均值为黏聚力为 13.5 kPa，内摩擦角为 10.1°，详见表 3-37，5 处堤围淤泥质土的抗剪强度基本相当，但东莞大围由于最靠近入海口，含水量最高，该处淤泥质土抗剪强度相对最低。

表 3-37 东莞大堤堤基软土物理力学指标分段统计

堤名	淤泥质土(②-2)				
	黏聚力 c/kPa	内摩擦角 φ/(°)	含水量 ω/%	含沙量 >0.075 mm/%	塑性指数
桥头常平围	12.6	11.1	47.2	24.7	27.4
五八围	14.3	11.5	37.8	33.7	15.6
福燕洲围	15.8	10.2	49.0	23.3	18.8
京西鳌围	—	—	—	—	—
东莞大围	11.3	7.6	57.8	33.7	22.0
平均	13.5	10.1	48.0	28.9	21.0

粉细砂：灰黄色、浅黄色，局部深灰色、灰黑色，呈淤泥质砂状，饱和，稍密状，含黏粒。快剪强度平均值较高，黏聚力为 17.7 kPa，内摩擦角为 17.2°，详见表 3-38，5 处堤围粉细砂的抗剪强度基本相当，但东莞大围由于最靠近入海口，粉细砂抗剪强度相对最低。

表 3-38 东莞大堤堤基粉细砂物理力学指标分段统计

堤名	粉细砂(③-1)					
	黏聚力 c/kPa	内摩擦角 φ/(°)	含水量 ω/%	含沙量 >0.075 mm/%	塑性指数	中值粒径 d_{50}/mm
桥头常平围	52.8	10	41.4	51.3	20.8	0.055
五八围	—	—	—	77.3	30.8	0.28
福燕洲围	21.6	18.1	31.6	84.9	15.3	0.23
京西鳌围	18.1	18.3	32.9	80.4	—	0.27
东莞大围	13.4	15.4	34.4	82.4	21.8	0.34
平均	17.7	17.2	35.1	75.3	22.2	0.235

对比珠江口西侧的樵桑联围、佛山大堤、中顺大围，这 3 处堤基粉细砂的内摩擦角普遍高于 20°，分别为 25°、23°、23°（海堤部分为 20°），而东莞大堤堤基粉细砂内摩擦角普遍低于 20°，仅有 17.2°，偏低 26%，比中顺大围的海堤部分仍低了 15%；3 处堤基粉细砂的黏聚力分别为 9 kPa、7.5 kPa、11.7 kPa（海堤部分为 4.6 kPa），而东莞大堤堤基粉细砂黏聚力普遍高于 13 kPa，平均达 17.7 kPa，平均黏聚力比中顺大围最高的 11.7 kPa 仍高了 51%。

东莞大堤 5 处堤围除了桥头常平围堤基粉细砂中值粒径为 0.055 mm 接近粉土状，其他四个堤围粉细砂中值粒径为 0.23～0.34 mm，位于 0.05～0.5 mm 最容易被侵蚀的区间范围。

2）弱抗冲层组合结构

由于弱抗冲层普遍分布，因此全线各种堤基地质结构均有弱抗冲层（淤泥质土、粉细砂）的组合，堤基土体地质结构可以分为 6 个亚类，其中主要以双层结构亚类（$Ⅱ_2$）为主，即上部黏性土层（包括淤泥质土）厚度普遍超过 50%堤身挡水高度，下部砂性土，占堤基总长的 44.81%；其次为上薄层黏性土、下砂性土的双层结构亚类（$Ⅱ_1$），占堤基总长的 23.41%；第三为单一黏性土的结构亚类（$Ⅰ_1$），占堤基总长的 21.12%；第四为单一砂性土的结构亚类（$Ⅰ_2$），占堤基总长的 7.75%；第五为多层结构类（Ⅲ），黏性土层与砂性土层较薄，多呈互层状，占堤基总长的 2.20%；第六为上部砂性土、下部黏性土，属双层结构亚类（$Ⅱ_3$），占堤基总长的 0.71%。

在每段堤基中弱抗冲层组合结构的比例差别较大，如桥头围、常平围堤段堤基结构主要为 $Ⅰ_1$ 和 $Ⅱ_2$ 类，分别占该堤段的 46.4%和 45.2%；五八围堤段堤基结构较复杂，$Ⅱ_1$ 类占该堤段的 47.2%，$Ⅱ_2$ 类占该堤段的 33.4%，$Ⅰ_2$ 类占该堤段的 10.2%，Ⅲ类占该堤段的 6.1%，$Ⅰ_1$ 类占该堤段的 3.1%；福燕洲围堤段堤基 $Ⅱ_2$ 类占该堤段的 60%，$Ⅱ_1$ 类占该堤段的 28.3%，$Ⅰ_2$ 类占该堤段的 8.7%，$Ⅰ_1$ 类占该堤段的 3%；京西鳌围堤段堤基 $Ⅱ_2$ 类占该堤段的 37.5%，$Ⅰ_2$ 类占该堤段的 26.7%，$Ⅱ_1$ 类占该堤段的 20.6%，Ⅲ类占该堤段的 15.2%；东莞大围堤段堤基 $Ⅱ_2$ 类占该堤段的 39.2%，$Ⅰ_1$ 类占该堤段的 35%，$Ⅱ_1$ 类占该堤段的 23.2%，$Ⅰ_2$ 类占该堤段的 2.6%。

堤基土体总体分层趋势呈较稳定—稳定的近水平状，局部分层微倾，或偶呈透镜状交叉互换。

下面通过典型抗冲失稳险段说明弱抗冲层的组合结构。

福燕洲围冲刷险段 SC1（桩号 36+300～38+300）：堤基弱抗冲层主要为粉细砂，虽然岸坡上部有薄黏性土覆盖，但由于水流条件导致深槽迫岸以后黏性土层下部的粉细砂层暴露，进而形成冲刷险段，地质断面见图 3-31。

福燕洲围塌岸险段 CL3（桩号 26+480～27+480）：堤基弱抗冲层主要为淤泥质土，虽然上覆有粉质黏土，但由于水流条件使软土受冲以后上覆黏性土不断发生坍塌并形成较大范围的塌岸，塌岸宽度达 800 m，地质断面见图 3-32。

3）岸坡形态及水流条件

堤段堤前岸坡一般由黏性土、软土、粉细砂等砂土组成，当水流条件平稳时上覆黏性土不易让下伏软土或粉细砂层暴露；当水流条件较特殊时，上覆黏性土被冲刷导致弱抗冲

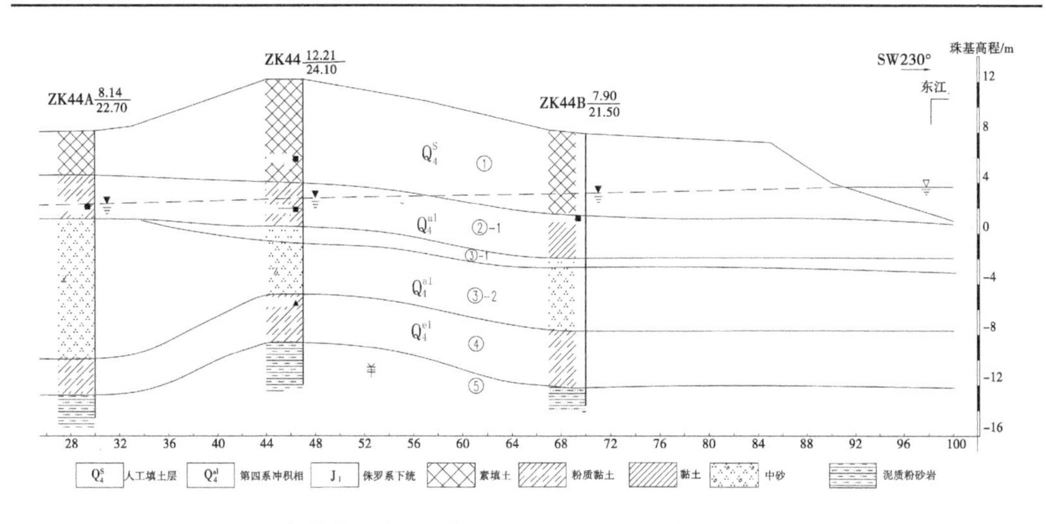

图3-31 东莞大堤冲刷险段SC1(桩号38+020)地质断面(Ⅱ₁结构)

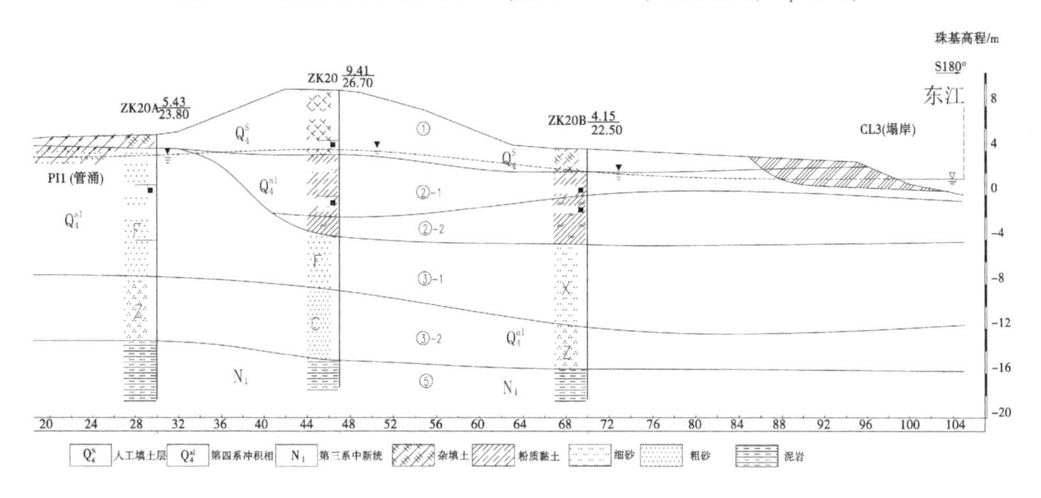

图3-32 东莞大堤塌岸险段CL3(桩号26+670)地质断面(Ⅱ₂结构)

层暴露,形成连片的冲刷或塌岸险段。该大堤出现抗冲失稳的堤段有7处,抗冲失稳险段的规模多数较大,可达1 000 m甚至2 000 m长,总长占堤围的比重也不小(9.2%)。根据其岸坡形态及水流条件,主要分为拐弯凹岸、江心洲分流、束窄河道3类,其中拐弯凹岸部位主要受到迎流顶冲作用比较强烈,江心洲分流及河道束窄部位主要受到侧蚀作用比较强烈。

(1)拐弯凹岸。

该类部位主要是河道拐弯后在凹岸受到坐弯顶冲作用形成险段,包括东莞大围的冲刷险段SC3,桥头常平围的塌岸险段CL1,五八围塌岸险段CL2,东莞大围塌岸险段CL4,合计4个险段,占东莞大堤抗冲失稳险段的57.1%,详见表3-39。

(2)江心洲分流。

该类部位主要是受江心洲分流以后的水流对江岸有较强的侧蚀作用并形成险段,如福燕洲围的冲刷险段SC1及塌岸险段CL3,合计2个险段,占东莞大堤抗冲失稳险段的28.6%,详见表3-40。

表 3-39　东莞大堤拐弯凹岸型险段情况

序号	险段名称	桩号位置	长度/m	险情及其原因分析	处理措施
1	东莞大围 SC4	13+000~14+000	1 000	堤基为可塑—软可塑黏性土,局部下伏有软土、砂性土。位于东江南支流与东莞运河之间的凹岸,厚街水道段大多为“两河夹一基”堤段,且大部分段为土质岸坡,抗冲稳定性较差,河道拐角约 30°,此处河床下切,缺失外滩平台保护,岸坡变陡,导致失稳	开挖至基岩面然后浆砌石护岸
2	福燕洲围 SC1	36+300~38+300	2 000	堤基为软可塑—可塑状粉质黏土、中细砂—粉细砂等。位于东江大拐弯凹岸处,河道在企石镇上下游拐角接近 90°,受到上游黄大仙公园残丘束窄河道影响,水流加速,凹岸迎流顶冲作用强烈,对堤脚冲刷致深槽迫岸,同时叠加江心洲分流的侧蚀影响,导致险段范围长度特别大	堤脚抛石,堤前坡下部采用浆砌石、上部采用混凝土方砖护坡
3	五八围 CL2	50+850~51+060	210	堤基主要为软塑—可塑粉质黏土,局部粉粒含量高,下部分布有冲积粉细砂—粗砂层。位于东江支流石马河出口附近,由于石马河出口位于东江拐弯凹岸受冲段,东江河床受冲下切,石马河出口段受影响河床亦下切,两岸岸坡变陡峻。于 2000 年 4 月 14 日曾发生过堤前平台崩塌事故,长约 100 m,宽约 30 m	抛石护脚,下部浆砌石护坡,中部留宽约 10 m 的平台。石马河出口处修建消力池(拦水坝)
4	桥头常平围 CL1	53+100~53+300	200	堤基主要为软可塑—软塑粉质黏土、淤泥质土,下部分布有冲积细砂。位于东江支流石马河的拐弯凹岸处,河道拐角近 80°,堤前无平台,受河水迎流顶冲作用强烈,堤脚变陡峻,外坡失稳	下部浆砌石护岸(坡),中部为宽约 10 m 的平台,上部为土质边坡

表 3-40　东莞大堤江心洲分流型险段情况

序号	险段名称	桩号位置	长度/m	险情及其原因分析	处理措施
1	福燕洲围 CL3	26+480~27+480	200	堤基主要为软可塑粉质黏土—软塑淤泥质土,下部为粉细砂。受鲤鱼洲分流影响,分流河水向岸坡侧向冲蚀作用较强,堤前无平台,河床深槽迫岸,河坡陡峻,容易失稳	堤脚抛石或丁坝护脚,堤前坡下部为浆砌石,上游 300 m 修建挑水丁坝 3 条
2	福燕洲围 SC2	32+000~33+500	1 500	堤基主要为薄层软可塑粉质黏土—软塑淤泥质土,下部主要为中砂—粗砂等砂性土。受园洲镇江心洲的影响,水流向岸坡侧向冲蚀作用较强,外滩平台缺失,同时岸坡有连片的砂性土出露,容易被水流割脚,因此造成长范围的冲刷失稳。堤内鱼塘连片,属"两水夹一基"	堤脚抛石,堤前坡下部采用浆砌石、上部采用混凝土方砖护坡

(3)束窄河道。

该类部位主要是河道被束窄以后水流发生较强侧蚀作用,如东莞大围的冲刷险段 SC3,占东莞大堤抗冲失稳险段的 14.2%,详见表 3-41。

表 3-41　东莞大堤束窄河道型险段情况

序号	险段名称	桩号位置	长度/m	险情及其原因分析	处理措施
1	东莞大围 SC3	7+900~8+200	300	堤基土为淤泥、淤泥质土,下部为粉细砂层。位于东江南支流的一处凸岸,堤外平台缺失,河道拐弯后下游河道急剧束窄,拐弯处河道宽 200 m,拐弯后河道宽仅 80 m,水流加速,对堤脚形成切割,再加上下游过度开采河砂,致河床严重下切,严重影响堤基及堤身的稳定	采用连续的灌注桩护岸,上部混凝土防洪墙

总体上看,堤基同样存在广泛的软土,但软土厚度相较江新联围小了很多,下部砂层分布相当广泛,导致出现多处大范围(长达 2 000 m)的抗冲失稳险段,可见砂层与软土组合后对堤基及岸坡抗冲稳定性的影响比纯软土堤基及岸坡的影响更大。其次,在东江东莞及博罗河段滥采河砂由来已久,导致该河段河床普遍强烈下切(平均下切达 2 m 深),对东莞大堤堤前岸坡的长期稳定带来较严重威胁,即人为因素造成河床下切对堤岸抗冲稳定性的影响应引起足够的重视。

3.3.2.4　韩江三角洲

韩江南北堤以红莲池桥闸(地区分界线)为界,潮州段长 38.41 km,包括北堤 2.8 km、城堤 2.3 km 和南堤 33.31 km;汕头段长 4.49 km。根据堤段所处位置将韩江南北堤分为北堤(桩号 0+000～2+800)、城堤(桩号 2+800～5+100)和南堤(桩号 5+100～42+900)。大堤堤基工程地质条件好(A 类)的堤段占 16.08%,工程地质条件较好(B 类)的堤段占 26.04%,工程地质条件较差(C 类)的堤段占 33.87%,工程地质条件差(D 类)的堤段占 24.01%。

韩江南北堤位于韩江下游末段,靠近入海口,同样存在三角洲海陆交互相的松软砂土质覆盖层。北堤段揭露 1 处因冲刷导致的塌岸险段,城堤段揭露 1 处因冲刷导致的塌岸险段,南堤段揭露 15 处冲刷险段,还揭露 4 处因冲刷导致的塌岸险段,合计有 20 处因抗冲失稳导致的险段,平均 1.9 km 揭露 1 处险段,总长度约 8.4 km;占堤围总长的 21.9%。由此可见,韩江南北堤堤基及岸坡抗冲稳定问题较严重。

1. 弱抗冲层类型和性状

韩江南北堤堤基分布的弱抗冲层自上而下主要有含泥粉细砂、软土。含泥粉细砂在北堤缺失,在城堤及南堤普遍分布,为基本连续的一层;软土主要为淤泥、淤泥质土,分布在砂性土中间或下部,为基本连续分布的一层,越靠近出海口厚度越大,且顶板埋深越浅。

含泥粉细砂、淤泥质粉细砂:棕黄色、灰白色、灰黄色,以粉细砂为主,局部为中细砂,部分段渐变为淤泥质粉细砂,饱水,松散状。部分地段见含量 30%～70%的房渣和贝壳碎片。标贯击数为 3～8 击,平均 4.8 击。

软土:主要为淤泥质土、淤泥,深灰色、灰黑色,含有机质、贝壳碎片、夹薄层状粉砂等,流塑—软塑状。

淤泥质土快剪强度试验成果略偏高,南堤上段平均值为黏聚力 12 kPa,内摩擦角 10.5°;南堤下段平均值为黏聚力 28.2 kPa,内摩擦角 5.3°。建议值黏聚力 10.8 kPa,内摩擦角 6.2°。

与东莞大堤类似,弱抗冲层中软土与粉细砂各层呈组合分布,且软土厚度不大,受冲刷以后常使砂层暴露,但不同的是,韩江南北堤堤基中的砂层较多分布在软土上部,即起决定作用的弱抗冲层主要是粉细砂层,因此弱抗冲层的分布特征也说明了韩江南北堤抗冲刷失稳险段高达 20 处的原因。

2. 弱抗冲层组合结构

由于弱抗冲层普遍分布,因此全线各种堤基地质结构均有弱抗冲层(软土及粉细砂)的组合,堤基土体地质结构可以分为三个亚类,其中主要以双层结构亚类(II_2)为主,即上部黏性土层(包括软土)厚度普遍大于 4 m,下部砂性土,占堤基总长的 57.6%;其次为多层结构类(Ⅲ),黏性土层与砂性土层较薄,多呈互层状,河岸易冲刷,占堤基总长的 33.8%;第三为上部砂性土,且厚度较大(普遍大于 5 m),下部为黏性土,属双层结构亚类(II_3),占堤基总长的 8.6%。前三种堤基地质结构的分类占比与佛山大堤基本一致。

堤基土体总体分层趋势呈较稳定—稳定的近水平状,局部分层微倾,或偶呈透镜状交叉互换。

下面通过典型抗冲失稳险段说明弱抗冲层的组合结构。

安揭涵段(桩号 10+950～12+050):弱抗冲层主要为软可塑状粉质黏土—软塑状淤泥质土,分布在堤基上部,厚度较大(超过 10 m),下部局部分布有砂性土,为上厚黏性土、下砂性土的的双层结构亚类(II_2),受冲失稳主要控制的弱抗冲层是淤泥质土。韩江南北堤安揭涵段险段(桩号12+000)地质断面($Ⅱ_2$结构)见图3-33。

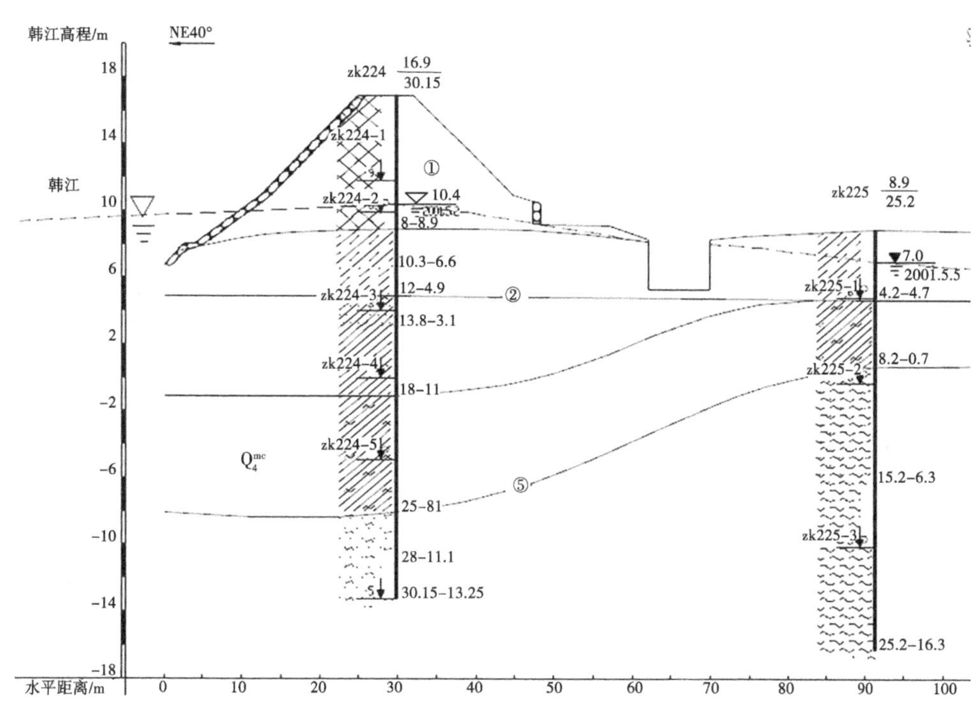

图3-33　韩江南北堤安揭涵段险段(桩号12+000)地质断面($Ⅱ_2$结构)

上水门段险段(桩号3+300):弱抗冲层主要为粉细砂、淤泥质土,以粉细砂为主,砂性土—淤泥质土—黏性土—砂性土组合的多层结构(Ⅲ),堤基上部局部存在薄层黏性土,堤岸部位粉细砂层暴露,粉细砂层厚度较大,受冲失稳主要控制的弱抗冲层是粉细砂层,地质断面见图3-34。

红莲池至赤窑险段(桩号38+430~40+730):弱抗冲层主要为粉细砂,局部为淤泥质土,局部堤段为上部砂性土厚度较大、下部淤泥质土的$Ⅱ_3$结构,如红莲池至赤窑险段上游部分,堤岸基本为砂性土暴露,局部为粉细砂层,下部为厚度大未揭露穿的软土,地质断面见图3-35。

3. 岸坡形态及水流条件

韩江南北堤堤前岸坡一般由黏性土、软土、粉细砂等砂土组成,且往往上部黏性土厚度较小,或冲刷后形成砂层外露,导致$Ⅱ_3$和Ⅲ类的堤基地质结构占比达42%,而其余堤基地质结构虽主要以$Ⅱ_2$类为主,但多是软塑状的淤泥质土或软可塑的黏性土,抗冲能力同样较弱,因此该大堤出现的抗冲失稳险段多达20处(包括因抗冲失稳导致的塌岸),总长占堤围的比重大(21.9%),与东莞大堤类似,可形成较大规模的抗冲失稳险段,长度可达1 000 m甚至2 000 m长。在20世纪末堤防综合整治前,南堤河岸冲刷失稳险情严重,从而影响堤防安全。南堤段有丁坝162个,其中120个有不同程度的损坏,有的丁坝圆头崩落、勾缝损坏严重,局部丁坝原长24.5 m,现坝头已被冲走5 m,坝身仅剩19.5 m。丁坝的损毁和变形将直接影响到其保护堤岸的安全。

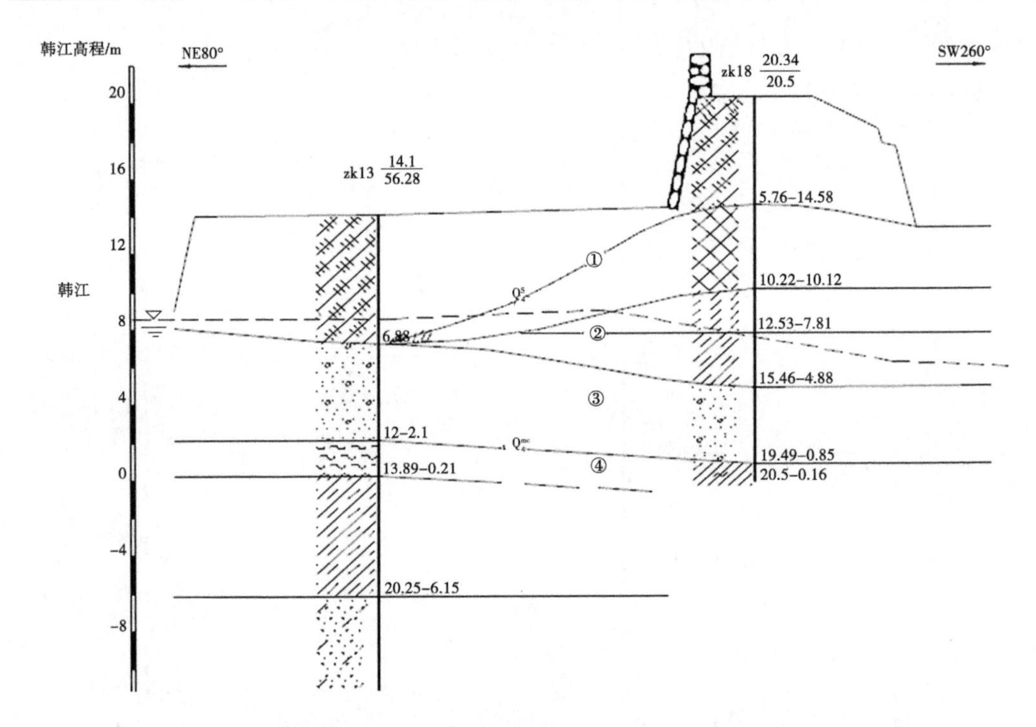

图 3-34 韩江南北堤上水门段险段(桩号 3+300)地质断面(Ⅲ结构)

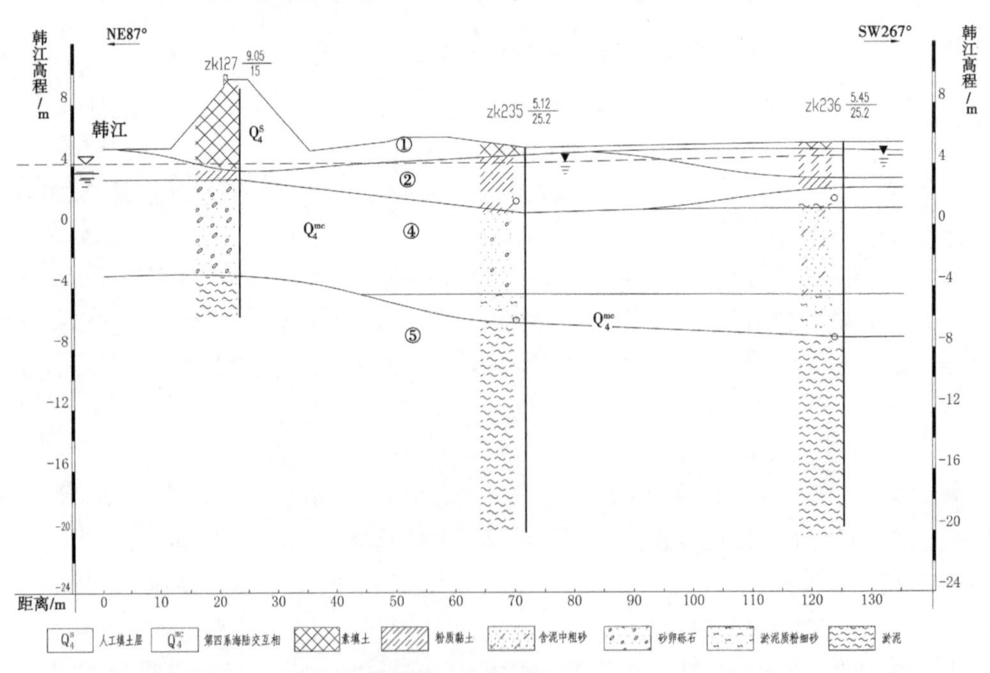

图 3-35 韩江南北堤红莲池至赤窑险段(桩号 38+872)地质断面($Ⅱ_3$ 结构)

韩江在南堤段曲折多弯,江心洲较发育,岸坡迎流顶冲、河床深槽迫岸、堤前缺失保护平台,常导致岸坡失稳。根据其岸坡形态及水流条件,主要分为拐弯凹岸、江心洲分流、束窄河道、顺直河道 4 类,其中拐弯凹岸部位主要受到迎流顶冲作用比较强烈,江心洲分流及束窄河道部位主要受到侧蚀作用比较强烈，顺直河道主要是堤脚或堤岸前缘砂层出露，受水流切割较强烈导致塌岸或冲刷失稳。

(1)拐弯凹岸。

该类部位主要是河道拐弯后在凹岸受到坐弯顶冲作用形成险段，包括南堤的云步市头险段 SC2、安揭涵段险段 SC3、圆涵段 SC5、东风市场段险段 SC6、官路险段 SC13、大鉴关水厂前险段 SC14、公婆树塌岸险段 CL6，合计 7 个险段，占韩江南北堤抗冲失稳险段的 35%，详见表 3-42。治理措施仅列出工程措施，另外的行政或巡查措施包括严禁下游无序地开采河砂；经常性地巡查堤身和堤坡是否有裂缝，堤脚抛石是否被冲走。

表 3-42　韩江南北堤拐弯凹岸型险段情况

序号	险段名称	桩号位置	长度/m	险情及其原因分析	处理措施
1	云步市头 SC2	9+600~10+000	400	堤基为可塑—软可塑黏性土，夹砂层透镜体，下伏有淤泥质土、淤泥等。位于拐弯凹岸的拐点段，河段上下游转弯拐角近 90°，堤外平台窄小或缺失，受迎流顶冲作用较强烈，形成对堤脚的冲刷，致深槽迫岸。同时还受上游 1.2 km 泄水闸坝泄洪水流的冲刷影响	堤脚抛石或丁坝护脚，堤前坡下部采用浆砌石、上部采用混凝土方块护坡
2	安揭涵段 SC3	10+950~12+050	1 100	堤基为淤泥质土夹细砂透镜体，中间为黏性土层，下部为淤泥。位于拐弯凹岸的拐点段 SC2 下游，水流转向明显，堤外平台缺失，河道拐弯后束窄，河面宽从 450 m 束窄至 220 m，河水对堤脚冲刷加剧，急流割脚，深槽迫岸，再加上下游过度开采河砂，致河床严重下切，严重影响堤基及堤身的稳定	
3	圆涵段 SC5	20+100~20+650	550	堤基主要为软可塑—可塑粉质黏土，厚度超过 5 m，下部为淤泥。位于拐弯凹岸的转换段，上下游河段转角近 90°，堤外平台缺失，河道拐弯后束窄，河面宽从 420 m 束窄至 200 m，河水对堤脚冲刷加剧，急流割脚，深槽迫岸，再加上下游过度开采河砂，致河床严重下切，严重影响堤基及堤身的稳定	

续表 3-42

序号	险段名称	桩号位置	长度/m	险情及其原因分析	处理措施
4	东风市场段 SC6	21+200~22+300	1 100	堤基上部为薄层黏性土,中间为夹淤泥质土—粉细砂,下部分布中粗砂。位于拐弯凹岸的转换段 SC5 的下游,上下游河段转角近 30°,堤外平台缺失,无论洪水期、平水期、枯水期,河水对堤脚的顶冲作用较强烈,急流割脚,深槽迫岸,再加上下游超采河砂,致河床严重下切,严重影响堤基及堤身的稳定。东风市场段下游桩号 21+050~21+200、29+525~29+575 两段,从 2000 年开始护坡出现裂缝,在治理前一直在增大	堤脚抛石或丁坝护脚,堤前坡下部采用浆砌石、上部采用混凝土方块护坡
5	官路 SC13	35+950~36+300	350	堤基主要为软可塑—软塑粉质黏土,局部为淤泥质土,或粉粒含量较高,中间夹有粉细砂层,下部为淤泥。此段位于拐弯凹岸的下游侧,水流转向,流速加快,迎流顶冲作用较强烈,对堤脚形成大夹角的冲刷,较严重地影响堤基及堤身的稳定	
6	大鉴关水厂前 SC14	36+850	50	堤基主要为软可塑—软塑粉质黏土、淤泥质土,中间为含泥质细砂,下部为淤泥。位于拐弯凹岸处,河道拐角近 70°,水流转向,流速加快,对堤脚形成大夹角的冲刷,较严重地影响堤基及堤身的稳定	凹岸回填土方,形成堤前的宽阔平台
7	公婆树塌岸 CL6	10+950	30	堤基主要为软可塑—软塑粉质黏土、淤泥质土,中间夹粉细砂—中细砂,下部为淤泥。位于云步市头 SC2 拐弯凹岸的下游,河流迎流顶冲作用较强烈,且下游河道束窄,从 500 m 宽束窄到 290 m 宽,水流变急,堤脚受急流割脚,堤脚陡峻,外坡临空而失稳	堤脚抛石或丁坝护脚,堤前坡下部为浆砌石、上部为混凝土方块护坡

(2)江心洲分流。

该类部位主要受江心洲分流以后的水流对江岸有较强的侧蚀作用并形成险段,如南堤的八角亭下险段 SC1、龙湖市头险段 SC4、黄厝尾险段 SC8、内畔寨墙险段 SC9、下蔡险段 SC10、灰楼头险段 SC11、梅溪险段 SC12、厦园塌岸险段 CL14,合计 8 个险段,占韩江南北堤抗冲失稳险段的 40%，详见表 3-43。治理措施仅列出工程措施，另外的行政或巡查措施包括严禁下游无序地开采河砂；经常性地巡查堤身和堤坡是否有裂缝，堤脚抛石是否被冲走。

表 3-43　韩江南北堤江心洲分流型险段情况

序号	险段名称	桩号位置	长度/m	险情及其原因分析	处理措施
1	八角亭下 SC1	6+400～6+900	500	堤基上部为软可塑粉质黏土—松散粉细砂，中间为粗砂—砂卵砾石，下部为淤泥质土。受仙洲江心洲影响，水流转向，侧向冲蚀右岸堤脚，堤外平台窄小或缺失，致深槽迫岸，影响岸坡稳定	堤脚抛石、修建丁坝护岸，堤前坡下部采用浆砌石、上部采用混凝土方砖护坡
2	龙湖市头 SC4	18+600	50	堤基上部为软可塑粉质黏土，中间为厚度较大的粉细砂—中砂（>6 m），下部为淤泥。受江心洲分流影响，水流转向，侧向冲蚀右岸市头村堤脚，堤外平台缺失，致深槽迫岸，影响岸坡稳定	
3	黄厝尾 SC8	29+300～29+900	600	堤基上部为软可塑粉质黏土—软塑淤泥质土（平均厚度大于 4 m），中间为厚度 2 m 左右的粉细砂层，下部为淤泥。受江心洲分流影响，水流转向，侧向冲蚀右岸黄厝尾村堤脚，堤外平台缺失，致深槽迫岸，影响岸坡稳定	
4	内畔寨墙 SC9	31+150～31+470	320	堤基上部为软可塑粉质黏土（平均厚度 3 m），中间为厚 1.5 m 左右的含泥粉细砂—淤泥质砂，下部为淤泥。在 SC8 下游存在连续的多个江心洲，受江心洲分流影响，水流转向，侧向冲蚀右岸下园村附近堤脚，堤外平台缺失，致深槽迫岸，影响岸坡稳定。未作岸坡防护的江心洲受长年累月的冲刷后岸线变化较大	

续表 3-43

序号	险段名称	桩号位置	长度/m	险情及其原因分析	处理措施
5	下蔡 SC10	33+150	50	堤基上部为软可塑粉质黏土(平均厚度 1.5 m),中间为厚 5 m 左右的含泥粉细砂,下部为淤泥(夹粉细砂层透镜体)。在 SC9 下游存在连续的多个江心洲,受上下游江心洲分流影响,水流条件较复杂,右岸堤防岸坡受侧向冲蚀作用较强烈,堤外平台缺失,致深槽迫岸,影响岸坡稳定。江心洲的形态受水流冲刷影响变化较大	堤脚抛石、修建丁坝护岸,堤前坡下部采用浆砌石、上部采用混凝土方砖护坡
6	灰楼头 SC11	33+460	50	堤基上部为软可塑粉质黏土(平均厚度 1.5 m),中间为厚 4 m 左右的含泥粉细砂(局部过渡为中粗砂),下部为淤泥(夹粉细砂层透镜体)。在 SC9 下游存在连续的多个江心洲,受上下游江心洲分流影响,水流条件较复杂,右岸堤防岸坡受侧向冲蚀作用较强烈,堤外平台缺失,致深槽迫岸,影响岸坡稳定。江心洲的形态受水流冲刷影响变化较大	
7	梅溪 SC12	34+700	50	堤基上部为厚度 7 m 左右的含泥粉细砂—中砂,下部为淤泥。在 SC11 下游较顺直的河道上,同样受江心洲分流影响,水流转向,堤外平台缺失,局部小凹岸对堤脚冲刷较强烈,发生明显冲刷失稳	
8	夏园塌岸 CL14	32+300	11	堤基上部为软可塑粉质黏土(平均厚度 1.5 m),中间为厚度 5 m 左右的含泥粉细砂,下部为淤泥。在 SC9 下游存在连续的多个江心洲,夏园附近受上下游江心洲分流影响,水流条件较复杂,右岸堤防岸坡受侧向冲蚀作用较强烈,堤外平台缺失,致深槽迫岸,岸坡发生塌岸	堤脚抛石或丁坝护脚,堤前坡下部为浆砌石、上部为混凝土方块护坡

(3)束窄河道。

该类部位主要是河道被束窄以后水流发生较强侧蚀作用,如南堤的萧洪险段SC7、红莲池至赤窑险段SC15、东凤谢渡段塌岸CL9,合计3处险段,占韩江南北堤抗冲失稳险段的15%,详见表3-44。治理措施仅列出工程措施,另外的行政或巡查措施包括严禁下游无序地开采河砂;经常性地巡查堤身和堤坡是否有裂缝,堤脚抛石是否被冲走。

表3-44　韩江南北堤束窄河道型险段情况

序号	险段名称	桩号位置	长度/m	险情及其原因分析	处理措施
1	萧洪SC7	25+800~26+500	700	堤基上部为平均厚3 m左右的软可塑粉质黏土—软塑淤泥质土,中间为含泥粉细砂,下部为软土。由于左岸沙洲连成岸滩,且下游紧接着出现江心洲,河道束窄明显,从710 m束窄至480 m,河水对堤脚冲刷加剧,急流割脚,堤外平台缺失,深槽迫岸,再加上下游超度开采河砂,致河床严重下切,严重影响堤基及堤身的稳定	堤脚抛石、修建丁坝护岸;堤前坡下部采用浆砌石、上部采用混凝土方砖护坡
2	红莲池至赤窑SC15	38+430~40+730	2 300	堤基上部为平均厚度不足1.5 m的软可塑粉质黏土,中间为平均厚度超过3 m的粉细砂—中粗砂,下部为淤泥。韩江河段从红莲池开始往下游河道进一步缩小,似珠江三角洲的河涌宽度,从150 m束窄至60 m宽,且不是局部束窄而是连续的河段宽度,似从主干进入河网支流。此段堤身单薄、矮小,河道严重束窄,水流加快,加上船浪的冲刷,严重影响堤身及堤基的稳定	
3	东凤谢渡段CL9	22+920~23+000	80	堤基上部为厚8 m左右的软可塑粉质黏土(夹粉细砂透镜体),下部为粉细砂层(夹淤泥质土透镜体)。河道在转弯段局部束窄,水流变急,束窄后凸岸部位堤脚受冲,受急流割脚,堤脚陡峻,外坡临空而失稳。如1996年8月27日,桩号22+920~23+000东凤谢渡渡口堤段出现滑坡长达80 m,堤身崩塌近半	堤脚抛石或丁坝护脚,堤前坡下部为浆砌石、上部为混凝土方块护坡

(4)顺直河道。

该类部位虽然河道较顺直或位于凸岸,但堤前缺失外滩保护,岸坡坡脚有软弱砂层出露,被水流割脚水下岸坡形成陡岸,逐渐演变成险段,如北堤的意溪渡头塌岸 CL1,南堤的八角亭下塌岸 CL4,合计 2 个险段,占韩江南北堤抗冲失稳险段的 10%,详见表 3-45。

表 3-45　韩江南北堤顺直河道型险段情况

序号	险段名称	桩号位置	长度/m	险情及其原因分析	处理措施
1	意溪渡头 CL1	1+650	30	堤基上部为平均厚度 5 m 左右的软可塑粉质黏土(粉粒含量较高),中间为厚约 9 m 的粉细砂—中砂,下部为淤泥。虽为顺直河道,但中下部砂层厚度大,堤前无平台,在岸坡段易暴露受河水冲刷,堤脚变陡峻,局部外坡发生失稳	100 年一遇达标加固后,堤外坡脚设丁坝淤积护岸,堤外坡下部为混凝土面板、上部为混凝土方块护坡
2	八角亭下 CL4	6+100~6+200	100	堤基上部为平均厚度 3 m 左右的软可塑粉质黏土,中间为厚度超过 8 m 的中砂—砂砾卵石,底部为淤泥质土。位于仙洲江心洲西侧的顺直河道上,中下部砂层厚度大,堤前无平台,受河水冲刷割脚,堤脚变陡峻,外坡发生失稳	堤脚抛石或丁坝护脚,堤前坡下部为浆砌石、上部为混凝土方块护坡

总体上看,韩江南北堤堤基土组合类型基本上为黏性土(局部相变为淤泥质土)—粉细砂层(局部为中粗砂)—淤泥,岸坡的中间砂层易暴露,且越靠近下游河口区江心洲,河道拐弯越多,且韩江三角洲与珠江三角洲不同,靠近出海口河道变多、变细,河道束窄产生流水冲刷的作用也增强,所以总体上韩江南北堤(主要是南堤)冲刷失稳问题严重,经过治理以后,目前堤防运行正常。

3.3.3　抗滑稳定问题

3.3.3.1　堤基抗滑稳定的影响因素

“土体”是指由多种土层构成的组合体,其性质不等于其中某一土层的性质,也不等于各土层性质的简单叠加,而是相互作用、相互影响的有机整体。这是一种把土体当作一个系统看待的新认识。土体的结构是各种土层的特定组合关系,是以土层为单元的宏观结构,区别于以土粒为单元的土的微观结构和以纹层为单元的中观结构。对堤基土体系统理论而言,控制堤基稳定的三要素分别是土层的物理力学性质、土体的结构及环境的影响。显然,均质堤基的稳定性主要取决于土层的物理力学性质;非均质堤基的稳定性则由土体结构控制;环境因素多起诱发或累积作用,对堤基动态稳定常起控制作用。概括起来说堤基抗滑稳定主要取决于堤基地质结构类型。均质堤基的稳定性比较容易查明,但具有不良土体的非均质堤基抗滑稳定问题突出,不易查明,更具危险性。

1.堤基地质结构分类

从堤基抗滑稳定角度,堤基地质结构影响抗滑稳定,一般可以将堤基分为均质和非均质两大类,具体分类见第2章第2.2节,这里不再赘述。前者以土质控制堤基稳定,后者以土体结构控制堤基稳定。

2.不良土质堤基

堤防工程中的不良土包括软土、砂土、盐渍土、膨胀土及人工填土。抗滑稳定问题突出的主要是软土,其次是膨胀土。

1)软土

西江下游段及珠江三角洲堤防堤基软土层一般较厚,如江门市、新会市辖区内江新联围一带堤基软土层厚5~30 m;中山市西北部和顺德市南部中顺大围堤基软土层厚2~25 m;东莞大围厚街水道宏远大桥下游段堤基软土层厚3~5 m。这些软土层性状差,抗滑稳定性差,在堤身荷载作用下或堤前环境地质条件发生变化的条件下容易在该层产生滑坡破坏。

2)膨胀土

西江上游柳州市和中游贵港市为可溶岩地区,广泛分布红黏土。柳州市鹧鸪江堤、静兰堤、鸡喇堤和贵港市鲤鱼江左堤、鲤鱼江右堤、郁江南堤、郁江北堤、城北东堤堤基即坐落在红黏土之上。红黏土往往呈“上硬下软”,尤其在岩面附近多呈软塑状,在干湿变替作用下,胀缩性明显。

3.不良土体

不良土体是指具不利结构的土体。对堤基抗滑稳定不利的结构主要是土体中具有不利产状的软弱夹层、弱抗冲层及硬卧(阻水)层。

4.不利环境影响

堤基土体为一开放系统,外受动荡不定的河道和复杂多变的水流影响,内为人类生产或生活场所,各种人为干扰力影响很大。因此,堤基稳定问题不仅要解决假定边界条件下的静态稳定问题,还必须重视不利环境影响下的动态稳定问题。虽然动态稳定定量预测尚难以实现,但加强定性分析既是必要的,也是可行的。

3.3.3.2　堤基土体抗滑稳定工程地质评价基本思路

一般由特殊性土层组成的堤基容易产生滑动破坏,故《堤防工程勘察规程》(SL 188—2005)要求的抗滑稳定评价需从土的性质、分布状态及其抗剪强度作出定性说明。但规范选定的计算模型、方法乃至参数的选用要求,只适用于一般土质和土体。

众所周知,堤基土体常遇复杂地质体,影响因素繁杂。堤基抗滑稳定评价应更多地依靠工程地质分析。但传统分析方法重土层单元,轻土体结构,重单因素分析,轻多因素综合,重静态评判,轻动态预测,不能满足对复杂问题的分析评价。在这里引入系统分析思路,把堤基土体当作一个开放系统,有助于工程地质分析的全面深入,使堤基抗滑稳定评价更为合理。

把堤基土体当作一个开放系统加以考察,首先从查明堤基地质结构模型入手,深入分析土的物理力学性质、综合考虑环境因素,并选择舍适的计算方法作为评价工具,建立相应的评价标准,由此得出合理的评价。

1. 堤基地质模型的建立

堤基地质模型即堤基地质结构类型或堤基土体结构类型,是堤基抗滑稳定分析的基础。不同结构堤基抗滑稳定性不同,控制因素不同,适用的计算方法及相应的计算参数均可能有所不同。因此,查明堤基土体结构,应作为堤基勘察的重点。

一般均质堤基及一般非均质堤基的地质结构简单,土层性状良好,一般勘察成果可满足简化分层模型的要求,适用于规范提供的分析方法。

对不良土质堤基,抗滑稳定性取决于软土或膨胀土的物理力学性质。

对不良土体堤基,土体不利结构直接控制堤基的抗滑稳定性。因此,查明土体的不利结构是堤基抗滑稳定分析的前提,应作为堤基勘察的重点。

1)具软弱夹层堤基

除查明其组成、厚度、性状外,更需重点查明其空间分布及产出状态。若软弱夹层(软土、饱和粉土或含泥粉细砂)厚度稳定,空间上倾向坡外而连续分布,且出露于岸坡坡脚,对临岸堤基的抗滑稳定最为不利,不仅控制范围大,而且控制着深层滑动,如图 3-36 中的①层为河岸漫滩相沉积所遇软弱夹层,相变频繁,厚度不稳定。若软弱夹层呈透镜状并出露于半坡,则可能仅限于岸坡小规模失稳,并不危及堤基稳定,如图 3-36 中的②层;若软弱夹层埋藏于堤基,并无外露临空,则对堤基抗滑稳定不构成直接威胁,如图 3-36 中的③层。

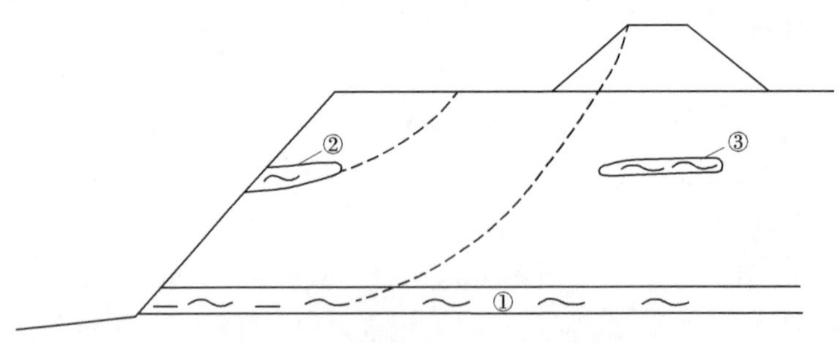

图 3-36　堤基软弱夹层滑动示意图

2)具弱抗冲层堤基

河岸冲积层中上部普遍存在粉细砂层或粉土层,珠江三角洲地区则普遍存在软土层,均为允许冲刷流速小于 0.5 m/s 的弱抗冲层。它们在堤前岸坡中出露,若处于冲刷岸,则必然因坍岸严重而直接危及堤基稳定。若处于淤积岸,则岸坡现状稳定,暂无堤基稳定之忧,但仍需注意因环境(水流条件)的改变可能产生的不利影响。

3)具硬卧层的堤基

硬卧层顶板的起伏变化影响上覆堤基土体的稳定性,其出露部位则直接控制可能滑动的深度及范围。如图3-37中②层新近沉积土,②′层为“接触软弱带”,③层为硬卧层。

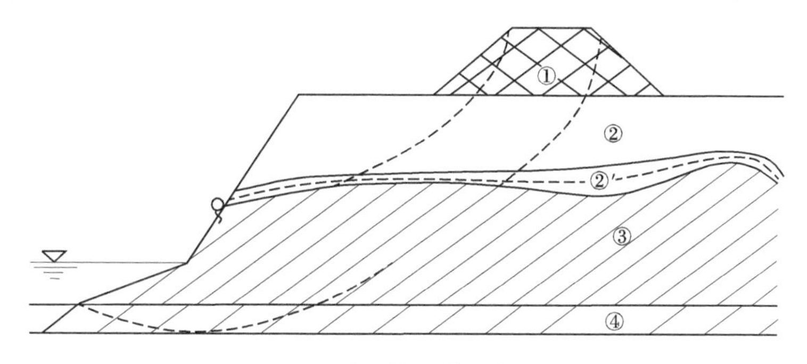

图3-37　硬卧层的堤基滑动示意图

由于硬卧层起阻水、滞水作用,地质测绘时,重点调查天然岸坡失稳的深度、岸坡泉点及湿地等水文地质现象的出露高程,初步判定硬卧层的存在和顶板出露高程,并通过勘探揭露其顶板起伏及其附近土体含水率与稠度状态变化,取样试验获取验证与计算参数。

2. 土的抗剪强度参数选取

地质模型建立之后,土的抗剪强度参数成为定量评价堤基抗滑稳定的关键。一般均质或非均质堤基按规范要求安排土工试验,选取其小值平均值供计算选用,可以满足需要。

不良土质堤基土质特殊,应深入了解其力学性质,有针对性地选择试验方法,才能满足需要。

不良土体的结构特殊,各土层对堤基稳定性的影响程度不一,各土层的抗剪强度参数选取应有所区别。

(1)软土堤基。

首先,软土抗剪强度低是堤基失稳的根本原因,但软土抗剪强度是变化的。软土在较大的应变下应力仍未能达到极限值,亦即软土的抗剪强度峰值是在较大剪切应变下才得以充分发挥的。因此,抗滑稳定满足要求的堤基,仍可能存在较明显变形。此外,软土具有加工硬化特征,即土的屈服应力随加荷—卸荷—再加荷,可以逐步提高。因而,用峰值强度折减或流变强度核算软土堤基或岸坡的长期稳定性缺乏依据。

其次,软土灵敏度高,具明显触变性。其负效应众所周知,即扰动后天然强度明显下降,现有取样方法及设备尚难以消除扰动,因而取样试验难以获得天然强度指标,直接影响稳定计算结果,可能误导评价。因此,现场原位测试,如静力触探和十字板剪切,应作为软土强度试验的主要方法。触变性的正效应常被忽视,即软土受扰动后静止一定时间,丧失的强度可逐渐得到恢复,若再加荷,强度还将明显增长。这是采用动力固结法进行软基处理的理论依据。据此,对软土堤基失稳后的稳定性复核,不宜套用一般土质滑坡采用残余强度值,建议采用现场十字板剪切强度。

最后,软土的“均质”是宏观尺度下的,其中观尺度以下常是不均质的。如三角洲相沉积软土,普遍夹有粉细砂纹层,虽然对软土强度及排水固结有利,但却对直剪试验有很大限制。由于直剪仪不能有效地限制软土的排水及侧向挤出,其快剪强度指标偏高;同时,直剪试验人为限定剪切面遇上粉细砂纹层时,φ 值明显偏大,未加剔除即用最小二乘法统计,可能得出 c 值为负值的异常结果。因此,重要堤防软土抗剪参数优先采用现场原位试验、室内三轴试验,其次采用直剪试验指标。

(2)膨胀土堤基。

膨胀土天然强度峰值高,据此计算出抗滑稳定安全系数大,但这并不意味着堤基稳定的安全储备很高,长期稳定无忧。膨胀土抗剪强度对环境(含水率)变化极为敏感,遇水明显降低,且反复干湿变化,强度一再降低,长期强度趋于残余强度,因此应安排反复慢剪试验,选用残余强度指标复核堤基长期稳定性。

(3)软弱夹层。

软弱夹层若为饱和粉土或含泥粉细砂,其饱和水主要为自由水,而非软土所含的结合水,排水固结较易完成。因而施工速率有所控制的情况下,不宜再用不排水不固结强度计算施工期稳定。可安排不同固结度的抗剪强度试验,分别提供不同填筑高度(固结度)下的抗剪强度指标,满足优化设计需要。

(4)硬卧层。

由于硬卧层顶板的阻水、滞水作用,与上覆土体底部一起,长期饱水软化,形成一定厚度的“软弱带”,对整层参数统计后取小值平均值,可能就是“软弱带”的强度指标。据此计算,在硬卧层下再出现软层时,计算软件自动搜索的结果,滑弧将穿越硬层,深入软层,这与现场滑坡调查结果均为浅层滑坡不符。因此,硬卧层的抗剪强度指标应剔除顶板附近低值以后再统计。这种情况下,“软弱带”才是危险滑面,应有针对它的取样试验,否则可考虑以最小值为代表。

3. 计算方法选择

抗滑稳定计算应根据不同堤段的防洪任务、工程等级、地形地质条件,结合堤身的结构形式高度和填筑材料等因素选择有代表性断面进行。抗滑稳定计算可分为正常工况和非常工况。

(1)正常工况稳定计算应包括:①设计洪水位下的稳定渗流期或不稳定渗流期的背水侧堤坡;②设计洪水位骤降期的临水侧堤坡。

(2)非常工况稳定计算应包括:①施工期的临水背水侧堤坡;②多年平均水位时遭遇地震的临水背水侧堤坡。

堤基抗滑稳定计算可采用瑞典圆弧滑动法,见图 3-38;当堤基存在较薄软弱土层时宜采用改良圆弧滑动法,见图 3-39。

(3)土堤堤坡稳定计算方法由于对土体抗剪强度计算方法的不同分为总应力法和有效应力法。

①总应力法。施工期抗滑稳定安全系数可按下式计算:

$$K = \frac{\sum (C_u b\sec\beta + W\cos\beta\tan\varphi_u)}{\sum W\sin\beta} \tag{3-6}$$

水位降落期抗滑稳定安全系数可按下式计算:

$$K = \frac{\sum [C_{cu} b\sec\beta + (S\cos\beta - u_i b\sec\beta)\tan\varphi_{cu}]}{\sum W\sin\beta} \tag{3-7}$$

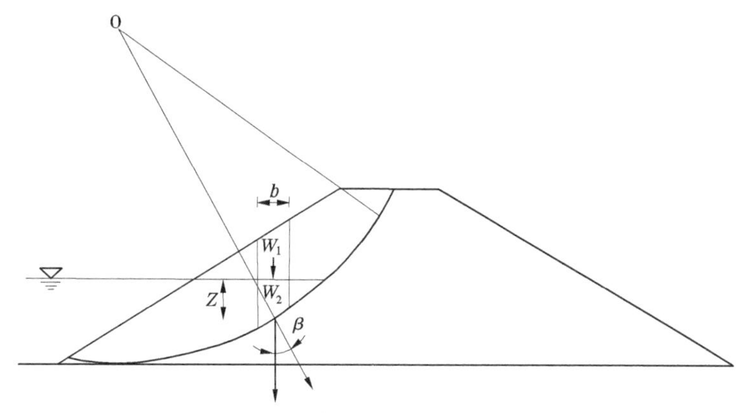

图 3-38 瑞典圆弧滑动法计算简图

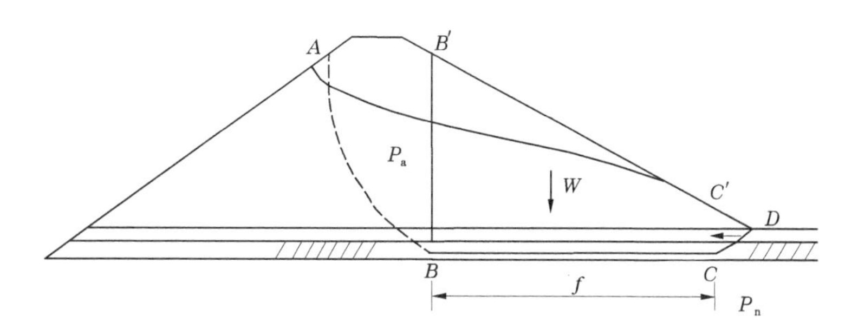

图 3-39 改良圆弧滑动法计算简图

$$W = W_1 + W_2 + \gamma_w Zb \tag{3-8}$$

②有效应力法。稳定渗流期抗滑稳定安全系数可按下式计算：

$$K = \frac{\sum \{C'b\sec\beta + [(W_1 + W_2)\cos\beta - (u - Z\gamma_w)b\sec\beta]\tan\varphi'\}}{\sum (W_1 + W_2)\sin\beta} \tag{3-9}$$

式中：b 为条块宽度；W 为条块重力，$W=W_1+W_2+\gamma_w Zb$，kN；W_1 为在堤坡外水位以上的条块重力，kN；W_2 为在堤坡外水位以下的条块重力，kN；Z 为堤坡外水位高出条块底面中点的距离；u 为稳定渗流期堤身或堤基中的孔隙压力；u_i 为水位降落前堤身的孔隙压力；β 为条块的重力线与通过此条块底面中点的半径之间的夹角；γ_w 为水的重度；C_u、φ_u、C_{cu}、φ_{cu}、φ'、σ'为土的抗剪强度指标，应按表3-46确定。

（4）改良圆弧滑动法计算堤坡稳定安全系数可用下式：

$$K = \frac{P_n + S}{P_a} \tag{3-10}$$

$$S = W\tan\varphi + cL \tag{3-11}$$

式中：W 为土体 $B'BCC'$ 的有效重量；c、φ 为软弱土层的黏聚力及内摩擦角；P_a 为滑动力；P_n 为抗滑力。

表 3-46 土的抗剪试验方法和强度指标

工况	计算方法	试验方法	强度指标
施工期	总应力法	直剪快剪	C_u、φ_u
		三轴不排水剪	
稳定渗流期	有效应力法	直剪慢剪	C'、φ'
		三轴固结排水剪	
水位降落期	总应力法	直剪固结快剪	C_{cu}、φ_{cu}
		三轴固结不排水剪	

由于软土堤基施工期稳定问题突出，为配合选定分期填筑高度，控制施工速率，根据现场十字板剪切强度，使用下式计算极限填筑高度，作为施工现场快速评判软土堤基稳定性的简易方法。

$$H_c = KC_u \tag{3-12}$$

式中：H_c 为软土堤基极限填土高度；C_u 为现场十字板剪切强度；K 为系数，一般取 0.3。

允许填高安全系数一般取 1.5。

3.3.3.3 环境变化对堤基抗滑稳定的影响

上述分析评价结果，对应的堤基是静态稳定系统。但实际工况下堤基系统为开放系统，环境与其呈共生互塑关系，环境的变化对堤基系统的动态稳定影响很大，应有定性分析预测。

1. 上部结构变化

除堤身结构类型对堤基抗滑稳定要求不同外，上部结构变化对软土堤基及不良土体堤基的抗滑稳定有显著影响。

软土堤基新建堤防的堤身高度变化（填筑速率）对堤基稳定起控制作用，一方面，软土天然强度低，排水固结难，加荷后强度增长缓慢，分期填筑高度一旦超出软土的极限承载能力，极易产生堤基失稳；另一方面，机械化施工的快速填筑及振动碾压，可能在软土中产生超孔隙水压力，导致天然强度降低，更加速堤基失稳。即使采用了排水固结处理，仍需注意检测实际排水固结效果，使施工填筑速率与软土强度实际增长相适应。

此外，在不良土体及软土堤基上的旧堤上加高培厚，应注意荷载的增加对堤基稳定性的影响。

2. 自然环境变化

1）堤外水流条件变化

对于弱抗冲层外露的堤基，因河道的冲淤变化、沿岸建筑（包括新建堤防、道路）缩窄行洪断面，河道整治改变和汊分流比、丁坝挑流及附近岸坡实施护岸等，均可能导致局部河段水流的流速、流态发生较大改变，引起局部外滩冲刷加剧乃至消失，使静态稳定的岸坡产生动态不稳定，进而危及堤基的稳定。如番禺沥江水系莲花路路堤无外滩段路堤挡墙发生滑动破坏，而有外滩段路堤挡墙则完好，详见图 3-40。

图3-40 外滩对堤基稳定性的影响

2)堤内水文地质条件变化

堤前江水处于高水位时,双层堤基的上覆黏性土层承受较高承压水头,不仅能使堤身浸润线抬高,而且堤后坡脚土层被承压水所顶托,容易滑动,如图3-41所示。一旦堤脚附近黏性土层被顶穿出现"管涌",更易产生堤坡与堤基整体滑动。堤前低水位时,堤后积水既增加堤防的水平荷载,又强化地表水入渗堤基,可能软化堤基土兼具动水压力作用,显然对堤基稳定不利。

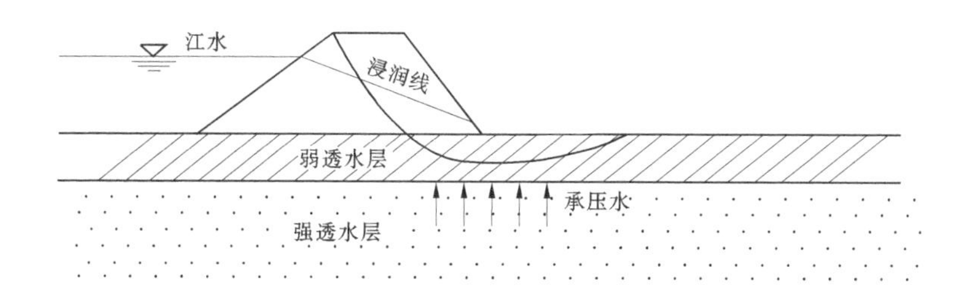

图3-41 江水位与滑动面关系

如某堤段堤基上部为粉质黏土,下部为漂卵石层典型的双层堤基结构。2008年高水位228 m时,堤内临近堤脚处产生管涌,见图3-42。一旦管涌导致堤基破坏,堤身很快溃决,没有时间抢险,见图3-43。

3.3.3.4 典型堤防堤基抗滑稳定性分析与计算

1. 西江上游段

西江上游段堤防主要为南盘江堤防沾曲段、陆良段和宜良段。该段堤防典型特征是堤基具有软弱夹层结构,软弱夹层控制堤基抗滑稳定问题。根据堤基地质结构分布特征,选取陆良油吓洞段进行抗滑稳定性分析。

图 3-42　双层堤基堤内管涌破坏

1) 陆良堤防油吓洞段(109+800~110+180)基本地质条件

该段堤基地层岩性自上而下依次为浅灰、深灰、灰黑色粉质黏土,夹粉细砂及淤泥黏土,其分层代号为②,厚 1.5~7.6 m,其中深灰—灰黑色淤泥质黏土夹层,含贝壳碎片,厚 2~3 m;淤泥质粉细砂层,厚 0.2~1.39;下卧青灰、兰灰、灰黄色粉质黏土、黏土,含贝壳碎片,厚度大于 4.75 m。该段堤基地质结构为上厚黏性土、下砂性土双层结构 $Ⅱ_2$ 类堤基。前期地质测绘表明,两岸均存在滑坡。

图 3-43　堤身溃决

2) 滑动段堤基地质结构模型

根据 ZK2 钻孔揭露可知,堤基上部为②粉质黏土夹深灰色淤泥质黏土及淤泥质粉细砂,淤泥质黏土层厚2 m,淤泥质粉细砂层厚1 m,下卧③粉质黏土层。堤基地质结构模型见图3-44。两岸产生滑坡,分析认为主要由于淤泥质黏土夹层抗剪力低,加之河堤土载荷及排水不畅,故产生向河床临空方向滑移。

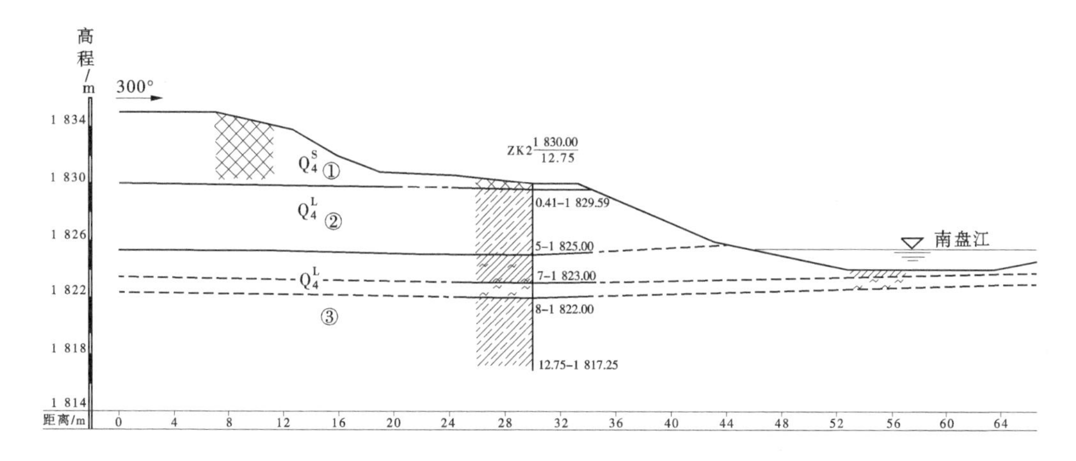

图3-44 油吓洞段堤基地质结构

3)稳定性计算参数及计算结果

室内试验结果表明:①人工填土天然重度 $\gamma=18.6\ \mathrm{kN/m^3}$,黏聚力 $c=23.8$ kPa,内摩擦角 $\varphi=15.5°$。②粉质黏土天然重度 $\gamma=19.3\ \mathrm{kN/m^3}$,黏聚力 $c=59.2$ kPa,内摩擦角 $\varphi=6.63°$;淤泥质黏土天然重度 $\gamma=17.7\ \mathrm{kN/m^3}$,黏聚力 $c=22.9$ kPa,内摩擦角 $\varphi=10°$;淤泥质粉细砂天然重度 $\gamma=19\ \mathrm{kN/m^3}$,黏聚力 $c=25.8$ kPa,内摩擦角 $\varphi=8.6°$。

根据《堤防工程设计规范》(GB 50286—2013)推荐的堤基抗滑稳定公式计算,该段岸坡稳定性安全系数 $K=0.519$,岸坡沿②层淤泥质黏土夹层产生滑动破坏,破坏模式见图3-45,与该段岸坡产生滑动破坏的模式基本吻合。

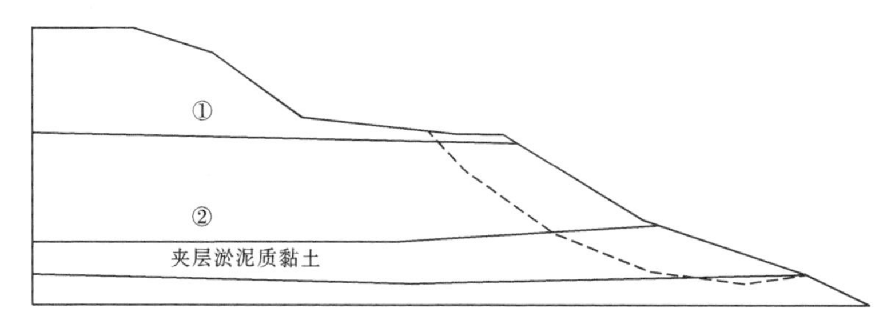

图3-45 油吓洞段堤基稳定性计算滑弧

2.西江中游段

西江中游段主要有邕江南宁防洪堤、郁江贵港防洪堤、柳江柳州防洪堤、漓江桂林防洪堤、桂江及西江梧州防洪堤、浔江两岸桂平段、平南段、藤县段和苍梧段防洪堤。该段堤基地质结构多为黏性土、砂层组成的双层结构,以黏性土或基岩为主的单层结构。该段最具代表性的是上软下硬黏性土堤基地质结构。选取梧州防洪堤河西堤进行抗滑稳定性分析。

1)梧州防洪堤河西堤基本地质条件

该段堤基抗滑稳定问题是最为突出的工程地质问题。堤长 1 510 m,设计为土堤,设计堤顶高程为 28.5 m,堤高一般 5 m 左右。堤基全部坐落于浔江一级阶地之上,地面高程 23.5 m。堤身填土主要由黏性土组成,夹少量粉砂岩风化碎块,经机械压实。该段堤基共计 6 层,自上而下依次为:①人工填土。断续分布于堤基表层,层厚 1.1~1.5 m,主要为素填土,棕褐色、浅黄色,主要由粉质黏土和花岗岩风化土组成,未经压密,透水性中等偏弱,注水试验渗透系数 $k=i\times(10^{-5}\sim10^{-4})$ cm/s。②粉质黏土。棕褐色、浅灰黄色,成分以粉粒为主,含少量有机质及粉砂质,软塑—可塑状。微层理发育,含水量较高,渗透系数平均值 $k=i\times1.34\times10^{-4}$ cm/s,力学强度较低。连续分布,层厚 1.6~4.9 m,顶板高程 23.49~24.86 m。③黏土。褐黄色、浅黄色,成分以黏粒为主,可塑—硬塑状,透水性弱,渗透系数 $k=16\times10^{-8}\sim3.5\times10^{-6}$ cm/s。连续分布,层厚 7.1~11.7 m,顶板高程 18.6~21.89 m。④粉质黏土。灰色,成分以粉粒为主,次为黏粒,饱和,软塑状,含水量高,透水性弱,力学强度较低。连续分布,厚 7.3~10.9 m,顶板高程 8.54~11.50 m。⑤含泥砂砾卵石。主要为黄色、灰色、紫红等杂色,成分以卵石为主,稍密—中密,厚 0.2 m。仅在个别钻孔深部发现。⑥全风化花岗岩。灰白夹灰绿色,岩芯成土柱状。连续分布,顶板高程 0.4~1.69 m。钻孔未揭穿该层。

该堤段位于浔江一级阶地前缘岸坡及河漫滩上,地下水主要为孔隙水,次为裂隙水及少量上层滞水。孔隙水主要赋存于第四系松散堆积层中;裂隙水埋藏于下伏基岩花岗岩裂隙中;上层滞水零星分布于人工填土和第四系黏性土中,均受大气降水补给,且向河流排泄。最新勘察成果表明,②层粉质黏土为新近沉积层,结构稍松,液性指数较大,在浅部(孔深 2~3 m)已有 $I_L=0.33\sim0.67$,渗透系数较大,其平均值 $k=1.34\times10^{-4}$ cm/s;而下伏③层黏土属早期沉积,结构较密实,除靠近顶部(孔深 6~7 m)$I_L(>0.5)$较大外,一般 $I_L<0.3$,且渗透系数普遍较小,平均值 $k=1.74\times10^{-6}$ cm/s。这种上、下两层渗透性差异较大的土层组合结构,由于下部③层微透水层的阻隔,地下水多汇集于③层顶部(亦即②层的底部的②′),调查发现岸坡地下水出露点高悬于勘探期河水位以上 5~6 m 的半坡中。

前期勘察资料表明,该段河岸曾发生 5 处滑坡。滑坡体产生于岸坡中部,垂直滑向河床,滑坡后缘线均呈弧形,滑坡体厚度一般均小于 6 m,属浅层滑坡。浅层滑坡实质是天然河岸的局部岸坡失稳,构成滑坡体的地层均以第四系冲积②粉质黏土为主,中上部有多处地下水冒出。

2)天然岸坡稳定问题分析

由于土堤的②层粉质黏土为天然地基,岸坡的稳定直接影响土堤的稳定,尤其是岸坡的深层抗滑稳定问题,对土堤的整体稳定起控制作用。野外调查天然岸坡失稳均为浅层滑,但前期报告稳定验算选用的计算模型未考虑特殊的岸坡土体结构,把②、③层合并为③层考虑,且选用较低的抗剪强度参数。采用自动搜索滑弧,计算结果为岸坡整体稳定安全系数 $K=0.89$,且滑面切入河床底④层,与该段岸坡状态整体稳定现状明显不符。计算结果见表 3-47。

表3-47　堤基抗滑稳定计算成果

工况编号		土体结构	分层土抗剪强度	滑面或最危险滑面位置	安全系数 K	备注
修坡后天然岸坡	(1)	③黏土 ④粉质黏土	c=10 kPa,φ=10° c=10 kPa,φ=12°	③层底部	0.887	初设成果
	(2)	②粉质黏土 ③黏土 ④灰色粉质黏土	c=19 kPa,φ=7.2° c=53 kPa,φ=13.3° c=30 kPa,φ=12°	切入④层	1.56	最小值 平均值 平均值
	(3)	②粉质黏土	c=19 kPa,φ=7.2°	沿②′	2.11	同初设成果
		②′软弱接触带	c=8.5 kPa φ=11.1°			最小值
		③黏土	c=53 kPa,φ=13.3°			同初设成果
		④灰色粉质黏土	c=30 kPa,φ=12°	切入④层	1.58	同初设成果
筑堤加载施工期	(4)	①土堤	c=25 kPa,φ=15°	沿②′	1.71	同初设成果
		②粉质黏土	c=19 kPa,φ=7.2°			
		②′软弱接触带	c=8.5 kPa φ=11.1°			
		③黏土	c=53 kPa,φ=13.3°			
		④灰色粉质黏土	c=30 kPa,φ=12°	切入④层	1.495	
	(5)	①、②、③、④同上，但②′倾向坡外5°	同初设成果	沿②′	1.667	同初设成果

3)岸坡不良土体结构模型

后期勘察揭露，该段堤防堤前岸坡主要由三大层构成，即②新近沉积的粉质黏土、③早期沉积的黏土及④灰色粉质黏土，其中②、③层(前期勘察合并为第③层)构成岸坡中上部主体，第④层深埋于15~20 m以下。需强调的是，本次勘察发现，第②层与第③层土的性状差异明显，主要体现在稠度状态及渗透性上，不能合并。第②层粉质黏土渗透系数平均值 $k=1.34\times10^{-4}$ cm/s，而其下伏第③层渗透系数平均值 $k=1.74\times10^{-6}$ cm/s，二者相差达100倍。第③层成为第②层的阻水层，以致地下水极易汇集于②、③层之间，由此形成②、③层之间的饱水接触地带。岸坡水文地质调查证实，岸坡中上部常见地下水呈下降泉流出或形成大片湿地。此外，横剖面勘察成果反映第③层顶面起伏较明显。因此，综合上述土体结构分析可见，该堤段的浅层滑坡主要受控制于②、③层接触带。如果恢复为未修护坡之前的原始地形，岸坡上(②层)陡(坎高5~7 m)下(③层)缓(约20°)，岸坡中上部沿②、③层接触带稳定性差(K=0.8~0.96)，与浅层滑坡发育情况吻合，若再遇第③层顶面起伏影响而出现向河一侧倾斜产出，沿②、③层接触带的浅层滑坡更易发生。

可见，该堤段滑坡形成的主要控制因素是该段特殊的岸坡土体结构，即第②层相对属偏强透水的新近沉积与下伏第③层微透水早期沉积黏土层的不利组合。

4)土的抗剪强度参数选取

由于③层硬卧层顶板的阻水、滞水作用，与上覆②层土体底部一起，长期饱水软化，形成一定厚度的②′软弱饱水接触带。分别对②、③层抗剪强度参数统计后取小值平均值,可能就是“接触带”的强度指标。据此计算，在硬卧层下再出现软层(见图 3-46)时，软件自动搜索的计算结果，滑弧将穿越硬层，深入软层，这与现场滑坡调查结果均为浅层滑坡不符。因此，硬卧层的抗剪强度指标应剔除顶板附近低值后再统计。在这种情况下“接触带”才是危险滑面,应有针对它的取样试验,否则可考虑以②层或③层抗剪强度参数最小值为代表。综合分析已有抗剪强度试验指标,针对“接触带”的取样试验少,取第②层最小值作为“接触带”指标,其余土层取平均值(取值详见表 3-47)。

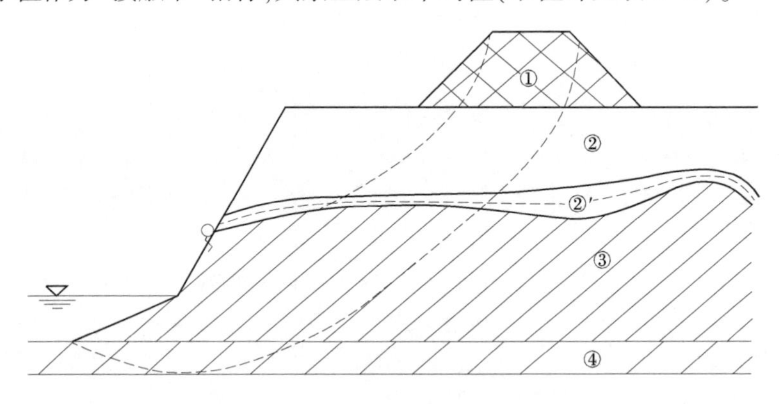

图 3-46　河西堤基土体结构示意图

5)堤外水流条件变化

由于该堤段上游段地处冲刷河段,新建堤防缩窄行洪断面,岸坡的抗冲稳定直接影响岸坡乃至堤基抗滑稳定性。若不考虑岸坡坡脚采取护岸措施,计算水位降落期岸坡整体稳定安全系数为 1. 09,说明在水位降落期稳定性已进入临界状态，因此岸坡坡脚采取护岸措施是必要和合理的。

6)不良土体堤基抗滑稳定工程地质评价

对该堤段堤基及岸坡现状稳定性进行计算分析,计算简图见图 3-46,计算结果见表 3-47。分析表 3-47 可知，经修坡、护岸后,无论是天然状态，还是在土堤加载的情况下,堤基岸坡中上部土体稳定性较好($K≥1.71$);即使遇接触带向河倾 5°,沿接触带抗滑安全系数 $K=1.67$,仍处于稳定状态。在未考虑抛石护坡及抗滑齿槽作用时,堤基岸坡整体稳定性良好(最不利滑弧切入④层,$K=1.56$),土堤加载情况下,施工期稳定性仍较好($K=1.495$) 。经竣工后现场复查，除岸坡中上部(地下水出渗处)因局部潮湿而变形稍大外,堤基岸坡整体稳定性良好。

对不良土体堤基,土体不利结构直接控制堤基的抗滑稳定性。不良土体堤基抗滑稳定问题评价,从查明堤基地质结构入手,深入分析土的物理力学性质，综合考虑环境因素,可以得出更为合理的评价。梧州市河西堤某岸坡滑坡形成的主要控制因素是该段特殊的岸坡土体结构。经修坡、护岸后,无论是天然状态,还是土堤加载的情况下,堤基岸坡整体稳定性良好。初步计算表明，在水位降落期的稳定性已进临界状态,岸坡坡脚采取护岸措施是合理的。前期勘察成果、理论计算结果和现场实际情况不统一。通过引用堤基土体系统理论,对土体结构进行分析,综合考虑土体物理力学性能、土体结构及环境三大要素的影响,校正了前期成果,得出了较为合理的计算结果和评价结论,并得到了实践的检验。

3. 西江下游段及三角洲

西江下游段及三角洲主要为北江大堤、景丰联围、樵桑联围、佛山大堤、中顺大围、江新联围、东莞大堤。堤防工程位于下游及三角洲一带,堤基地质结构复杂,单层、双层及多层堤基地质结构均有分布。该段堤防堤基软土层厚度普遍较大。软土不仅抗剪强度低,还属于弱抗冲层,在河流持续淘刷作用下容易形成临空面,致使堤基具有滑动空间。选取中顺大围西干堤中山海堤新围险段进行抗滑稳定性分析。

(1)三角洲中顺大围西干堤中山海堤新围险段(桩号 W42+025)基本地质条件。

该堤段堤前保护平台短小或缺失,堤前坡和水下地形较陡,堤身的安全稳定性较差。堤基土体主要为②-2 淤泥质黏土,其厚度为 3.45~5.6 m,软土层下部存在一层③-1 粉细砂层,岸坡及坡脚可见出露。堤基结构为上厚黏性土、下砂性土的双层结构亚类($Ⅱ_2$),见图 3-47。

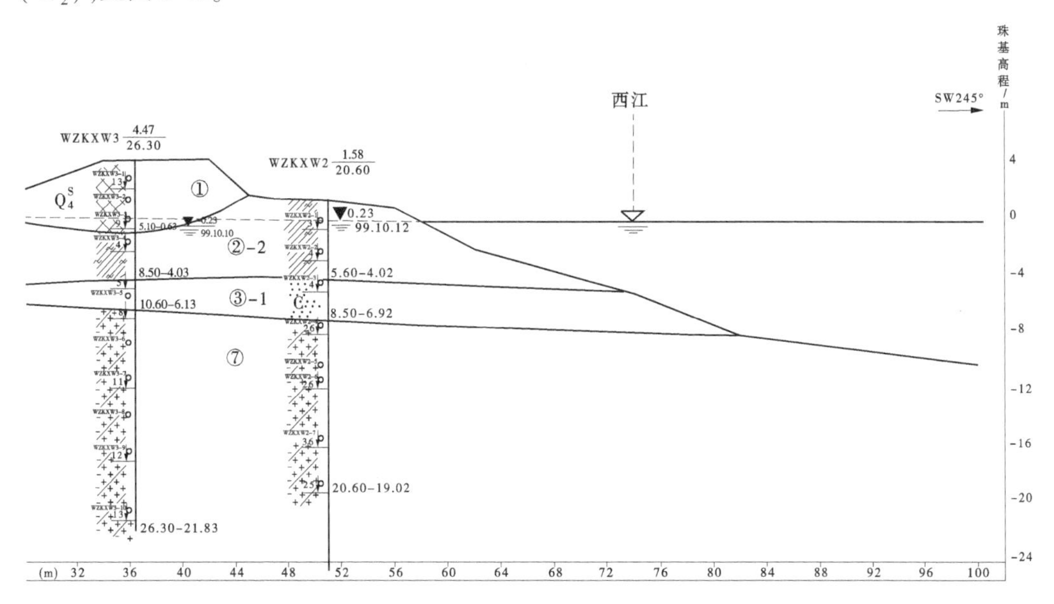

图 3-47　中顺大围西干堤中山海堤新围险段堤基土体地质结构

(2)天然岸坡稳定问题分析及堤基土体地质结构模型。

该处虽然河道较顺直,但堤前缺失外滩保护,②-2 淤泥质黏土、③-1 粉细砂层为弱抗冲层,被水流割脚水下岸坡形成陡岸,构成滑动临空面,逐渐演变成险段,堤基容易沿②-2 淤泥质黏土层产生滑动破坏。

(3)土的抗剪强度参数选取。

由堤基地质结构模型可知,该段堤基持力层主要为②-2 淤泥质黏土,是堤基控滑的主要地层,选用直剪试验抗剪强度参数和三轴试验抗剪强度进行对比分析,见表 3-48。

表 3-48　堤基土层物理力学参数建议值

层序	天然重度/(kN/m³)	饱和快剪		三轴试验(固结不排水)	
		黏聚力 c/kPa	摩擦角 φ/(°)	黏聚力 c/kPa	摩擦角 φ/(°)
①	18.2	19.4	11.94		
②-2 淤泥质黏土	17.5	3.52	13.17	18.63	13.65
③-1	18.0	4.55	19.95		

(4)稳定性计算结果。

软土抗剪强度低是堤基失稳的根本原因,但软土抗剪强度是变化的。这里采用直剪抗剪强度和三轴试验抗剪强度进行对比分析。采用直剪抗剪强度 $c=3.52$ kPa,$\varphi=13.17°$,岸坡整体稳定安全系数 $K=0.758$,岸坡已经失稳,与该段岸坡现状明显(经常发生护坡塌落,丁坝头断裂沉入江中的险况,但没有整体失稳)不符,稳定性计算滑弧见图 3-48。采用三轴试验 $c=18.63$ kPa,$\varphi=13.65°$,岸坡整体稳定安全系数 $K=0.973$,岸坡处于临界状态,与该段岸坡现状基本相符,稳定性计算滑弧见图 3-49。由于软土灵敏性高和不均性强,通常情况下直剪试验不能真实地反映土体的强度参数,而三轴试验相对客观反映土体的强度参数。通过计算对比分析,建议软土地区重要堤防堤基强度参数除参考原位试验外,还可以参考室内三轴试验的强度参数。

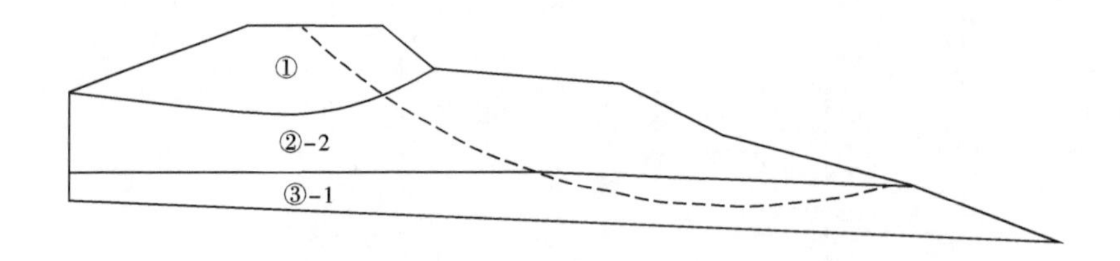

图 3-48　采取直剪试验力学强度新围险段堤基稳定性计算滑弧

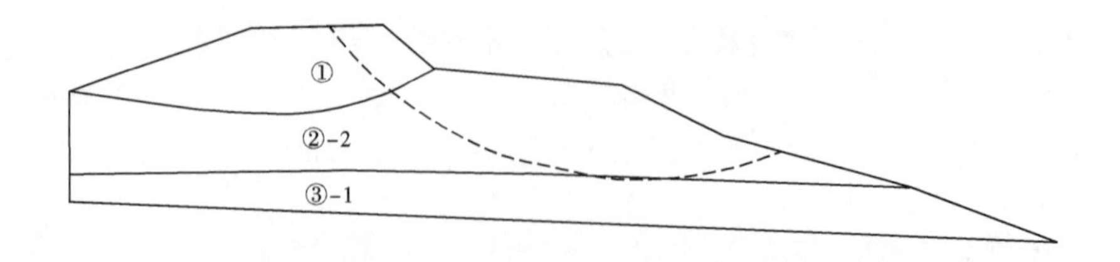

图 3-49　采取三轴试验力学强度新围险段堤基稳定性计算滑弧

4. 韩江三角洲

韩江三角洲堤防主要为韩江南北堤,其堤基地质结构可以分为三个亚类,其中单一黏性土堤基结构（Ⅰ$_1$），占堤基总长的 23. 2%；单一砂层堤基结构（Ⅰ$_2$），占堤基总长的 5. 1%；上部薄层黏性土层、下部砂性土双层结构亚类（Ⅱ$_1$），占堤基总长的 20. 8%；上部厚层黏性土层厚度普遍大于 4 m，下部砂性土双层结构亚类（Ⅱ$_2$），占堤基总长的 32%；上部为砂性土，且厚度较大（普遍大于 5 m），下部为黏性土，属双层结构亚类（Ⅱ$_3$），占堤基总长的 3. 9%；黏性土层与砂性土层较薄，多呈互层状多层结构类（Ⅲ），占堤基总长的 15%。该段与上述堤防不同之处在于在具有上薄层黏性土、下砂性土的双层堤基结构中因堤前堤内水位变化产生堤基失稳。

韩江南北堤南堤桩号 17+600 段（三英木棉树）堤基为上部粉质黏土层，层厚 4. 35~4. 8 m，下部中粉细砂及砂砾石是典型的双层堤基结构，如图 3-50 所示。堤后脚黏性土盖层厚 2. 93~3. 8 m。1970 年 6 月洪水期外江水位增高时，堤后黏性土盖层相对较薄，因渗透而受浸，含水量增大，强度变小，受外荷载作用下发生堤基失稳，长达 10 m。

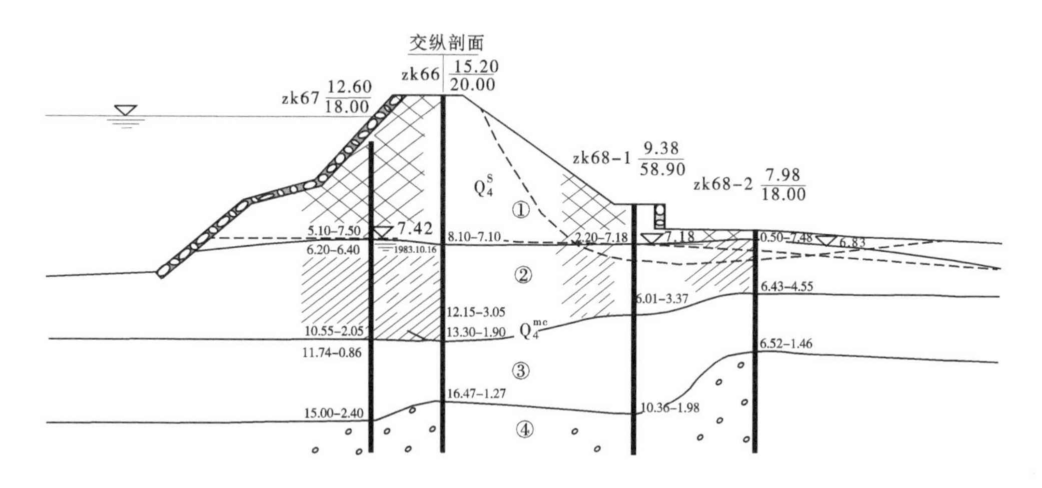

图 3-50　南北堤南堤三英木棉树段堤基结构示意图

3. 3. 4　地震液化问题

3. 3. 4. 1　**概述**

砂土液化的概念是人们在生产、工程实践以及不断总结震害经验中得到的。对砂土液化现象的认识经过了一个很长的历史过程。

液化的定义有多种。我国古代就有“活砂”之说。太沙基（1925）提出有效应力原理对液化现象的解释，这一说法至今仍有很多人引用。Casagrande（1936）曾试图用临界孔隙比解释液化现象，认为砂土在液化与非液化之间存在一个临界孔隙比，若砂土的孔隙比大于该临界孔隙比则液化，否则不液化。Seed（1966）通过室内动三轴试验模拟砂土液化现象时，称超孔隙水压力达到初始固结压力时为“初始液化”。

美国岩土工程学会土动力学会 1979 年在经过广泛的讨论后，给出液化定义为任何物质转化为液体的过程。就无黏性土而言，这种由固态到液态的转化，是孔压增加、有效应力减小的结果，该定义在工程界有广泛的影响。另外，还有实际液化和循环液化等定义。

实际液化是指在外荷载作用下,松散饱和砂土的强度极大地降低,累积孔隙水压力达到围压,从而导致土体破坏。循环液化是指在外荷载作用下,具有膨胀趋势的较密实的砂样中孔隙水压力在每一循环中瞬时达到围压的结果。

对饱和砂土的液化可做如下的描述:饱和砂土的液化是在固定静载之外的外载作用下,抵抗有效应力的能力(砂土的强度)下降甚至丧失的一种过程。饱和砂土的有效应力能力来自砂粒间的结构,其值不仅取决于初始状态,还取决于偏应变和体应变的历史。由于体应变等于从单元流出或流入单元的液体量,所以在饱和砂土的动力学过程中,应力-应变历程与液体的渗流是紧密偶合的,而且液体以压力的形式承担着部分外载。在运动过程中,荷载在液体与砂之间的分配随时间发生着变化。液体承担液压的能力十分大,砂抵抗偏应力的能力却非但十分有限,而且随着应力和应变带来的损伤,这个能力不断下降,于是在一定条件下出现了这样的情况,即荷载向液体转移,其表现为有效应力下降,水压增加,直到砂的强度全部丧失,这就是液化。液化对工程的危害主要表现为地基失效,其破坏形式主要是因大量的喷沙冒水,引起地下淘空而导致地面塌陷和下沉。

众所周知,我国堤防分布在江、河、湖、海的低阶地、高漫滩等之上。绝大多数堤防是就地取材,用土堆筑而成,有些堤基为砂性土层,属第四系全新统沉积物,结构比较疏松,埋深浅,呈饱和状态,故在地震作用下,引起砂基液化,造成堤防破坏。

作为防御洪水的屏障,堤防工程有着举足轻重的作用,一旦堤基因振动液化失稳,其损失和由此造成的影响将是巨大的。因此,在堤防勘测工作中,对位于高烈度地震区,且堤基浅部分布有饱水的沙壤土、粉细砂层时,应研究其液化的可能性,判定其可液化程度,并提出相应的工程处理措施建议。

3.3.4.2　振动液化的成因机制和影响因素

1. 成因机制

砂土的液化问题历来为学术界和工程界所关注,为弄清它的机制和相关问题,开展了广泛深入的研究工作,取得了不少有价值的研究成果。其中,美国的 Seed 等在实验室内利用动力剪切试验法模拟砂土在地震时的应力状态,揭示了砂土液化的形成过程和机制。

砂土是一种松散介质,根据库仑定律,其抗剪强度取决于剪切面上的法向应力 σ 和土的内摩擦角 φ 即

$$\tau = \sigma \tan\varphi \tag{3-13}$$

在饱和情况下,砂土由于静孔隙水压力 U_0 作用,有效法向应力将会减小,此时的抗剪强度:

$$\tau = (\sigma - U_0)\tan\varphi \tag{3-14}$$

显然小于干砂的抗剪强度。

Seed 等的研究表明,饱和砂土在振动荷载反复作用下,砂粒间相互位置发生调整,砂土趋于密实而使其透水性减小,在瞬间荷载作用下,应排出的水不能被排走,于是在原孔隙水压力的基础上,将产生一个附加孔隙水压力 Δu,这时饱和砂土的抗剪强度为

$$\tau = [\sigma - (U_0 + \Delta u)]\tan\varphi \quad 或 \quad \tau = (\sigma - u)\tan\varphi \tag{3-15}$$

式中:U_0 为静止孔隙水压力;Δu 为附加孔隙水压力;u 为总孔隙水压力。

由式(3-15)可以看出,随着振动作用的持续,附加孔隙水压力不断地叠加积累增大,

使得砂土的抗剪强度不断降低,当 $u=\sigma$ 时,$\tau=0$,便丧失承载力,砂土即处于液化状态。

2. 振动液化的影响因素

通过地震震害调查及室内试验可知,砂土液化是一种相当复杂的现象,是多种因素共同作用的结果,它的产生、发展和消散主要由土的物理性质、受力条件和边界条件所制约。从现场震害的调查可以将砂土液化的影响因素归纳为动荷条件、埋藏条件、应力历史、土层结构条件。

1) 动荷条件

动荷条件主要指的是震动强度和持续时间,震动强度以地面加速度来衡量,震动强度大,地震地面加速度就大,相同条件下的饱和砂土层就容易液化。震动持续时间长,往往意味往复加荷次数多,因此地震持续时间越长,砂土越可能液化,在地震地面加速度相同的条件下,持续时间短不液化的砂土层,在经受较长时间的震动后可能会发生液化。震动强度、持续时间在一定程度上是跟震级、震中距一致的,即可以用震级和震中距来表示动荷条件。王其允(2005)收集了大量的地震液化资料,给出了在一定震级下砂土液化最大震中距,如图 3-51 所示。从图 3-51 可以看出,液化只发生在一定区域内,超过这一范围,就可以认为不会发生砂土液化了,因为超过这一范围,地震的作用强度已经很低了,充分说明了震动强度对液化的影响。由于其无法考虑土性因素,所以只能利用该规律作为砂土液化的一个初判条件。

2) 埋藏条件

埋藏条件包括上覆土层厚度、应力历史等。理论上讲,上覆土层厚度较大时,上覆土层有效压力越大,若使其下部砂土层液化,则需要砂土层内能够聚集起较大的超静孔隙水压力以承担上覆土层重量,而上覆土层厚度小时,砂土层内只需具有较小的超静孔压即可顶托其上覆土重。另一方面,从 Seed(1971)对土层反应分析(见图 3-52)可知,土层所受到的地震作用强度随深度的增加而减少。因此,埋深大的饱和砂土层较埋深小的饱和砂土层难以液化。一般规范中确定砂土液化的深度为 15 m,而饱和砂层埋深在 20 m 以下则难以液化。但 2008 年四川汶川特大地震显示在地下 20 m 处发现地表喷出物,即地下 20 m 发生液化现象,这点似乎存在争议。

3) 应力历史

应力历史的影响是指历史上砂层曾经遭受过的地震的影响。遭受过历史地震的砂土比未遭受地震的砂土难液化,但曾发生过液化又重新被压密的砂土却较容易液化。Chih Sheng Ku(2004)曾在 chi-chi 地震后的不同时期对同一地点进行了 CPT 试验,发现非液化随着时间的变化,土的强度变化不大,震后升高一些。但是通过已经液化场地测试结果却得到与以往不同的认识,以往普遍认为,震后砂土会更不易液化,因而像现场试验中,液化场地的 CPT 值在震后应该高一些。但是,chi-chi 地震中现场 CPT 试验结果则给出了不同的答案,即液化场地的 CPT 值在震后明显低于震前。从这次地震中,历史地震对砂土抗液化强度的影响为:对于非液化场地,历史地震会提高砂土的抗液化能力;对于液化场地则恰恰相反,地震液化之后强度反而更低。

针对这一异常现象,我们进行了分析,发现 W. D. L Finn(1970) 的室内液化试验给出了相同的结果。他的试验中,在液化试验之前使饱和砂土样在不排水条件下受到一定大

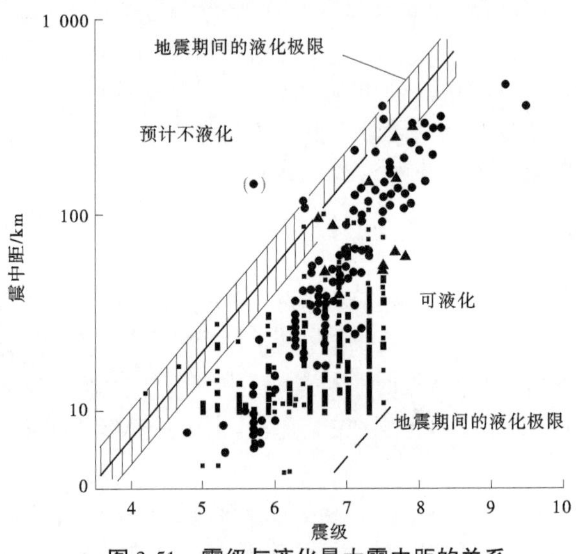

图 3-51　震级与液化最大震中距的关系

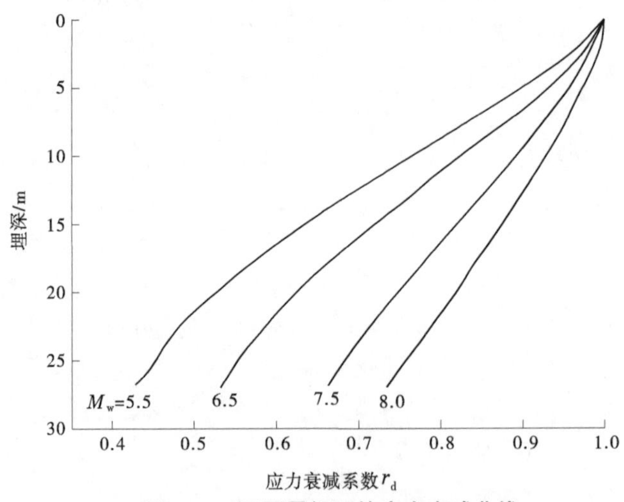

图 3-52　不同震级下的应力衰减曲线

小的往返剪切作用,然后排水,当孔隙水压力消散后再进行液化试验。试验结果表明,液化试验之前的预剪作用对液化应力比的影响很大,当预剪的往返剪应变较小时,预剪使液化应力比增大,当预剪的往返剪应变大于某一界限值时,预剪使液化应力比减少。这一结果与集集地震现场结果类同。

因此,有必要就应力历史对液化的影响进行更多的研究。

4) 土层结构条件

土性条件包括砂土的颗粒级配、密实程度、黏粒含量等。

对我国历史上几次大地震的宏观考察资料表明,除砂土外,含有细颗粒的轻亚黏土(粉土)和含有粗颗粒的砂砾石也会液化,甚至喷出地面。一般来说,随着地震烈度的增高,可液化土的粒径范围也变宽。Tsuchida(1970)根据过去地震时已知液化和未液化土的筛分试验结果,提出了容易液化土的颗粒尺寸分布边界曲线,如图3-53所示。另外,室内试验结果证明,中值粒径 d_{50} 对砂土的抗液化强度有明显的影响,并不是粒径越小越容易液化,如图3-54所示,d_{50} 在0.07 mm附近的土最容易液化,大于该值时,平均粒径越大,抗液化强度越高;小于该值时,则随着平均粒径的减少抗液化强度反而增高。图3-54中的0.07 mm恰好接近砂土和粉土的分界线,很显然,对于粗颗粒的土来说,颗粒越大透水性越好,地震作用时所产生的孔隙水压力很快就能消散,因而就很难液化。而对于细颗粒的土来说,由于地震作用时间比较短,地震作用时所产生的孔隙水压力来不及消散,粒径在一定范围内减少对孔压的消散不会产生太大的影响,都可以看作不排水条件,相反,随着粒径的减少,细粒含量或黏粒含量则增大了,土的抗剪强度相应地也就增大了,因而抗液化强度也就提高了。我国抗震规范和美国国家地震工程研究中心(NCEER)所建议的液化判别式中都考虑了黏粒(细粒)含量对抗液化强度的影响,且强度都是随着黏粒(细粒)含量的增高而增强。

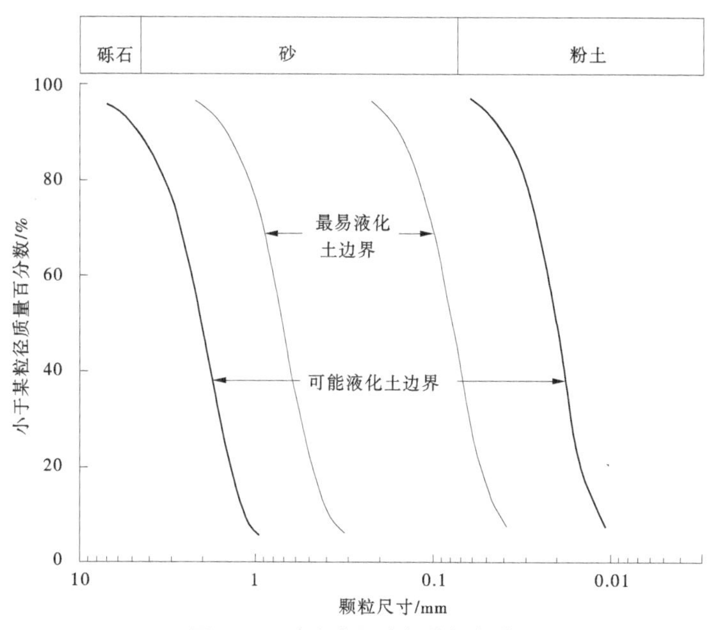

图3-53 砂土容易液化的粒径范围

3.3.4.3 振动液化的判别与评价方法

1. 液化判别的基本思路与方法

由上文讨论可知,地面下一定深度内埋藏有可液化土层及其所处的地质环境,地震动强度和历时是产生液化的基本条件。那么,对于具体的工程场地来说,如何合理评估砂土能否液化,则是工程勘测设计必须解决的问题。

由于液化与前述多种因素有关,比较复杂,不确定性很大。因此,对能否液化的判别只能是近似估计。总的思路是以宏观判定为主,微观判定为辅,做到两者相结合,实际工作中,根据有关规范要求,通常按初判和复判两个阶段进行。初判应排除不会发生地震液化的土层。对初判可能发生液化的土层,应进行复判。

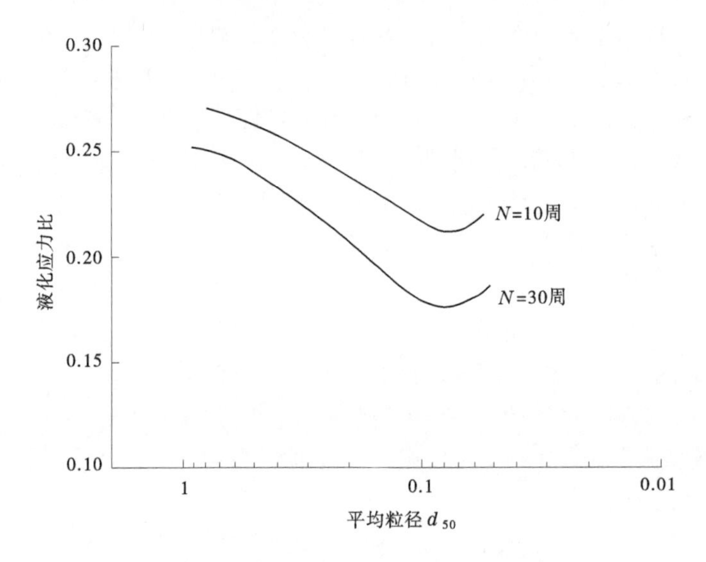

图 3-54 液化应力比与平均粒径的关系

1)初步判别

《建筑抗震设计规范》(GB 50011—2010)和《水利水电工程地质勘察规范》(GB 50487—2008)提出的初判方法如下：

(1)地质年代为第四纪晚更新世 Q_3 及其以前,可判为不液化土。

(2)土的粒径小于 5 mm 颗粒含量的质量百分率小于或等于 30%时,可判为不液化。

(3)对粒径小于 5 mm 颗粒含量质量百分率大于 30% 的土,其中粒径小于 0.005 mm 的颗粒含量质量百分率(ρ_c)相应于地震动峰值加速度为 0.10g、0.15g、0.20g、0.30g 和 0.40g 分别不小于 16% 、17%、18%、19%和 20%时,可判为不液化;若黏粒含量不满足上述规定,可通过试验确定。

注意:用于液化判别的黏粒含量采用六偏磷酸钠作分散剂测定,采用其他方法应按有关规定换算。

(4)工程正常运用后,地下水水位以上的非饱和土,可判为不液化。

(5)当土层的剪切波速大于由下式计算的上限剪切波速度时,可判为不液化。

$$V_{st} = 291\sqrt{K_H \cdot Z \cdot r_d} \tag{3-16}$$

式中:V_{st} 为上限剪切波速度,m/s;K_H 为地震动峰值加速度系数,可按地震设防烈度Ⅶ度、Ⅷ度和Ⅸ度,分别采用 0.1、0.2 和 0.4;Z 为地层深度,m;r_d 为深度折减系数,可按下式计算:

$$r_d = \begin{cases} 1.0 - 0.01Z & Z = 0 \sim 10\ \text{m} \\ 1.1 - 0.02Z & Z = 10 \sim 20\ \text{m} \\ 0.9 - 0.01Z & Z = 20 \sim 30\ \text{m} \end{cases} \tag{3-17}$$

(6)采用天然地基的建筑物,当上覆非液化土层厚度和地下水深度符合下列条件之一时,可不考虑液化影响:

$$d_u > d_0 + d_b - 2$$

$$d_w > d_0 + d_b - 3$$

$$d_u + d_w > 1.5d_0 + 2d_b - 4.5$$

式中：d_w 为地下水水位深度，m，宜按建筑使用期内年平均最高水位采用，也可按近期内年最高水位采用；d_u 为上覆非液化土层厚度，m，计算时宜将淤泥和淤泥质土层扣除；d_b 为基础埋深深度，m，不超过 2 m 时应采用 2 m；d_0 为液化土特征深度，m，可按表 3-49 采用。

表 3-49 液化土特征深度 单位：m

饱和土类别	Ⅶ度	Ⅷ度	Ⅸ度
粉土	6	7	8
砂土	7	8	9

2）复判方法

当初判土层有可能液化时，需进一步进行复判。复判的方法分为简化法和数值分析法。工程实践中一般采用简化法，代表性的方法如下。

（1）标准贯入试验法（SPT）。

在土的地震液化复判方法中，标准贯入锤击数法是最常用的和可靠的，因为原位测试真实反映场地的地应力状态。符合下式要求的土体判为液化土：

$$N_{63.5} < N_{cr}$$

式中：$N_{63.5}$ 为工程运用时，标准贯入点在当时地面以下 d_s（m）深度处的标准贯入锤击数；N_{cr} 为液化判别标准贯入锤击数临界值。

当标准贯入试验贯入点深度和地下水水位在试验地面以下的深度不同于工程运用时，实测标准贯入锤击数应按下式进行校正，并以校正后的标准贯入锤击数 $N_{63.5}$ 作为复判依据。

$$N = N'\left(\frac{d_s + 0.9d_w + 0.7}{d'_s + 0.9d'_w + 0.7}\right) \tag{3-18}$$

式中：N' 为实测标准贯入锤击数；d_s 为工程正常运用时，标准贯入点在当时地面以下的深度，m；d_w 为工程正常运用时，地下水水位在当时地面以下的深度，m，当地面淹没于水面以下时，d_w 取 0；d'_s 为标准贯入试验时，标准贯入点在当时地面以下的深度，m；d'_w 为标准贯入试验时，地下水水位在当时地面以下的深度，m，当地面淹没于水面以下时，d'_w 取 0。

校正后标准贯入锤击数和实测标准贯入锤击数均不进行钻杆杆长校正。

液化判别标准贯入锤击数临界值 N_{cr} 根据下式计算：

$$N_{cr} = N_0[0.9 + 0.1(d_s - d_w)]\sqrt{\frac{3\%}{\rho_c}} \tag{3-19}$$

式中：N_0 为液化判别标准贯入锤击数基准值，可按表 3-50 查取；ρ_c 为黏粒含量百分率（%），当小于 3% 时，取 3%；d_s 为当标准贯入点在地面以下 5 m 以内的深度时，应采用 5 m 计算。

表 3-50 液化判别标准贯入锤击数基准值

地震动峰值加速度	0.10g	0.15g	0.20g	0.30g	0.40g
近震	6	8	10	13	16
远震	8	10	12	15	18

上述液化判别方法适用于标准贯入点在地面以下 15 m 以内的深度，大于 15 m 的深度内有饱和砂或少黏性土需要进行液化判别时，可采用其他方法判定。

当建筑物所在地区的地震设防烈度比相应的震中烈度小Ⅱ度或Ⅱ度以上时定为远震，否则为近震。

(2)相对密度复判法。

当饱和无黏性土(包括砂和粒径大于 2 mm 的砂砾)的相对密度不大于表 3-51 中的液化临界相对密度时，可判为可能液化土。

表 3-51 饱和无黏性土的液化临界相对密度

地震动峰值加速度	0.05g	0.10g	0.20g	0.40g
液化临界相对密度$(D_r)_{cr}$/%	65	70	75	85

(3)剪应力对比法(Seed 方法)。

采用确定性方法对砂土液化判别的研究，最早是在 1964 年日本新泻地震和美国阿拉斯加地震之后才开始的，Seed 和 Idriss 于 1971 年首次提出了适合水平自由场地的判别方法，随着地震资料的不断丰富和更进一步的研究，该方法也得到了不断的修正和改进，同时对世界范围内的砂土液化判别方法的研究起着主导作用，许多判别方法都是以该方法为蓝本的，目前该方法成为世界上许多国家和地区进行砂性土液化判别的标准方法。之后人们不断根据现场震害调查和室内试验分析，提出了许多基于不同指标的液化判别方法，而这些判别方法都或多或少存在一些缺陷。随着液化资料的不断丰富、增多，摆在人们面前的另一个重要问题，就是如何更好地利用和处理这些数据。与此同时，计算机技术得到了飞速发展，于是人工智能等也逐步应用到液化判别中。

该方法原理是饱和砂土的振动液化是由地震剪切波引起的，该剪切波大致以垂直方向自基岩向覆盖层传播，并在不同深度处产生随时间而变化的不均匀的反复剪切应力。如果这种剪应力超过该砂土层的抗剪强度，即发生液化。也即把地震时，在不同深度产生的地震剪应力与砂土的抗液化强度进行比较，以判别液化的可能性。其表示式为 $\tau_{av}>\tau_h$ 时，产生液化；$\tau_{av}<\tau_h$ 时，不会产生液化。

由地震产生的平均剪应力 τ_{av} 可按下式计算：

$$\tau_{av} = 0.65\tau_{max} = 0.65 \times \frac{\gamma h}{g}a_{max} \times \gamma_d \tag{3-20}$$

现场土体的抗液化强度 τ_h 为

$$\frac{\tau_h}{P_Z} = \left(\frac{\sigma_d}{2\sigma_a}\right) C_r \frac{D_r}{0.50} \tag{3-21}$$

式中：τ_{av} 为任一深处地震产生的平均剪应力；τ_{max} 为地震引起的最大剪应力；γ、h 分别为砂土密度和埋深；a_{max} 为最大地面地震加速度；g 为重力加速度；γ_d 为小于 1 的折减系数，可查表（见表 3-52）求得；τ_h 为砂土抗液化强度；P_Z 为某一深度 Z 处的有效上覆压力，其值应根据 Z 所处地下水水位以上、以下及地下水水位出露地面三种情况求之；$\frac{\sigma_d}{2\sigma_a}$为动三轴压缩试验所述的应力比；$C_r$ 为以室内动三轴试验结果推算现场引起液化应力校正系数，按图 3-55 选取；D_r 为某一深度处砂土的相对密度。

表 3-52　应力校正系数与深度的关系

深度/m	0	1.5	3.0	4.0	6.0	7.5	9.0	10.5	12.0
γ_d	1.0	0.985	0.975	0.965	0.955	0.935	0.915	0.895	0.85

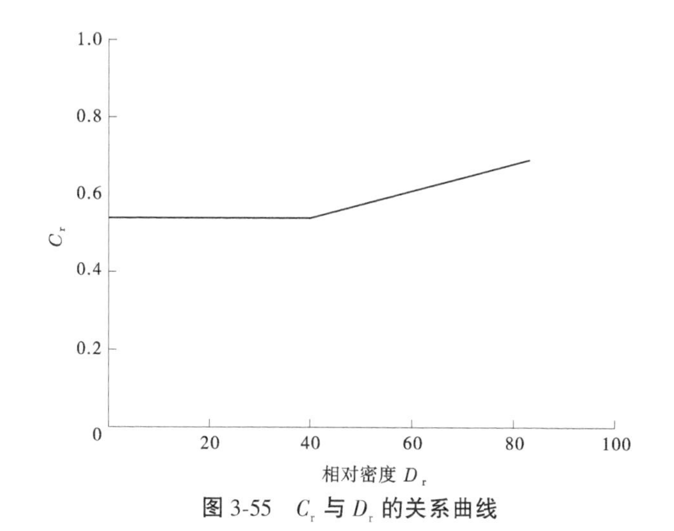

图 3-55　C_r 与 D_r 的关系曲线

该方法从力学条件来判别液化的可能性，有一定的理论基础和试验依据。但比较烦琐，需做大量室内试验，取得许多参数，才能满足判别的要求，而且无法制备近似天然结构的试样。

（4）静力触探法（CPT）。

静力触探法是一种常用的现场试验方法，它的主要优点是操作方便，检层能力强，能给出多种连续性数据，与砂土的液化特性同样具有良好的对应关系，国外已经积累了大量的液化静力触探指标，且已广泛应用于液化判别和预测，而我国在这方面相对比较欠缺，不但表现在液化资料的积累上，还表现在测试指标的精度和种类上，国外的多功能探头除能进行常规测试外，还能进行地层波速测试和可视化，这给土层分类带来很大的便利，同时为准确进行液化判别提供了条件。中国地震局工程力学研究所（1984）在这方面做了不少工作。

直接利用触探值通过直观方法建立相应的判别式，在分析静力触探试验资料时，首先进行相应的处理，即对地震剪应力采用摩阻比 R_f 进行归一化，这样可以将液化点与非液化点的地震剪应力拉开距离，特别是在范围不是很大的同一烈度区内，地下水深度变化很少,被测试的埋深相差不大,直接算得的地震剪应力彼此很接近,通过归一化后这一问题可以得到解决。另外,定义平均触探值 Q_c 借以综合反映触探试验结果:

$$Q_c = (q_c + 2f_s)/3 = \frac{q_c}{3}(1 + 2\frac{f_s}{q_c}) = \frac{q_c}{3}(1 + 2R_f) \tag{3-22}$$

式中:q_c 为锥尖阻力;f_s 为侧壁摩阻力;R_f 为锥尖阻力和侧壁摩阻力的比值,称为摩阻比。

将现场所测试到的静力触探结果的归一化地震剪应力和平均触探值绘制于双对数坐标上,如图 3-56 所示。

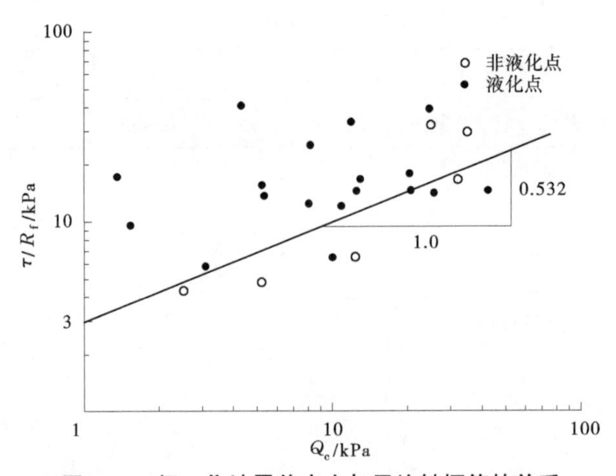

图 3-56　规一化地震剪应力与平均触探值的关系

通过直观方法,在液化点与非液化点之间绘制一分界线,该分界线的表达式为

$$\tau = 3Q_c^{0.532}R_f \tag{3-23}$$

式(3-23)中的剪应力可以看作临界剪应力,如果算得的地震剪应力大于给出的临界剪应力,则应判为液化,否则判为不液化。

另一种方法是通过寻找平均触探值 Q_c 与标贯击数之间的对应关系,从而建立相应的液化判别式。同时将平均触探值 Q_c 与标贯击数 N 绘于双对数坐标图上,见图 3-57。

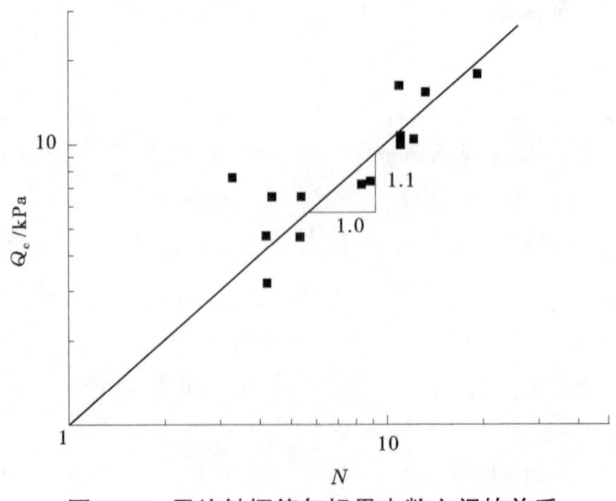

图 3-57　平均触探值与标贯击数之间的关系

从图 3-57 中可以得到平均触探值与标贯击数有如下关系式:

$$Q_c = N^{1.1} \tag{3-24}$$

根据规范的标贯判别式，可得相应的以平均触探值为指标的判别式：

$$Q_{c,cr} = Q_{c,0}[1 + 0.125(d_s - 3) - 0.05(d_w - 2)]^{1.1} \tag{3-25}$$

很显然，$Q_{c,0}$ 按标贯击数的基准值 $Q_{c,0}=\overline{N}_{2,3}^{1.1}$ 取值。

Youd 等(2001)总结了美国国家地震工程研究中心(NCEER)的研究报告，给出了基于 CPT 抗液化强度的计算公式：

$$CRR_{7.5} = \begin{cases} 0.833[(q_{C1N})_{cs}/1\ 000] + 0.05 & (q_{C1N})_{cs} < 50 \\ 93[(q_{C1N})_{cs}/1\ 000]^3 + 0.08 & 50 \leqslant (q_{C1N})_{cs} < 160 \end{cases} \tag{3-26}$$

式中：$(q_{C1N})_{cs}$ 为纯净砂修正为1个大气压的锥尖阻力。

除上述液化判别的方法外，其他尚有以宏观调查为基础，根据已有地震实例，找出某些地震参数与土质特性指标之间的关系而提出的综合指标法、日本路桥规范法、野外爆破试验等，这些方法不少文献均做了相应的介绍，在此不再一一赘述。

2. 振动液化危害性评价及防护措施

1)液化指数及液化等级的划分

上述对饱和砂土产生液化的可能性进行判别，仅仅是对地基中某一点而言，未涉及整个地基液化危害性大小。为给工程设计采取适宜的对策措施提供依据，实际工作中，必须对判别可能液化的地基做出液化危害性分析评价。

根据《建筑抗震设计规范》)(GB 50011—2010)，凡判定为液化土层的地基，应计算液化指数以作为评价砂土液化对各类建筑物影响程度的定量指标，其表达式为

$$I_{LE} = \sum_{i=1}^{n} (1 - \frac{N_i}{N_{cr}}) d_i W_i \tag{3-27}$$

式中：n 为15 m深度范围内每一个钻孔标准贯入试验的总数；N_i、N_{cr} 为 i 点标准贯入锤击数的实测值和临界值，当实测值大于临界值时应取临界值的数值；d_i 为 i 所代表的土层厚度，m，可采用与该标准贯入试验点相邻的上、下标准贯入试验点深度差的一半，但上界不小于地下水埋深，下界不大于液化深度；W_i 为 i 土层考虑厚度的层位影响数函数值，m^{-1}，当该层中点深度大于5 m时应采取10，等于15 m时采用0，5~15 m时按线性内插法取值，见图3-58。

由式(3-26)可见，可液化土越松、越厚、越浅，则液化指数越大，液化造成的破坏越大。因此，可根据液化指数，按表3-53确定液化等级。

这里，值得提及的是，关于 I_{LE} 的计算方法，张凌等研究认为，采用式(3-27)确定的 I_{LE} 没有考虑土的特性和震动参数等不确定性因素，特别是土的性质的随机性，决定了土贯入参数的不确性。根据式(3-27)，I_{LE} 的计算主要依赖于 SPT 的锤击数 N，而进行 SPT 试验时，钻孔孔底土的应力状态以及锤击能量的传递是最重要的误差来源，故直接采用 I_{LE} 结果来评价液化的危害，缺乏一定的客观性和准确性。为此可以假定平均锤击数与测量出的某一深度处的 N 值相等的情况下有一个正常概率，在观察到的数据的基础上，所有的层都可以加上一个变异系数。Shiozwka 等(1990)建议用统计模拟法(蒙特卡洛模拟法)来表示 N 值的确定性，并计算每一深度的随机数 N_i 及相应的 I_{LE} 通过多次模拟，建立评价

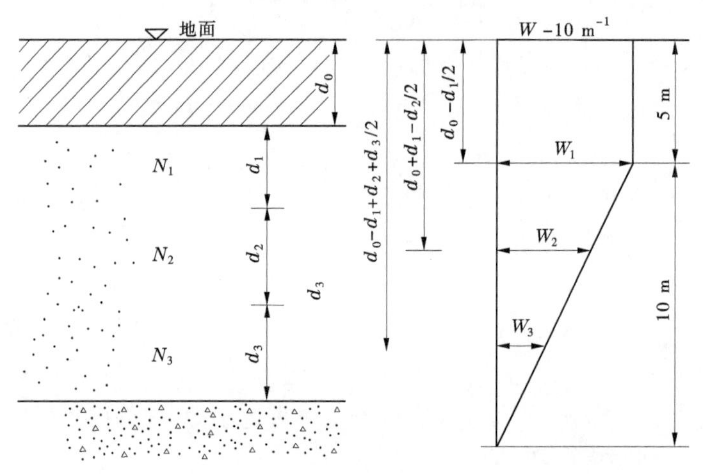

图 3-58　权函数

关系,得到 I_{LE} 的概率分布。由于该方法计算每一个 I_{LE} 时,随机数的产生会非常耗时并且计算繁杂,故提出在地理信息系统(GIS)中运用点估计法代替蒙特卡洛模拟法。其基本原理是用数学期望代替部分统计模拟计算,降低结果方差,从而加速收敛的结果,GIS 的点估法,在评价砂土液化过程中考虑了土的特性和 SPT 过程的不确定性因素,避免了统计模拟法中复杂的随机数的运算,提高了分析效率,使分析结果更加客观,因此在 GIS 环境中进行砂土液化分析具有很好的应用前景。

表 3-53　液化等级

液化指数	$0<I_{LE}\leqslant 5$	$5<I_{LE}\leqslant 15$	$I_{LE}>15$
液化等级	轻微	中等	严重

2)地震液化的防护措施

堤防工程牵涉区域广,长度大,又多位于第四系覆盖区,若基础分布有厚度不等的粉细砂层,且结构松散呈饱和状态时,可根据宏观地质条件和有关公式计算判断是否存在砂基液化的内外条件,如果堤基存在振动液化的条件应结合具体情况,选择适当的抗液化措施。常规的液化地基处理措施有如下几种方法。

(1)振冲法。

振冲法创始于 20 世纪 30 年代的德国,迄今已为许多国家所采用。它是利用起重机吊起振冲器,启动潜水电机和水泵,通过喷嘴喷射高压水流,边振边冲,将振冲器沉入土中预定深度,经清孔后,向孔内逐段填入砾卵碎石料。每段填料均在振动作用下被振密挤实,达到要求的密实度后即可提升振冲器,如此重复填料和振密,直至地面,从而在地基中形成一个大直径的密实砾卵碎石桩体。振冲形成的碎石桩体与土体组成复合地基可以消除和减少地层的地震液化。

振冲法适用于处理砂土、粉土、粉质黏土、素填土和杂填土等地基。对于处理不排水抗剪强度不小于 20 kPa 的饱和黏性土和饱和黄土地基,应在施工前通过现场试验确定其适用性。目前处理深度最大可达 20 m。

(2)挤密碎石桩。

利用振动荷载预沉导管,通过桩管灌入碎石,在振、挤、压作用下形成较大密度的碎石桩。在振密、挤密过程中还获预震,同时干振碎石在土层中形成良好的排水通道,起到排水减压作用,从而增强了地基抗液化能力。该方法克服了振冲法的缺陷,应用前景好,

经处理后地基土层标贯击数可大幅度提高,以地表下4~7 m范围内效果最佳,适用于涵闸等穿堤建筑物地段的处理。

(3)砂桩法。

在可能液化的砂层中设置砾渗井,从而加速了振动时砂层孔隙水压力的消散。适用于地表浅层处理,填料的渗透系数应远远大于砂层。

(4)强夯法(动力固结法)。

强夯法又名动力压实法或动力固结法。这种方法是反复利用夯锤(质量一般为10~40 t)自由下落(落距一般为10~40 m)时的冲击能来夯实浅层地基,使土中产生很大的应力,迫使土体孔隙压缩,排除孔隙中的空气和水,使土颗粒重新排列,迅速固结,从而提高地基强度,降低压缩性,形成较为均匀的承载硬层,有效地降低场地土液化现象。

施工时,夯击点一般按梅花形或正方形网格布置,其间距通常为5~15 m。夯1~8遍,第一遍夯击点的间距最大,随后几遍有所减小,最后一遍用低能量搭夯,两遍之间的间歇时间取决于孔隙水压力的消散速率。在一遍夯击结束之后,要通过孔隙水压力观测,了解孔压消散的情况,从而确定合适的间距、时间。如果孔压上升到接近土体自重时,应立即停止夯击,因为此时土层已不可能更紧密了。强夯法的加固深度可达10 m以上。强夯一遍,可使5~12 m厚的冲击层沉降15~50 cm。

强夯法施工方便,适用范围广而且效果好、速度快、费用低,但噪声扰民,在空旷的场地较为实用。

(5)爆炸振密法。

在钻孔中设置炸药,群孔起爆使砂层液化后靠自重排水沉实。适用于大面积的均匀、疏松的饱和细砂的建筑物地基。

(6)换填。

挖除全部液化土层,回填压实非液化土。适用于地表以下3~6 m范围内的液化土层,即表层处理。

(7)增加盖重。

当全部换填较为困难时,可以验算压实填土厚度能否使饱和砂层顶面有效压重大于可能产生液化的临界压重。利用回填土增加可液化土层的上覆有效压力。可能液化土层上覆非液化土层不厚,分布范围广。适用于填土宽度至少为液化土层厚度的5倍的情况。

(8)围封法。

利用混凝土连续墙或板桩围封液化地层,限制孔隙水压力的增长,从而消除或减轻液化的危害。适用于液化地层在平面上小范围分布或建筑物平面尺寸较小的情况;否则造价较高。

3.3.4.4 典型堤防堤基砂层地震液化判别与处理

1. 堤基砂层液化判别案例

纵观珠江流域主要堤防场地地震峰值加速度区划图，西江上游高原盆地区宜良段堤防场地地震烈度为0.30g，相应的地震基本烈度为Ⅷ度，西江上游高原盆地陆良堤防部分堤段和韩江南北堤防部分堤段，场地地震烈度为0.20g，相应的地震烈度为Ⅶ度，区域构造稳定性较差；其余堤防场地地震烈度为(0.05~0.10)g，相应的地震基本烈度为Ⅵ~Ⅶ度，区域构造稳定性好—较好。

西江上游高原盆地区宜良段防洪堤场地地震烈度为Ⅷ度，堤基分布中细砂、含砾中砂、中粗砂层，其标贯击数为8~14击。根据标贯复判的结果，这些砂层存在地震液化问题，液化指数I_{LE}=11.99~24.16，液化等级属中等—严重。

根据《韩江南北堤地震稳定性评估报告》，南北堤场地震害等级属"较严重"，且当发生超越概率为2%地震时北堤地面最大水平加速度达到372.2 cm/s^2≈0.40g，相应的基本烈度为Ⅸ度，存在饱和砂基的堤段将可能因产生液化而失稳。历史上的险情纪实说明存在这种可能性，例如记载云鱼苗区"民国7年(1918年)，因正月初三地震，堤身松动，穿泄异常危险"。南堤的震害包括两个问题：一是饱和砂土地基将产生液化；二是软土地基因震动触变产生震陷。据计算，桩号28+800断面Ⅷ度地震时堤顶将陷落20 cm，堤坡侧胀20 cm；Ⅸ度地震则分别为40 cm与60 cm。根据标贯试验资料判定南北堤新安段(桩号11+600~15+200)③含泥细砂层存在液化问题，液化指数I_{LE}=16.18，属严重液化等级；南北堤鲲江段(桩号25+500~29+00)③含泥细砂层存在液化问题，液化指数I_{LE}=6.88，属中等液化等级。由于南北堤处于地震高烈度地区，且砂层广泛分布，故地震液化问题突出。

2. 某水闸闸基砂层液化处理案例

1)工程概况

韩江三角洲某水闸闸址区地貌属水系入海口三角洲平原。场地第四系松散堆积物覆盖层厚度较大，多为海陆交互相堆积，河水挟带泥沙进入河口三角洲地带，水流变缓，泥沙大量沉淀，形成河床冲积堆积物；河流水量有限，海水涨潮时，海水挟带泥沙及有机物等倒灌河口三角洲，又形成河床海相堆积物，如此往返交替，河床形成深厚的海陆交互相松散堆积物，多为松散的砂土或淤泥、淤泥质土等，因成因较复杂，导致地层复杂多变。

2)场地地层特征及常规基础处理方案

根据钻探揭示，场地的主要地层由①人工填土层，冲积成因的②淤泥质粉细砂层、③淤泥质土层、④中粗砂层、⑤黏土层、⑥砂砾石层、⑦残积土层及⑧全—强风化花岗岩组成。水闸场地基本震烈度Ⅷ度，场地内地表水与地下水均十分发育，存在厚度较大的饱和砂土层，主要为②淤泥质粉细砂层与④中粗砂层。经场地地震液化判别，场地内可液化土分布很不均匀，在水平方向和垂直方向上都表现出无规律差异性。总体判断场地地基的液化等级为中等—严重，液化危害性较大，地震时喷水冒砂的可能性大，局部区域地面变形很明显，可造成不均匀沉降和开裂，不均匀沉降量可能达到200 mm，局部区域更大，上部结构可能产生不容许的倾斜。设计时不宜将未经处理的液化砂土层作为天然地基持力层。抗液化措施：水闸对地基承载力要求不高，局部区域浅层③淤泥质土挖除换填后，地基土主要为②淤泥质粉细砂与④中粗砂,地基承载力基本满足设计荷载要求。水闸地基的主要工程地质问题为饱和砂土液化问题,地基处理的主要目的为消除液化。

常用抗液化措施为采用深基础穿过可液化土层,基础底面应埋入液化以下的稳定土层中,其深度不应小于1.0 m。具体方法如振冲、振冲加密、挤密碎石桩、砂桩、强夯等,处理至液化深度下界,且应保证处理后砂土不再液化;采用围封法,即利用混凝土连续墙或板桩围封液化地层,板墙体必须嵌入非液化土层,限制孔隙水压力的增长,从而消除或减轻液化的危害。适用于液化地层在平面上小范围分布或建筑物平面尺寸较小的情况;否则造价较高。

3)地基处理方案选定

水闸基础置于中粗砂、淤泥质粉细砂层,其承载力标准值110~130 kPa。对地基采用ϕ1.3 m的高喷桩,共60根,总长1 800 m,进行加固处理。由于场地内砂土极易液化,对水闸基础处理采用混凝土灌注桩方案和采用高压旋喷水泥连续墙围封法方案进行比较。混凝土灌注桩方案采用ϕ600 mm混凝土灌注桩基础,正方形布置,桩端进入全风化花岗岩层,桩长约为45 m,根数为170根,总长为7 300 m。混凝土灌注桩可起到削减地基砂土液化的效果。选择该方案时,为防止渗透破坏,水闸需设防渗墙,与该方案合并计算投资。高压旋喷水泥连续墙围封法方案采用ϕ1 200 mm高压旋喷水泥桩基础,间距1 000 mm,连续布置,使水闸基础被围封成一个封闭的整体。桩长平均为30 m,围封体根数为350根,加闸室底布置30根,总长为12 000 m。高压旋喷水泥连续墙可起到削减地基砂土液化的效果,同时亦起到防渗功效。从工程的布置、泄洪能力及结构稳定考虑,两种基础加固方案均能满足要求。主要是基础加固目的地震液化问题达成效果及投资进行考虑;对于闸基承载力在地震时两方案均可满足设计要求,但基础加固主要为了地震液化问题。混凝土灌注桩方案,在地震发生时,虽然能保证闸室不破坏,但其闸基土层依然会发生流失,形成空洞,需要重新修复才能恢复水闸的正常使用,而恢复工作困难;而高喷水泥围封方案可以保证砂土不流失,不影响地震后水闸的使用。所以,高喷水泥围封方案对处理饱和砂土效果更好,优先采用。

3.4　珠江流域堤防特殊工程地质问题

3.4.1　红黏土对堤防工程的影响

堤基及岸坡主要的工程地质问题涉及的土层基本上为洪冲积土,但位于广西的西江中游段部分大的支流河段为灰岩区,堤基土存在范围广、厚度大的红黏土,由于红黏土存在干缩效应,对堤防有不利影响,因此存在这一类红黏土对堤防影响的特殊工程地质问题。

典型案例如柳江的柳州防洪堤、郁江的贵港防洪堤,以及西江干流浔江平南段防洪堤,堤基红黏土在洪水涨落干湿循环过程因干缩导致强度下降并产生裂缝,从而影响了堤防及穿堤建筑物的稳定性。

柳州及贵港等重点防洪城市堤防处于岩溶小平原的冲积阶地,与堤防密切相关的是河流一、二级阶地,多具二元结构,上部为厚度较大的黏土或次生红黏土,下部为砂卵石。虽然存在岩溶堤基渗漏问题,但由于堤基上部为厚度较大的次生红黏土,渗透稳定问题不突出,而受次生红黏土特性制约的堤前岸坡稳定问题较为普遍。

根据贵港防洪堤土工试验成果统计表,无论是堤身填土、阶地还是残积土,均属高塑性黏土,各堤段液限 ω_L 平均值大部分在 47.7%~71%,只有郁江北堤堤身填土平均液限 ω_L 为 33%,残积土平均液限 ω_L 为 33.6%。结合覆盖于碳酸盐岩(灰岩)之上,多呈棕红、棕黄、褐黄等,堤基阶地堆积土为次生红土,残积土大部分为红土,堤身填土亦来源于次生红土或残积红土。

根据含水比($a=\frac{\omega}{\omega_L}$),堤基土 $\bar{a}=0.5\sim0.7$,多属坚硬—硬塑状。综合统计所有土层的自由膨胀率,范围值 0.6%~47.8%,平均值 16.4%。说明该区红黏土膨胀性弱。但其收缩率范围值 3.3%~32.8%,平均值达 55.5%;线缩率范围值 0.5%~10.5%,平均值 4.98%,说明红黏土具较明显的收缩性。此外,土样风干后再湿水,无侧限抗压强度平均值降至 151 kPa,只有天然强度平均值(229 kPa)的 67%。说明该区红黏土风干后再湿水后的强度降低较明显。

由于堤身填土来源于红黏土,红黏土渗透性弱,抗剪强度高,堤身质量一般较好。但由于其具明显收缩性,堤身浅层易产生干缩裂缝,在与老旧穿堤建筑物接触部位,还可能产生贯穿性裂缝,引发堤防渗漏及渗透稳定问题,应引起足够重视。

红黏土岸坡一般可维持较陡的坡度,但在水位变幅范围内,失水—湿水的反复作用,将明显降低土的抗剪强度,因此堤前岸坡的长期稳定亦应重视。

柳州市为可溶岩地区,广泛分布次生红黏土。鹧鸪江堤、静兰堤、鸡喇堤部分堤基坐落在次生红黏土之上。次红生黏土上硬下软,其在岩面附近多呈软塑状,在干湿交替作用下,胀缩性明显,由其组成的边坡易于失稳,且易使建于其上的刚性建筑物开裂。柳州市已发现部分建筑于红黏土之上的民房开裂损坏。堤防穿堤建筑物及部分刚性堤防如何避免发生同样的问题是需要认真研究的课题。

贵港防洪堤郁江南北两岸堤防坐落于郁江一级阶地前缘,郁江北堤、南堤的次生红黏土多呈硬塑状,压缩性中等,力学强度较高,是较好的堤基持力层,但由于存在明显的胀缩性,易造成刚性堤防或穿堤混凝土建筑物开裂损坏。郁江南堤局部(牌楼岭、罗伯湾附近)因地表发现有较多岩溶洼地及漏斗,钻孔中亦揭露溶洞,因长期管道渗漏影响了上覆土层的稳定性,从而形成非受冲型的塌岸。在鲤鱼江铁路桥上游约 400 m 处有了长约 300 m 的较大塌滑体,但因其远离堤防,对堤防安全影响不大。

平南防洪堤堤基总体上普遍分布黏性土,且厚度较大,单一黏性土结构(I_1)的堤基占比达 72%,多数黏性土属于次生红黏土。由于堤岸红黏土干缩效应较明显,加之堤外滩地窄小或缺失,堤岸发生多处连片的塌岸,且形成了陡峻的岸坡,对堤防影响较大。

3.4.2 堤基岩溶渗漏问题

岩溶渗漏问题是岩溶地区特有的工程地质问题。由于地下岩溶管道或溶蚀裂隙发育,堤内外水位差,河水通过岩溶管道或溶蚀裂隙向堤内渗漏,从而引发一系列工程地质问题,如渗透稳定问题、河水通过地下岩溶管道顶托地下水易产生倒灌内涝、岩溶浸没问题。珠江流域堤防堤基岩溶渗漏、内涝和浸没问题主要集中在西江上游柳州防洪堤一带。

3.4.2.1 柳州防洪堤鸡喇堤堤基岩溶渗漏问题

1. 鸡喇堤防护区基本地质条件

柳州市分为河西、河北、河东、白沙、鸡喇 5 个独立防洪区。其中,鸡喇防洪区为第二大防洪区,处于柳州市南部,为柳州市主要工业区和医疗文化区,防洪区面积约 28 km^2,区内人口稠密,单位众多,工厂林立。

鸡喇防洪区地貌上属峰丛峰林谷地岩溶平原类型,岩溶平原高程 83~90 m,区内峰林、孤峰、落水洞、溶洞、洼地、地下河等强烈发育。防洪区东临柳江,南面防洪区外有响水河自西向东流过。

防洪区地层岩性有第四系上更新统冲积及岩溶溶余堆积(Q_3^{al}、Q_3^{cl+dl})黏土,石炭系上统马平群(C_{3m})、石炭系中统(C_2)、石炭系下统大塘阶(C_{1d})灰岩、白云岩。第四系上更新统冲积及岩溶溶余堆积(Q_3^{al}、Q_3^{cl+dl})黏土厚 15~24 m,冲积黏土分布于平原前沿柳江沿岸,溶余堆积黏土分布于谷地、平原。石炭系上统马平群(C_{3m})分布于东部,面积分布占防洪区约 25%。上段(C_{3m}^2)为灰岩、生物碎屑岩灰岩,厚 381 m,分布于峰林、孤峰上部;下段(C_{3m}^1)为白云岩,厚度大于 263 m,分布于孤峰、峰林下部及平原底部。石炭系中统(C_2)分布于中部,面积分布占防洪区约 50 %。分为黄龙组(C_{2h})灰岩、生物碎屑灰岩、白云岩互层,厚 569 m,大埔组(C_{2d})白云岩,厚 80~634 m。石炭系下统大塘阶(C_{1d})分布于西部,面积约占 25% ,岩性为灰岩、生物碎屑灰岩、白云质灰岩夹白云岩,层厚 350~550 m。

该区处于柳江箱状背斜东翼,岩层是单斜状,岩层走向 SN,倾向 E,倾角 10°~20°。该区无区域性断裂,断层不发育,裂隙发育,断层裂隙以近南北、近东西向两组为主。

鸡喇防护区为半裸露半覆盖岩溶区,为柳州市岩溶发育最强烈的地区,岩溶发育特征主要为峰林峰丛与峰林谷地间隔排列,地貌形态比较齐全,防洪区内溶洞(K)、岩溶泉(K)、落水洞(S)、天窗(S)共计 73 个(K_1~K_{26}、S_1~S_{47}),其中落水洞多以串珠状展布,反映了地下水系的总趋势。区内发育 3 条暗河,即鸡喇地下河、红庙地下河、冶炼厂—福利院地下暗河。

鸡喇地下河:发育于大龙潭—美校—鸡喇街谷地,源头为轿顶山鸡窝洞一带的峰林山地,以大龙潭喀斯特泉的形式排出地表,经商校 S_{18}、S_{17}、S_{12}、S_{15}、S_7 后变为明流,入 S_6 后变为伏流,从龙泉山出口(K_2)流出,再经一段明流后汇入柳江,总长 3. 5 km,出口枯水期流量 105 L/s,水力坡降 3. 9‰。该地下河有南北两条分支。南支入口为响水河侧的 S_{31} 落水洞,穿过高岩山体到观音山的 S_{28} 天窗,再经 S_{24}、S_{23} 落水洞汇入主干流,其主要为响水河水补给。北支位于龙泉山北侧织染厂谷地,有 4 个入口,自东向西分别为 S_{11}、S_{10}、S_9 及 K_3。

红庙地下河:源头为市制药厂一带峰丛谷地,进口为市制药厂封闭洼地中的 S_{46} 落水洞,向北经开关厂洼地到小龙潭(K_{24}),再转向北西于红庙泉(K_{25})出口,排入柳江,全长约 2 km,出口高程约 71 m。主要发育于大塘阶(C_{1d}),上游段发育方向与岩层走向一致,下游段沿北西向裂隙发育。枯水期流量 239 L/s,水力坡降 4. 7‰。地下河流速达 1 275~1 800 m/d。

冶炼厂—福利院地下暗河：发育于马坪组(C_{3m})白云岩中，进口为冶炼厂水泡山山脚处的 S_1 落水洞，该洞规模较大，消水能力强，容纳了冶炼厂一带的污水及部分降水，但河边未见出水口。据当地居民发映，20 世纪 80 年代初冬季枯水期曾在抽水站江心中见到黄色水带，分析冶炼厂污水通过 S_1 洞后由 K_1 溶洞排出，地下河长度为 0.5 km，规模较小。

K_{19} 泉水位于鸡喇地下河出口河边、第四系砂卵砾石层与基岩接触处，呈岩溶裂隙状溢出。流量小，但枯季亦有水出；K_{20} 泉水位于鸡喇码头岸边，高程约 70 m，泉水从乱石中漏出，流量较大；K_{22} 泉水为大龙潭，其汇集了周围一带峰丛山地的水源，水位 80.74～81.22 m，流量 45.3～73.7 L/s，水量稳定，是鸡喇地下河的源头；K_2 为赵家井喀斯特泉，位于一桥下游右岸河边，出口高程 71 m，枯水流量 14.1 L/s。

防护区岩溶发育受岩性、构造及地貌控制，岩溶的展布特点反映了岩性、构造的不同规律，溶洞多沿层面发育，并由两组溶隙相互切割沟通，成为一种网络状的连通体系；岩溶谷地平原堆积物较厚，为溶余堆积黏性土，各岩溶发育带均有较高的充填率。鸡喇防护区岩溶水文地质简图见图 3-59。

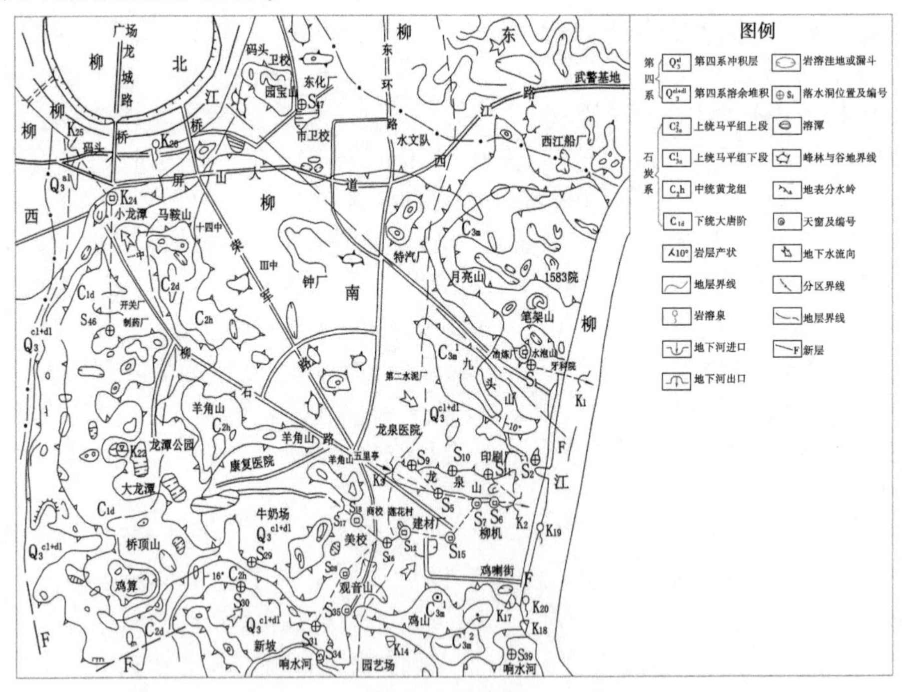

图 3-59　鸡喇防护区岩溶水文地质简图

2. 鸡喇堤堤基渗漏与渗透稳定问题

柳州防洪堤处于岩溶平原的冲积阶地上，下伏基岩岩溶发育，存在堤基岩溶渗漏问题。防洪堤建成后，若堤内外形成水位差，河水位可能通过岩溶管道向堤内渗漏，但由于堤基上部为次生红黏土或黏土，层厚 15～24 m，黏土层厚度较大，堤基渗透稳定问题不突出，但岩溶渗漏量影响防洪效果，需选择符合实际水文地质条件的计算方法。如鸡喇防护区可能产生严重渗漏的地段为响水河新坡到园艺场及福利院到鸡喇街。前者为邻谷渗漏,地质结构为横向—斜向谷,响水河水位高于地下水水位,向北侧的鸡喇谷地(防洪区)补给,响水河与谷地之间无地下分水岭,在水动力条件上呈单向排泄型。含水体为裂隙溶洞含水体,属溶隙渗漏和岩溶管道渗漏组合,覆盖层之下属裂隙型渗漏,管道(S_{28}~S_{31})位于82 m高程以上。后者地质结构上为纵向谷,岩层倾向柳江,走向与河段大致平行。地下水向柳江排泄,无地下分水岭,含水体为溶蚀裂隙类型。无岩溶管道与外江连通,属岩溶裂隙渗漏。堤防修建后外江洪水上涨时,该段渗漏可视为坝基裂隙渗漏类型。在外江$P=2\%$洪水位、防洪区控制淹没水位下,计算此时外江向防洪区的渗漏量。

1)岩溶裂隙型渗漏量计算

采用卡明斯基计算公式,在无地表水入渗情况下,计算渗漏量。其公式如下:

$$q = K(H_1 + H_2)(H_1 - H_2)/2L \tag{3-28}$$

$$Q = qB \tag{3-29}$$

式中:q为单位渗漏量,$m^3/(d \cdot m)$;K为渗透系数,m/d;H_1为外江$P=2\%$水位,m;H_2为防洪区淹没控制淹没水位,m;B为渗漏带宽度,m;L为渗径,m;Q为渗漏量,m^3/d。

岩溶裂隙型渗漏量计算参数及结果见图3-54。

表3-54　岩溶裂隙型渗漏量计算参数及结果

地段	K/(m/d)	H_1/m	H_2/m	L/m	B/m	Q/(m^3/d)
新坡—园艺场段	50	85.6	83	1 500	1 500	10 959
福利院—鸡喇街段	25	86.68	83	500	2 400	37 465

2)岩溶管道型渗漏量计算

渗漏通道为沿S_{28}~S_{31},运动方式为集中进流、分散排出,属混合—紊流型。计算公式如下:

$$Q' = \mu_i HW \tag{3-30}$$

式中:Q'为渗漏量,m^3/d;μ_i为比流速,$m/(d \cdot m)$,采用S_{31}注水试验值,$\mu_i=650/(73.86-70.13)=174.26\ m/(d \cdot m)$;$H$为水位差,m,取2.6 m;$W$为管道的最小断面面积,$m^2$,根据现场观测$W=6\ m^2$。

$Q'=\mu_i HW=2\ 718\ m^3/d$。

裂隙渗漏和管道渗漏总量$Q_{总}=51\ 142\ m^3/d(0.59\ m^3/s)$,防洪区设计总排涝流量为$47.57\ m^3/s$,渗漏量仅占抽排量的1.24%,对防洪影响不大。堤基岩溶渗漏的实际水文地质分析表明,堤基及堤后大面积受厚层黏性土层覆盖的边界条件决定了堤基岩溶渗漏将形成类似双层堤基的承压渗流特征,堤基岩溶渗漏集中于堤后局部井状落水洞或漏斗,实质是堤后承压井冒水渗漏,采用承压井流计算公式更加符合实际。因此,该段堤防堤基岩溶渗漏量有待洪水期进一步验证。

3.鸡喇防洪区内涝、浸没问题

历史上鸡喇地区是有名的洪涝灾害区,涝灾几乎年年有,稍有较大降水(30~40 mm),必发生内涝,尤以1994年“6·17”特大洪水最为突出。主要涝区为五里桥—建机厂谷地、大龙潭—美校谷地及观音山采石场洼地,自6月13日开始,历时20 d。6月13~

17 日,柳州市普降暴雨,降水量 387.71 mm,占多年平均降水量的 27.7%,同期柳江河水暴涨,最高水位达 85.6 m,河水顶托地下水,因此产生严重内涝,淹没面积 15.5 km^2,路面水深达 6 m,低洼处水深 16 m,柳东南交通中断,6 月 18 日柳江洪峰消退后,沿江低洼地带积水也于 19 日晨基本退完,但受控于鸡喇暗河系统的大龙潭—美校谷地,五里桥—建机谷地、观音山洼地则消水十分缓慢,6 月 18 日中午外江洪水开始下落,日降幅达 4.14 m,而谷地内降幅一般仅 0.6 m,某些地段仅 0.2 m 左右,五里桥—建机厂谷地水深仍达 2 m。显然鸡喇暗河系统的排涝能力是控制该区内涝程度的最根本因素。

根据柳州市防洪区工程鸡喇岩溶区已有勘察及长期观测成果,以鸡喇暗河为代表,分析现状内涝原因。

1)暗河系统的天然排洪能力

根据岩溶管道混合—紊流型计算公式推算暗河管道的最大排洪能力:

$$Q_{max} = \mu_i HW = 176.15 \times 28.77 \times 4.6 = 23\ 312.04(m^3/d) = 269.81\ L/s$$

式中:Q_{max} 为最大流量,m^3/d;μ_i 为比流速,m/(d · m);H 为水位差,m;W 为管道断面面积,m^2。

对比大龙潭的最大洪水流量(1986 年 6 月 9 日)432.2 L/s,暗河只能排出 62.7%,何况南北两支汇流尚未考虑。因此,鸡喇暗河自身排涝能力不足,洪水期产生内涝是必然的。

2)柳江洪水顶托影响

按暗河现状(1997 年),若理论上要达到排干大龙潭最大洪量 432.2 L/s,需达到水头差 H=7.36 m,洪水期间暗河进口高程 80 m,则出口高程 72.64 m。亦即柳江水位一旦超过 72.64 m,将直接导致每抬高河水位 1 m,将减小暗河(理论上)排洪量 58.7 L/s。这从长观剖面(D1~D5)资料可见一斑:只要柳江水位超过 72 m,暗河进出口长观剖面(D1~D5)各观测点水位线开始出现重叠,并同步升降,至河水位达 75 m 高程时,暗河地下水受顶托壅高连片。可见,柳江洪水顶托对岩溶内涝的影响非常显著。

3)暗河进口受封堵的影响

由于天然淤堵、人为封堵、封隔,受涝区的不少落水洞、漏斗等进口失去消水作用,如北支 S9 和 S10 等。虽然可以防止洪水的直接倒灌,但明显限制了暗河本已不足的天然排洪能力的发挥,不仅使涝区更易受涝,而且将延长其受涝时间。这点已被 3 次大洪水后受涝区排水缓慢的事实证明。

4)响水河洪水入侵的影响

天然状态下,洪水期响水河洪水沿鸡山垭口进入,显然加剧了内涝。

3.4.2.2 柳州防洪堤静兰堤堤基岩溶渗漏问题

1.静兰堤防护区基本地质条件

静兰堤防护区以西江造船厂北围墙为界,围墙以北至兰家村为岩溶孤峰平原地貌,以南为峰林谷地地貌。孤峰有独凳山、马鞍山等,平原地面高程 85~98 m,平原中部有一较大洼地,长约 1 km,宽约 0.25 km,北西走向,洼地高程 81~85 m。其他小洼地较多。峰林林立,谷地为西江造船厂驻地,地面高程 84~87 m,谷地内洼地、漏斗、落水洞较多,洼地高程 75~82 m。

防护区以西江造船厂围墙为界,以北为覆盖型岩溶区,以南为半裸露型岩溶区。覆盖层以第四系溶余残积红黏土(Q^{coa})及冲积粉质黏土为主,粉土次之,少量砂砾石层,盖层总厚度 10~20 m,其中粉质黏土、红黏土厚度大于 10 m,分布广泛、连续,呈硬塑—可塑状。基岩以独凳山为界,以北为石炭系上统马坪群上段(C_{3m}^{2}),岩性为粉晶灰岩、藻屑灰岩、生物碎屑灰岩夹白云岩,厚层状,厚度 420 m。以南为石炭系上统马坪群下段(C_{3m}^{1}),岩性为粉至细晶白云岩夹生物碎屑灰岩,中至厚层状,厚度为 423 m。

防护区地质构造简单,为一平缓的单斜岩层,南北走向,倾向东,倾角 10°左右。无大断裂发生,岩石构造裂隙、岩溶裂隙较发育,主要有近东西、近南北向两组,其次有北东向、北西向裂隙。

该区岩溶的平面分布特点是以中部独凳村的独凳山为界,以北为马坪群上段(C_{3m}^{2})灰岩岩组岩溶发育区,独凳山、马鞍山灰岩岩溶发育,平原为第四系堆积覆盖。以南为马坪群下段(C_{3m}^{1})白云岩组岩溶强烈发育区,地下河、溶洞、落水洞、洼地众多。岩溶发育垂直分带性明显,分为浅部、中部、深部三带。70 m 高程以上为浅部岩溶发育带,此带多见于北部独凳山、马鞍山及船厂区的溶洞、落水洞、溶沟、溶槽等众多地表岩溶形态,且高程 85 m 以下的岩溶多有黏性土充填;20~70 m 高程为中部岩溶强烈发育带,岩溶规模形态表现为地下河系,西江船厂地下河规模大,连通性好。20 m 高程以下为深部岩溶弱发育带,岩溶发育明显减弱,规模小,以洞高小于 1 m 的溶洞居多。岩溶发育受岩性、水的侵蚀性、循环条件、自然地理因素、地质构造等因素综合影响。独凳山以北的 C_{3m}^{2} 灰岩岩组符合灰岩岩溶发育特征规律,岩溶发育较弱,形成小孔洞至溶洞、落水洞,未形成地下河通道。以南的 C_{3m}^{1} 白云岩组更受构造条件控制,岩溶强烈发育,形成溶洞、漏斗、地下河等。岩溶发育垂向分带性主要受地史发展史控制,区内岩溶平原大致经历了古岩溶盆地发育阶段(侏罗纪—第三纪)和岩溶—河谷阶地发育阶段(更新世),地壳的升降和相对稳定相交替,控制了岩溶的发育和沉积以及岩溶水文网的发育状况,更新世早期发育了一批较大的溶洞,具有成层性特点。晚更新世中期区域地壳经历了强烈的上升,形成了(高程 20~80 m)岩溶强烈发育带,后期地壳下降又制约了岩溶的发育和发展,形成今天的岩溶垂直分带特征。

区内岩溶形态齐全,主要有地下河、落水洞、漏斗、岩溶泉、岩溶洼地等。

西江船厂地下河——该地下河于船厂木材仓库(围墙)伏流入口,伏流约 70 m 后明流,沿船厂内弯曲冲沟明流约 400 m 后,于船厂技术处西南面山前潜入溶洞成暗河,于船厂码头下游约 60 m 出口汇入柳江,地下河长约 800 m。地下河汇流柳东大部分污水及天然降水。2001 年 9 月 19 日地下河出口流量约 100 L/s。船厂地下河位于船厂峰林谷地中,发育于石炭系上统马坪群下段白云岩夹灰岩中,地下河走向约 SE130°。入口高程 72.0 m,出口高程 66 m,水力坡度为 11‰,地下河河道通畅。

油库溶洞——位于船厂内东面的山脚下,由天然溶洞修整改造而成。洞底高程为 82~83 m,长约 160 m,宽 8~30 m,高 5~8 m。在油库进口左侧有一溶隙状消水洞穴,宽 2~3 m,呈溶隙状向深处延伸。

落水洞、漏斗——主要发育在西江船厂地下河周围,大小不一,共 8 个,静兰堤首静兰红砖厂边山脚有 3 个落水洞。据调查,1994 年洪水期,大部分漏斗均有返水现象,表明船厂地下河的连通性较好。

岩溶泉K245——出露于堤首兰家村冲沟头，泉口高程69 m，为下降泉。2001年9月19日流量约为4.2 L /s。该泉与西侧附近的S1落水洞相通，S1落水洞洞底高程70 m，2001年9月19日洞底水位71 m，落水洞旁有自来水管路滴水注入S1落水洞。经调查，外侧河边除K245泉外无其他地下河、泉等地下出水口，故认为S1落水洞消水是在K245泉排出的。1983~1985年观测资料，K245泉枯水期流量为12.2 L/s，泉水流量降低，其原因一为泉水补给区的工厂、企业不断地开采地下水，如1985年补给区内牛奶厂S243洞就安装有水泵抽水为民用；二为泉水径流水力坡度小，柳江洪水期水位上涨顶托，使得渗流通道有所淤积填堵，消水能力逐渐减弱。

洼地——位于船厂南侧山前地带，洼地底部为岩溶漏斗消水，现洼地一部分被人工填平，洼地高程75~82 m。据调查，初步判断洼地水消向S8漏斗及南面山脚岩溶裂隙、溶隙漏水带。1994年洪水期有返水现象。

静兰堤岩溶水文地质简图见图3-60。

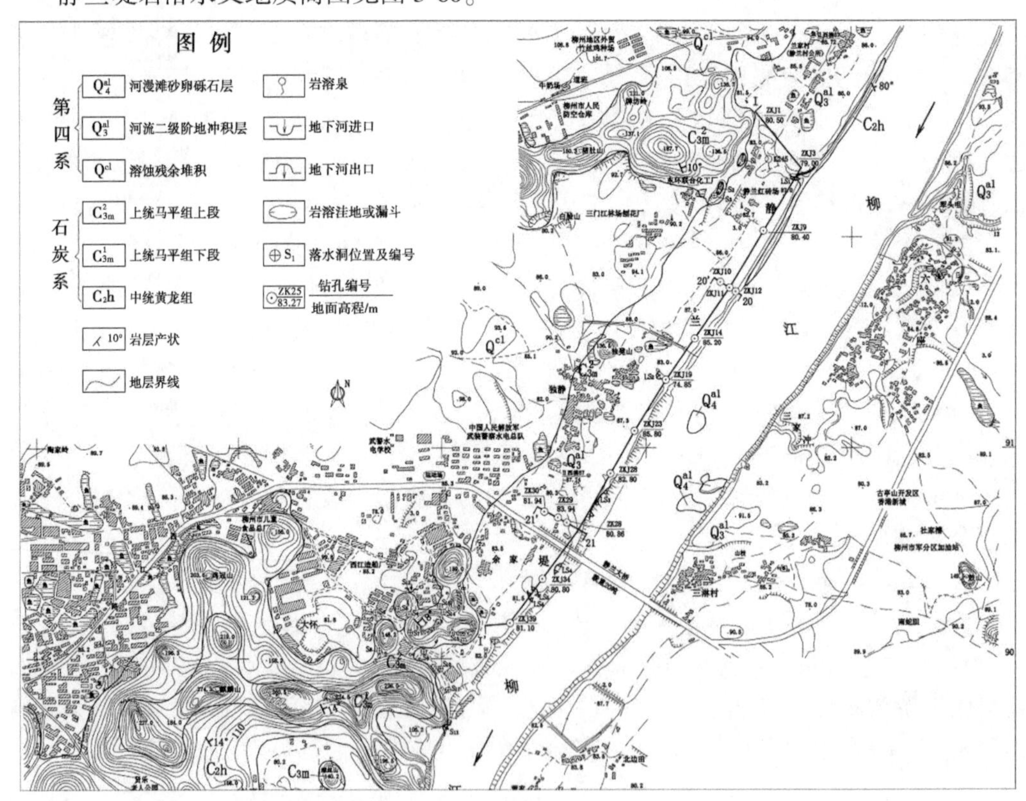

图3-60 静兰堤岩溶水文地质简图

2. 岩溶渗漏问题

(1)西江造船厂北围墙—兰家村，为岩溶孤峰平原，第四系土层总厚度达18.7 m，广泛分布，岩性以溶余残积黏土、冲积粉质黏土为主。厚度达15.2 m，连续分布，其渗透系数$K<1\times0^{-5}$ cm/s，为不透水盖层，虽然基岩以灰岩为主，具有较强岩溶发育程度，由于黏性土层的覆盖及岩溶填充率较高，产生岩溶强渗漏的可能性较小，而且该平原区堤防内外

未发现有地下河、落水洞等岩溶管道,故该平原区沿基岩岩溶管道、裂隙带渗漏倒灌可能性很小。

(2)西江造船厂区为峰林谷地区,地下河、落水洞、漏斗、洼地发育,连通性好,为易产生沿通道渗漏、倒灌地段。落水洞(S_4、S_5、S_9)、漏斗(S_6、S_7)、溶洞(S_{12}、S_{13})、船厂南洼地均与西江造船厂地下河有连通,并与外江相连通,且连通性强,必须采取防渗、防倒灌工程措施。

(3)西江造船厂区上述的地下河、落水洞、漏斗、溶洞采取封、填、围防渗措施后,阻止了洪水的倒灌。采用下列潜水流量计算公式对沿构造裂隙及岩溶裂隙发生渗漏的渗漏量 Q 进行计算。

$$Q = BK \times (H_1 - H_2)/L \times (H_1 + H_2)/2 \tag{3-31}$$

式中:H_1 为外江河床(相对隔水底板)至50年一遇洪水位之差,$H_1 = 67$ m;H_2 为外江河床至船厂洼地地面高程之差,$H_2 = 62$ m;L 为渗漏的平均距离,取 S_{15}(山前)至 S_{16}(山后)的距离 175 m;K 为渗透系数,取 5 m/d;B 为船厂区渗漏段总长度,$B = 600$ m。

计算结果 $Q = 0.55 \times 10^4\ m^3/d$。

工程设计静兰桥下排涝泵站抽排流量 38.8 m^3/s($335.23 \times 10^4\ m^3/d$),与之比较,入渗量是很小的,对防洪排涝影响微小。

3.4.3　水库对堤防的影响

在西江、北江、东江中下游地区,各主干流或支流都不同程度地修建有水库,这些水库的特点是水库库容大,水头低,正常蓄水位一般限制在河流一级阶地附近,形成河槽型水库。不少水库还为抬高水头而需要靠两岸堤防挡水成库,形成正常蓄水位高于两岸一级阶地的平原水库。

建库前,河水基本长时间处于低水位,两岸堤防亦无挡水,只有在汛期才发挥作用,且汛期一般时间较短,多则十天半个月,少则两三天,特别是中游河段,每次洪水时间历时更短。

蓄水后,堤防长期处于挡水、堤脚长期处于泡水状态,若堤基、堤脚为桩基、浆砌石等刚性基础,影响不大;但若是天然地基,长期处于泡水状态,其容重增加,力学指标降低,对堤防会产生较大的影响。

3.4.3.1　红花水电站水库蓄水对堤防的影响

红花水电站位于柳州市下游,距市区鸡喇街约 17 km,水库正常蓄水位 77.5 m,建成后回水到鸡喇码头附近为 77.74 m,至回龙冲为 78.23 m,至木材厂堤段的云头村为 79.03。从地质来讲,红花水库对堤防的影响主要表现在三个方面,即对堤基承载力、岸坡稳定和暗河岩溶浸没的影响。

1. 对堤基的影响

雅儒堤、白沙堤、河东堤、鸡喇堤大部分堤堤基一般较高,白沙堤低洼处堤外平台大部分已填土至 82 m 以上,雅儒堤冲沟处采用桩基,曙光堤柳州饭店段亦采用桩基,红花水库回水对这些堤段影响不大。

河西堤、华丰湾堤、鸡喇堤局部地段为天然地基,以黏土、粉质黏土为堤基持力层,堤基地面高程 72.38~79.95 m,红花水库蓄水后堤基将长期遭水浸泡,其物理力学性质指标可能会有所下降,从设计承载力看,多为 160~170 kPa,仅华丰湾堤为 120 kPa,正常情况下,黏土、粉质黏土在水下其承载力一般应满足 160~170 kPa 的要求,即河西堤、鸡喇堤影响不大,华丰湾堤需采取处理措施。

另外,地质建议的土的力学指标均是在土体饱和状态下的试验指标,总的来讲,土体浸水对其影响不大。

2. 对堤岸稳定的影响

雅儒堤、三中堤、河西堤、华丰湾堤大部分进行了护坡,白沙堤、河东堤、鸡喇堤仅少数堤段有护岸,在已建的 16.27 km 的堤防中共有 10.251 km 无护岸,其中,白沙堤 3.344 km,河东堤 4.785 km,鸡喇堤 2.122 km,白沙堤、河东堤原设计报告中地质建议采取护岸措施,设计也计划有护岸工程。

从实际情况看,土质边坡长期受水浸泡、风浪影响,确易产生边坡失稳,采取护岸措施是必要的,原设计方案应抓紧实施,原未设计护岸处,从堤防安全上及城市美观上考虑,亦应采取护岸措施。

3. 水库蓄水引发柳州市鸡喇防洪区内涝、浸没问题

红花水电站位于鸡喇下游约 9 km 处的红花村处,其正常蓄水位 77.5 m,高于鸡喇地下河出口近 10 m,将影响地下河平水期的自排,加剧鸡喇地区洪水期的内涝,产生岩溶浸没问题。

鸡喇地区现正在修建防护堤,上游起自市福利院,经印染厂、机械化厂,止于鸡喇街白虎山,全长 2 471 m,鸡喇地区已发现的地下暗河出口均位于防洪堤内,水库未建时,枯季靠排水系统自排,洪水期则靠泵站电排。水库蓄水后(水位 77.5 m),除淹没自排闸影响自排外,随着地下水水位的大范围壅高,堤内地下河出口被淹,将导致暗河水头差减小,暗河水流速度变缓,其排洪能力必将减弱,还可能引起岩溶浸没。尤其是当柳州市较大降雨发生在洪水期时,若天然江水位超过水库正常蓄水位,则电站停机开闸泄洪,恢复天然状态,此时水电站对鸡喇地区防洪没有什么影响;若天然江水位低于水库正常蓄水位,水库正常运行,由于库水位的顶托,地下河水位将比蓄水前天然状态下更快壅高,并达到泵站起抽水位(78 m),必须靠泵站开机抽水排洪。堤防勘察成果表明,洪水期外江水经堤基渗入量不大,库水位远低于设计洪水位,产生的入渗量更小,不足以影响泵站容量。但分析长期观测资料可知,洪水期的暗河综合水力梯度为 8‰,枯季暗河综合水力梯度仅 4.5‰。按正常蓄水位导致大范围地下水壅高至 77 m 淹没出口推算,枯季进口水位高程 80.1 m,不致产生内涝。但洪水期进口水位可能超过 82 m,高出进口地面高程(81 m),可能产生地下水溢出地表而产生局部内涝。建议复核洪水期水库运行条件下的泵站起抽高程,或针对鸡喇暗河设地表排水系统。此时,水库运行将增加泵站开机时间,同时可能延长低洼地段的淹没时间。

岩溶浸没问题复杂,需全面收集柳州市气象水文资料,研究降水量、地下水水位、河水位的历年观测资料,并结合水库运行情况,进行专题研究,才能进行定量预测,据此提出处理建议。

3.4.3.2　清远水利枢纽水库蓄水对堤防的影响

清远水利枢纽位于北江下游,坝址上距飞来峡水利枢纽 46.73 km,水库正常蓄水位 10.0 m。

清北围、清城联围、飞水围及清东围上游城区段,其围内地面高程普遍大于12 m,远高于库水位,因此水库蓄水对上述各围堤基影响甚微。

对于清西围、清东围下游段,围内地面高程相对较低,为9.0~11.0 m,低于正常蓄水位,围内覆盖层具典型的二元结构,对双层堤基而言,若按设计规范计算,当正常蓄水位为10 m时,水位尚处在河槽中,堤外水位仅到堤下部,堤后地面高程最低在9 m左右,沿线鱼塘地面高程在7.0~8.0 m,库水位高出堤内地面高程1.74 m,鱼塘处高出2.74~3.74 m,按工程经验,当堤后黏性土基层厚度大于或等于堤外挡水头的一半时,一般不存在堤基渗透稳定问题,这样堤内安全的黏性土厚度应接近2 m。据库区及堤防勘察资料,库区内清西围、清东围下游段堤内的黏土盖层厚度普遍大于7.0 m,远大于安全黏土层厚度,因此库区堤围堤基渗透稳定问题存在的可能性较小。

另外,各堤围在历年的除险加固中,已按防洪标准高标准达标加固,水库蓄水后不会对堤防工程造成太大的影响。

飞水围堤距阶地外缘宽50~150 m,其他防洪堤均临阶地前缘而建,且仅有清城连围北江干堤段进行了堤岸护坡处理。根据水库坍岸预测成果,当水库蓄水后,库岸坍岸宽度影响了部分堤段堤岸(基)的稳定,需对影响堤岸(基)稳定的库岸段进行护坡处理。

3.4.4　软土岸坡抗冲与堤基抗滑稳定

珠江流域部分堤基及岸坡涉及大量的软土及含泥粉细砂,主要存在堤基抗滑稳定问题,但部分发生抗滑失稳的原因并不是与外部荷载或堤基土层软化有关,而是与堤岸的软土受冲刷以后导致或加剧了堤基的抗滑失稳有关。这类与软土岸坡抗冲有关的堤基抗滑稳定问题比较特殊,主要分布在珠江下游段及三角洲地区,但是在上游段沾益盆地、陆良盆地等平缓盆地也存在大范围的软土,发生过典型的软土岸坡受冲导致了堤基抗滑失稳的险段。

下面主要介绍几处典型的由于软土岸坡受冲刷以后导致的堤基抗滑失稳的险段,说明该类问题的特殊性(具有联动性)。

3.4.4.1　西江上游段

西江上游段位于云南高原坝子地区,多为静水湖盆环境,容易沉积大范围的软土,因此因岸坡软土抗冲失稳导致的堤基抗滑失稳问题也比较普遍,但由于河面宽度不大、堤岸不高,出现的堤基抗滑失稳规模普遍较小,如宜良段未出现大型险段,小型险段较多,规模较大的险段主要有沾曲段堤防岳东营滑坡群、陆良段堤防油吓洞滑坡群。

1. 沾曲段堤防岳东营滑坡群

岳东营滑坡群含7个滑坡,堤基岩土可分为7层:①砂砾石层,厚0.4~2.5 m;②粉质黏土层,厚1.8~12.7 m,其上部成分结构单一,下部呈淤泥状夹细砂、砾、煤屑、枯枝;③黏土层,厚1.7 m,呈透镜状分布;④砂砾石层,厚0.5~1.25 m;⑤褐煤层,最大厚度8.2 m,局部地段含炭黏土或深灰色黏土;⑥细砂层,最大厚度3.7 m,分布不稳定,呈透镜体;⑦黏土层,厚度大于7.65 m。堤基中含三种弱抗冲层:中上部为淤泥状粉细砂,下部为褐煤层,底部为第三系黏土岩,具膨胀性。

虽然这个滑坡群堤基含软土、粉细砂、膨胀性黏土三种弱抗冲层,但对堤基及岸坡抗冲稳定性起主要作用的主要是软土,由于堤脚前缘岸坡出露的是位于②~③层的软土,正好位于南盘江河洪水涨落变动范围内,洪水急涨急落将软土冲刷后导致堤前岸坡坡脚悬空,岸坡阻滑力大幅下降发生抗滑失稳问题。针对这种软土在岸坡前缘普遍出露的情况,抛石护脚+混凝土护坡措施不够彻底,最好有堤脚支挡措施,将软土层截断,类似于"固脚"措施,才能较好地处理这种因岸坡软土受冲后发生的堤基抗滑失稳问题。

2. 陆良段堤防油吓洞滑坡群

该滑坡主要发生在同乐大道南盘江大桥上游约 800 m,因位于支流交汇口的对冲岸,常年受冲刷作用。地质断面见图 3-4,堤基主要为砂质黏土,中间夹一层淤泥及淤泥质砂,厚 3~6 m,该层不仅在坡脚还在整个河床出露,由于淤泥的抗剪强度低,尤其是内摩擦角仅 2.4°~3.4°,堤基及岸坡坡体的抗滑力较低,天然堤基坡体或滑坡后阻塞河床的坡体本身处于弱平衡状态。由于受到较强冲刷作用,河床及坡脚软土被冲刷,坡脚阻滑力下降,加之河堤土载荷及排水不畅,导致滑坡发生。不解决坡脚受冲问题,抗滑失稳问题则会反复发生。与岳东营滑坡类似,对坡脚采取支挡措施,彻底阻断软土层受冲,同时对坡体进行削减、排水、坡面防护等工程处理措施,才解决了该处岸坡软土受冲后发生的堤基抗滑失稳问题。

3.4.4.2　西江中游段

西江中游段各堤防的岸坡形态多为陡岸、窄滩的形式,堤基多为黏性土,主要的弱抗冲层为粉土,基本未见普遍分布的软土,一般是在岸坡局部分布软土。如梧州防洪堤在堤基及岸坡上部的黏性土上部与填土之间分布了一层软塑状淤泥质土及粉土,厚度较小;又如桂江二桥小滑坡群,岸坡的抗滑稳定主要受该层软土及软塑粉土的控制,详细地质断面见图 3-6。

滑体为软塑粉土、淤泥质土及上部填土,滑床为淤泥质土下部的可塑状粉质黏土,滑带位于软土与可塑状粉质黏土之间的交界处,局部切穿可塑状黏性土,滑动面呈圆弧形,以浅层滑动面为主。部分滑体已滑至江中,滑坡后缘墙体倒塌、排水渠口破坏,坡脚处湿地泉群分布较广。部分滑坡(塌)后缘陡坎、中下部缓坡平台、鼓丘等滑动痕迹明显。属土质滑塌,整段岸坡以滑动为主,局部有坍塌迹象,整段岸线后退了 4~10 m。

滑坡成因:内因为软土层抗剪强度低,外因为地下水活动、降雨及洪水降落引起的动静水压力变化、堤顶填土增加外部荷载等,而河流侧蚀冲刷了坡脚的软土,导致触发或扩大了滑坡发生的范围。由于软土只分布在岸坡上部,厚度小、分布范围不大,没有采取支护措施,而是修复并砌筑了挡墙,岸坡下部进行砌石护坡,上部削坡挖除填土减载。

3.4.4.3　西江下游段及三角洲

西江下游段从思贤滘往下游基本上为海陆交互相地层,堤基存在大量的软土,因岸坡软土受冲刷以后导致堤基发生抗滑失稳的情况较常见,如景丰联围大莲塘险段、江新联围六十丈发生滑坡,由于都位于西江下游段或三角洲地区,堤岸在长年地质演变过程中往往变得较平缓,发生滑坡的共同特点是岸坡受冲变陡,导致或再次触发堤基滑坡。

1. 景丰联围大莲塘险段

该处堤基的特点是存在一定厚度的泥炭质土,一般厚 2.0~5.5 m,岸坡及坡脚泥炭质土最大厚度超过 15 m,详细地质断面见图 3-15。现状坡角约 11°,坡比为 1∶5.5 左右,岸坡基本稳定。由于泥炭质土抗冲刷能力低,大莲塘岸坡位于河道转弯凸岸部位,受河水侧向水流冲刷,堤前缺失滩地缓冲平台,常年冲刷后堤脚变得陡峻,参考下游险段的水下岸坡,坡比往往达到1∶1.5甚至1∶1.1。该段为堤路结合段,堤基处附加应力大,易失稳。

失稳后的处理措施为堤脚抛石护岸,堤前为浆砌石直立挡墙。由于泥炭质土的厚度很大,没有采取全截断的工程支护措施。该措施只是延缓或延长了抗冲及抗滑稳定问题触发或再次发生的时间,没有从根本上解决因岸坡软土(尤其是挡墙基础以下)受冲刷以后导致的堤基抗滑稳定问题,在多长的时间尺度上或在某些环境条件改变时可能触发或加速抗冲失稳问题发生,这是值得今后研究的工程地质问题。

2. 江新联围六十丈滑坡

六十丈滑坡发生于1995年,位于江新联围的天河围,滑坡长度达300 m,当地水利局曾开展过针对险段的除险加固的工程地质勘察和稳定分析工作。该处滑坡的地质纵断面详见图3-61。

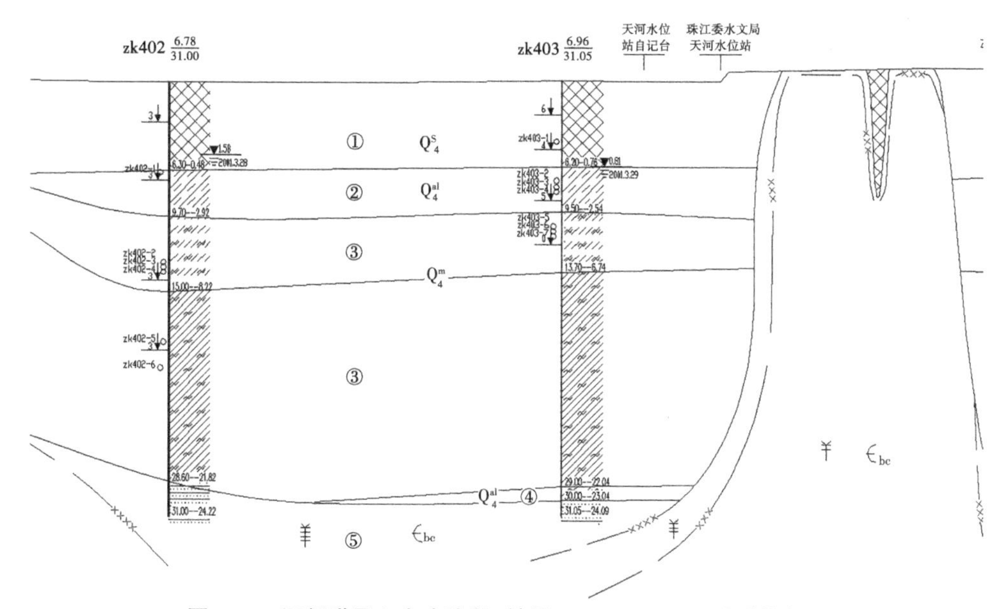

图3-61　江新联围六十丈险段(桩号5+500~5+800)地质纵断面

堤基土为软可塑黏性土,厚3 m左右,下部为软塑—流塑的淤泥质土、淤泥,厚约20 m,抗冲刷能力低。堤前缺失滩地缓冲平台,岸坡为基本稳定状态。由于受江心洲分流及下游残丘(寒武系变质岩体)束窄河道的影响,河水流态发生改变,对六十丈附近堤脚产生比其他堤段明显强化的迎流受冲作用,经长期演变形成陡峻的水下岸坡,当岸坡前缘阻滑力不足时即发生滑坡。

2000年该堤段完成了100年一遇的达标加固,加固后堤前抛石护岸,堤脚处浆砌石起脚,堤前坡为预制混凝土块护坡。与景丰联围大莲塘险段相似,由于岸坡及坡脚软土厚度大(最大厚度超过20 m),抛石护岸和浆砌石挡墙起脚只是增加了岸坡坡体的阻滑力,解决了现状滑坡的稳定性问题,但由于江心洲分流及残丘束窄河道的影响长期存在,在软土长期受冲后浆砌石挡墙墙基存在稳定隐患,也就无法完全根治由此带来的堤基抗滑稳定性问题。在多长时间尺度上或在某些环境条件改变时可能触发或加速抗冲失稳问题发生,这是值得今后研究的工程地质问题。

第4章　今后研究的工程地质问题

4.1　地震液化问题

砂土液化所造成的破坏是巨大的,液化所带来的一系列问题一直被人们关注。在设定地震下,摆在工程师面前的是首先要预计液化的可能性,以便确定是否采用地基处理等抗液化措施。经过几十年的研究,在液化判别和预测上已取得较大进展,但仍存在不少问题。如2008年5月12日发生的四川汶川8.0级特大地震出现了几个我国规范目前无法解决的新问题和新现象——低烈度区出现液化现象,有10余处液化点位于Ⅵ度区,目前规范认为Ⅵ度区不液化或不考虑液化发生的;深层液化,从部分液化场地钻孔资料来看,在地下20 m处发现地表喷出物,目前规范认为液化只能考虑到15 m,15 m以下是有争议的;砂砾土层液化,成都平原地区卵石层分布十分广泛,大多数液化场地都是砂砾石层发生液化,这在国内外其他地震中都是很少见的,我国规范以及工程上是不考虑砂砾石液化的,甚至认为砂砾石层不可能发生液化,到目前为止,国际上对于卵石层都还没有一种有效的评价方法。这些新问题、新现象实属罕见,必须引起工程技术人员的高度关注。

另外,随着工程建设规模的不断增大和认识的深化,对液化判别的要求也不断提高,不仅要求给出液化"是"或"否"的答案,还要进一步给出判别的可靠性分析结果。于是人们开始研究具有概率意义的液化判别方法,探索将可靠性理论应用于液化预测,还只是刚刚起步,还有许多关键性问题需要解决,还有很多工作要做。

今后地震液化问题研究方向主要有以下几方面:

(1)液化判别和可靠性分析方法的精度依赖于现场测试参数的精度,目前大多数工程现场采用标准贯入试验进行液化判别,测试手段较为单一。为了保证液化判别可靠性,需对同一场地进行多参数的测试,便于相互对比和印证,应是今后的发展方向,特别是要运用静力触探CPT这样有发展前途的测试技术。

(2)对于砂砾土液化判别,目前规范上没有相应的评价方法。中国地震局工程力学研究所以2008年5月汶川地震液化震害调查资料为背景,提出了砂砾土液化评价方法,包括砂砾土层液化触发条件以及判别公式。用于评判砂砾土发生液化需具备的两个基本条件:①砂砾土处于不排水或排水不畅的条件,即液化触发条件;②砂砾土处于饱和、松散状态,具备较低的抗液化强度。采用基于动力触探的砾性土液化判别公式,简称CYY公式进行评价。

$$CRR = \exp\left[\frac{1}{2.12}(\ln[P_L/(1-P_L)] - 8.40 + 0.35N'_{120})\right] \tag{4-1}$$

$$N'_{120} = C_1 C_2 N_{120} \tag{4-2}$$

式中:N_{120}为实测动力触探击数;N'_{120}为修正后的动力触探击数;P_L为液化概率;C_1为修正

至 100 kPa 的有效上覆压力修正系数，$C_1=(100\ \mathrm{kPa}/\sigma'_v)^{0.5}$；$C_2$ 为有效锤击能量修正系数，$C_2=ETR/90\%$，ETR 为有效锤击能量传递系数（%），理论总能量按 1.2 kN · m 计算。因为我国动力触探的重锤锤击系统采用 120 kg 重锤，利用卷扬机将重锤提升 1 m，自动脱钩后通过自由落体的方式锤击钻杆上的砧板，进而带动钻杆、触探头对土层进行贯入，理论锤击能量（势能）为 1.2 kN · m。根据研究成果，动力触探的重锤传递至钻杆的有效传递效率约为 90%，变异系数约 0.09。

土层是否液化还与震级有一定关系，震级越大，地震作用时间越长，相同大小的地震荷载在不同震级条件下的作用效果不同，故需要给出震级对砂砾土液化预测结果的修正。采用 Seed"简化法"计算等效循环剪应力比时，需采用 Youd 等推荐的震级修正系数。

$$\mathrm{CSR}_{7.5}=\mathrm{CSR}/\mathrm{MSF} \tag{4-3}$$

式中：$\mathrm{CSR}_{7.5}$ 为修正至矩震级为 7.5 下的等效循环剪应力比；CSR 为 Seed"简化法"等效循环剪应力比；MSF 为震级修正系数，$\mathrm{MSF}=10^{2.24}/M_w^{2.56}$。

修正至矩震级为 7.5 下的判别公式如下：

$$\mathrm{CRR}_{7.5}=\exp\left[\frac{1}{2.12}(\ln[P_L/(1-P_L)]-8.40+0.35N'_{120})\right]/MSF \tag{4-4}$$

当处于液化临界状态时，概率 $P_L=50\%$，根据式（4-4）可得以动力触探击数为基本指标的砾性土临界液化判别公式：

$$\mathrm{CRR}_{7.5}=\exp(0.18N'_{120}-4.35)/\mathrm{MSF} \tag{4-5}$$

若砂砾土抗液化强度应力比 $\mathrm{CRR}_{7.5}$ 小于所遭受的地震剪应力比 $\mathrm{CSR}_{7.5}$，则砾性土判为液化，否则为不液化。

上述研究成果以 2008 年汶川地震砾性土液化为背景、以动力触探锤击数为基本指标形成的砾性土液化评价方法，也在中国、美国、意大利、新西兰、厄瓜多尔等 5 个不同国家 6 次不同地震、29 个不同历史砾性土场地针对砾性土液化触发条件及 CYY 公式的可靠性、准确性、实用性进行了验证，但数据量还是偏少，今后需要在实际工作中加以运用和研究。

（3）室内试验是目前认识砂土液化机制和规律的主要手段，应密切关注室内试验最新研究成果，并努力同现场进行结合。

（4）进行液化判别可靠性分析最基本的要求就是应有足够多的液化资料，而由于地震的罕遇性和不可重复性，通过收集数量更多、代表性更强的液化资料得到各随机变量的统计特征以及分布情况，为进行可靠性分析奠定基础。

4.2　抗冲稳定问题

分析堤防的抗冲稳定问题时，除了考虑弱抗冲层的性状、组合结构、岸坡形态及水流条件，还应考虑上游堤前水流及环境条件随时间变化或不变化的特殊情况。

上游水流及环境条件随时间发生变化后对弱抗冲层产生或增加了不利影响，从而可能发生抗冲失稳问题。上游水流及环境条件不随时间发生变化，表面是研究现状抗冲措施的耐久性，实质是研究软土等岸坡弱抗冲层受冲后的"渐变性"对岸坡防护措施的影响。上游水流及环境条件随时间发生变化的问题可预测性较低,有待于今后展开研究。上游水流及环境条件不随时间变化的问题,需要长期的观测及变形监测,甚至需要开展类似水力学的模型试验、三维模型分析,这些也有待于今后展开研究。

4.2.1 上游水流及环境条件变化

环境变化影响地质体动态稳定,堤防等临岸建筑物、堤外水流条件变化和堤内水文地质条件变化都对堤基的抗冲稳定造成影响。当上游环境改变导致堤前水流条件改变时可能对堤基及堤岸冲刷产生不利影响。对弱抗冲层外露的堤基,河道的冲淤变化、沿岸建筑(包括新建堤防)缩窄行洪断面、河道整治改变河汊分流比、丁坝挑流及附近岸坡实施护岸等,均可能导致局部河段水流的流速、流态发生较大改变,引起局部外滩冲刷加剧,使静态稳定的岸坡产生动态不稳定,进而危及堤基的稳定。

4.2.2 上游水流及环境条件不变

环境不变实际是对地质体产生的影响持续不变,需要研究岸坡软土等弱抗冲层在持续受冲作用下,对现状的抗冲防护措施产生怎样不利的变化。如软土岸坡抛石护岸后堤前浆砌石起脚,浆砌石墙地基软土是否会受淘蚀?水流流速的大小及冲刷深度的深浅与岸坡软土的冲刷量有怎样的相关关系?抛石护岸宽度的宽窄与浆砌石墙基稳定性有怎样的相关关系?行洪水量大小与冲刷强度的关系,结合时间维的观测(检测)与模拟,最后预测在多长时间尺度上抗冲防护措施可能失效,也是对堤防岸坡护坡措施全生命周期的分析研究。

4.3 城区防洪墙地基处理问题

受城市发展、城区场地的限制,城市内一般多修建直立式防洪墙来抵御洪水。根据建筑材料的不同,防洪墙可分为钢筋混凝土防洪墙、混凝土防洪墙和浆砌石防洪墙等几类,前者墙体高度可达6~8 m,其中地表以上高3~6 m,地表以下高2~3 m;后两者则多在墙的高度不大时采用,且多数建造时间比较久远。根据防洪墙断面形式的不同,又可分为重力式、悬臂式、扶壁式、空箱式。有的城市的防洪墙还在外侧设有驳岸、内侧建有戗台。此外,由于防洪墙断面尺寸小,墙体挡水时,墙基渗径较短,有的防洪墙在其内、外侧的地表铺设有一定宽度和厚度的黏土隔渗层。

防洪墙的工程地质评价与土堤地基类似,但是由于城市防洪工程的重要性,防洪墙轴线上勘探孔的密度往往大于土堤,对地基地质结构的划分和工程地质分段也比土堤的更细。此外,由于防洪墙结构和所处地理位置的特殊性,其工程地质评价中也存在一些需要特别注意的地方。

许多河段防洪墙墙基表层分布有杂填土,有时厚度可以超过10 m,这是防洪墙与一般土堤工程地质条件中差异较大的一点,由于是人类活动的产物,杂填土无论是空间分布、物质组成还是水文地质、工程地质性质,都无规律可循。有的河段墙基回填的素填土为具中—高压缩性的淤泥质黏土或淤泥质粉质黏土。所以在进行防洪墙工程地质评价时，应充分认识到防洪墙的工程特点（断面尺寸小、墙基渗径较短）、地形特点（外滩窄或直接临水）、地基特点（分布有杂填土、淤泥质土等），对于已建防洪墙的加固，还应考虑历史险情隐患的情况。评价时，可参照土堤堤基地质结构的分类原则，对墙基进行分类，再分段进行工程地质评价。

4.3.1　防洪墙工程地质评价

进行防洪墙工程地质评价时，应重点对下列主要工程地质问题进行分析评价。

4.3.1.1　渗透稳定问题

由于防洪墙断面尺寸小、渗径短，江、河、潮水可通过墙基浅部渗透性较大的土层或沿墙体与地基的接触面入渗，在墙后形成渗水、散浸甚至管涌等险情，从而威胁防洪墙的安全。

此类问题是防洪墙较为常见的工程地质问题之一。土基中，表层黏性土层的厚度决定了地基抗渗的好坏。一般来讲，墙趾处地基为单一砂性土结构、上薄黏性土层状结构（黏性土层厚 2~5 m）或上砂性土层状结构的容易产生渗透变形；单一黏性土结构、上厚黏性土层状结构（黏性土层厚大于 5 m）地基则很少产生渗透变形现象。

4.3.1.2　不均匀沉降问题

防洪墙地基中分布有人工填筑土或淤泥质黏性土，这些土体或本身就具有成分不均一、结构松散的特点，或与其他土体性状差异较大，地基承载力偏低，加之江河水涨落，引起墙基土体有效应力发生调整和变化，从而产生不均匀沉降。对于此类问题可根据土体的分布情况，合理设置变形缝，或扩大墙基尺寸、改变墙基形式等方法来解决。

4.3.1.3　抗滑、抗倾稳定问题

一般重力式防洪墙和墙后设有戗台的防洪墙抗滑、抗倾稳定性较好。但是有的防洪墙或因墙体埋置深度过浅或墙基持力层为淤泥质黏性土，性状差、强度低、墙基与持力层间摩擦系数偏小，在高水位江、河、潮水的侧向推力等外力的作用下，存在抗滑或抗倾稳定问题。确定墙体是否存在抗滑、抗倾稳定问题，应进行专门的计算。

4.3.2　防洪墙常见地基处理方法

防洪墙常见的地基处理方法是采用桩基础。如西江中游梧州市河东区位于桂江东岸，西江北侧，两江交汇于河东区西南角水都乐一带，市政建筑大多位于一级阶地及高漫滩之上，阶地面高程一般为 15~25 m。阶地后缘接低山丘陵，紧靠白云山，山顶高程大于 50 m。地势东北高、西南低。防洪堤坐落在一级阶地的前缘及部分漫滩之上，起点位于桂江东岸的龙母庙附近，终止于西江左岸地区医院附近，全长约 3.7 km。根据堤基工程地质条件特征，并考虑堤段所处河段的地质条件差异性，防洪堤一期工程全堤段采用桩基础。其中，桂江段采用钻孔灌注桩，桩端深入至基岩上部，为嵌岩桩；西江段采用沉管灌注桩，以砂卵砾石为桩端持力层。

4.3.2.1　堤防工程地质条件

整条防洪堤处在同一地貌单元上。堤基沿线岩土共可分 10 层，自上而下依次为：①人工填土、②粉土、③淤泥质黏土、④粉质黏土（包括黏土夹砂）、⑤含泥沙层、⑥砂卵砾石（含中粗砂层）、⑦残积黏土、⑧全风化砂岩、⑨强风化砂岩、⑩弱风化砂岩。

①人工填土以杂填土为主，少量素填土，均为松散堆积层，厚度变化大，一般厚 3~9 m，最大厚 13 m；孔隙比大，土质松散，分布杂乱，强度低，稳定性差，压缩性高。透水性强，

且极不均一,不宜直接作为堤基持力层。②粉土由粉粒组成,局部含粉细砂粒,层厚1.1~10.3 m,压缩性高。③淤泥质黏土。④粉质黏土主要由粉黏粒组成,分布连续,厚度2~10 m,压缩性中等。⑤含泥沙层由粉细砂和粉黏粒组成,层厚0~10.3 m,呈透镜状分布,压缩性中等。②~⑤层为漫滩相沉积层,分层厚度变化大,属多层土地基结构,相应的工程特性亦较复杂,强度较低,不适宜作为堤防建筑物桩基持力层。下部⑥砂卵砾石层及下伏基岩强度较高,可以作为桩基持力层。

4.3.2.2　桂江段防洪墙基础处理

一期工程桂江段主堤段堤身采用钢筋混凝土扶壁式防洪墙结构,基础采用钻孔灌注桩,桩基础持力层为强风化砂岩,防洪墙底板宽9 m、厚0.8 m,建基高程17.00 m,位于杂填土中部。堤顶为T形飘板结构的人行道,宽7 m,高程26.40~26.70 m,每16 m为一防洪墙单元。挡水墙厚度0.5 m,堤轴线布置在挡水墙的外侧边缘;肋板设置在堤外侧,厚0.6 m,间距3.2 m。以地面高程20.0 m为分界点,下部宽4.75 m、高2.2 m,上部宽1.0 m。为加强防洪墙底板刚度,堤内侧地面以下设置一肋板,宽3.75 m,高2.2 m。为满足渗透稳定要求,桂江段设置悬挂式垂直防渗墙。采用塑性混凝土防渗墙,成墙厚度250 mm,深10.8~16.8 m。桂江段主堤典型堤型剖面见图4-1。

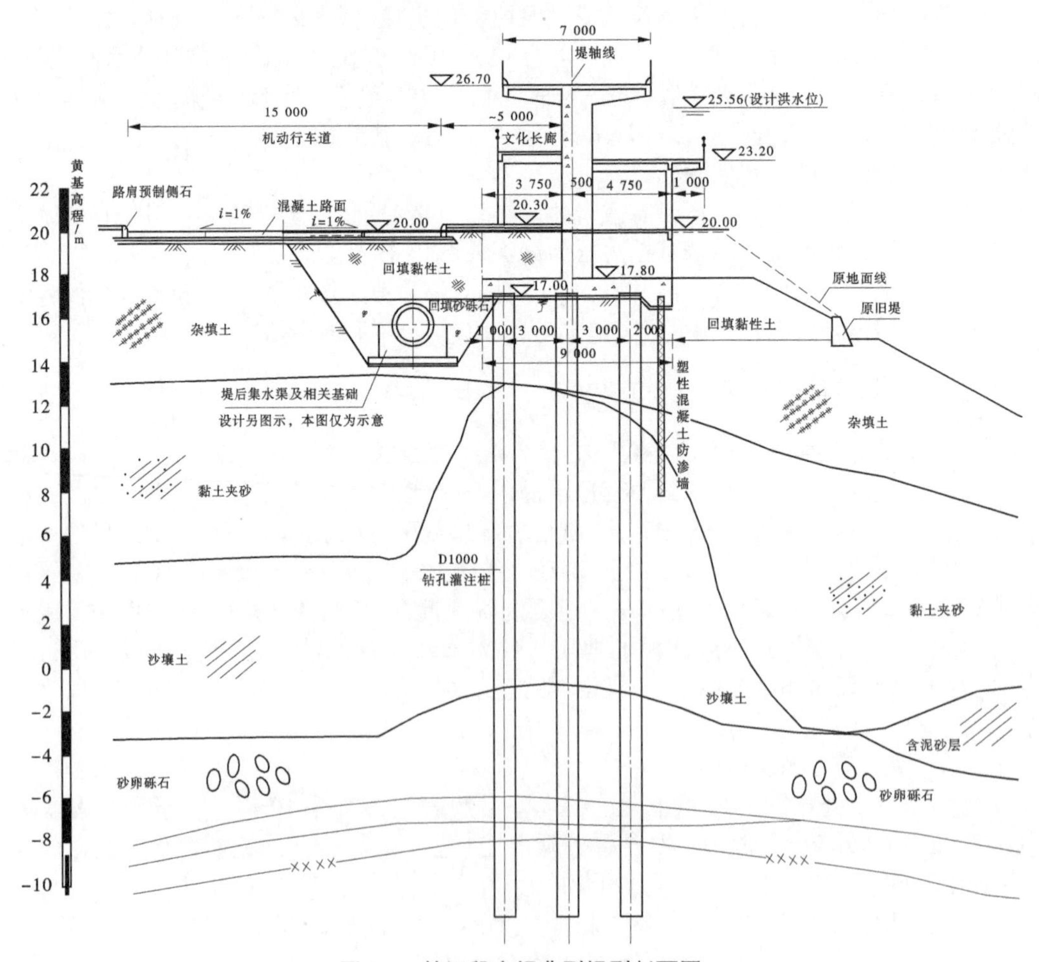

图4-1　桂江段主堤典型堤型剖面图

4.3.2.3　西江段防洪墙基础处理

西江段堤型Ⅰ段堤防结构为扶壁框架式，堤顶设计高程26.30 m，底板高程10.0 m，每18 m为一防洪墙单元。防洪堤堤内地面高程20 m以下为扶壁式结构，高10 m，地面以上为框架结构，高6.3 m。堤顶宽10.5 m，行车道宽7 m，两边人行道各宽1.75 m，堤身宽7 m。防洪堤挡水板为直立墙，25.70 m高程处厚0.6 m，19.4 m高程处厚0.95 m，底板处厚1.35 m；地面以下设置扶壁支撑，扶壁厚0.5 m，地面以上为钢筋混凝土框架柱，截面尺寸为0.8 m×0.5 m。堤基为钢筋混凝土桩台基础，底板桩台厚1.0 m，底板宽12 m。基础采用沉管灌注。为增加防洪堤抗滑稳定，在墙踵设置阻滑齿墙，墙深2.5 m。防洪堤底板前趾处设了悬挂式防渗墙，深度约7 m，采用多头小直径水泥土搅拌桩防渗墙，有效成墙厚度220 mm。堤型Ⅰ典型剖面见图4-2。

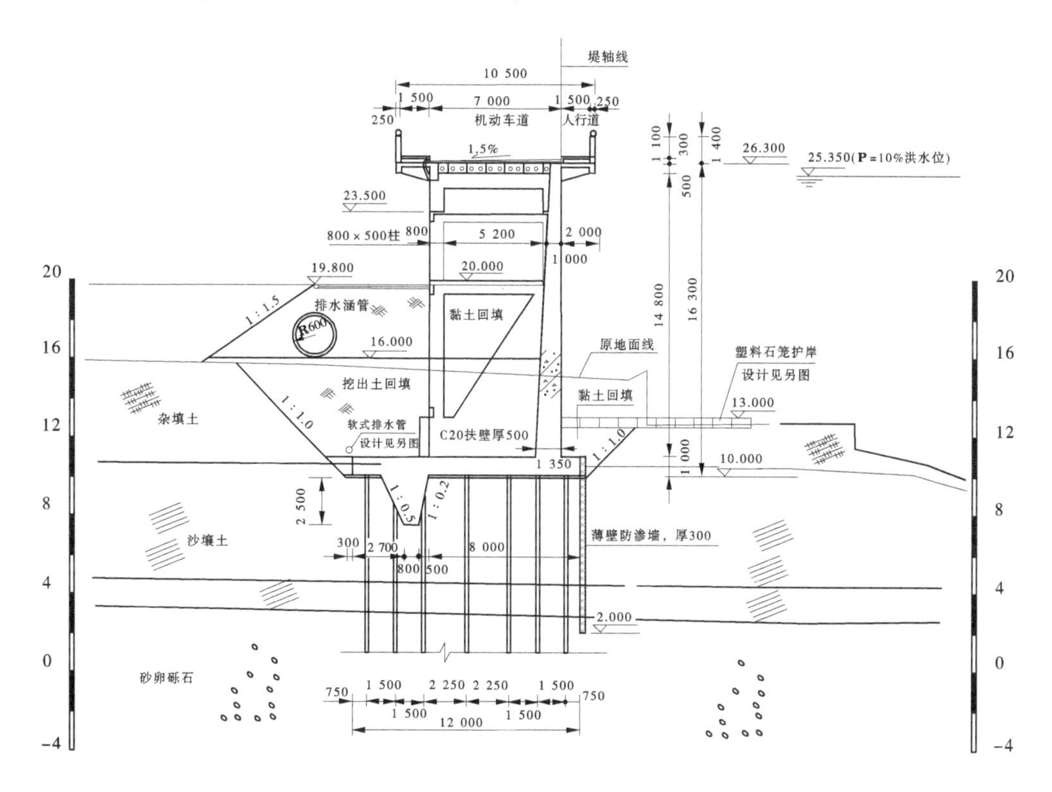

图4-2　堤型Ⅰ典型剖面

4.3.3　防洪墙常见工程地质问题

防洪堤的桩基竖向承载力、桩身强度、裂缝宽度及承台强度一般均满足安全要求，但在洪水漫顶时部分基桩水平承载力偏小，若经历超标洪水，基桩桩周土体容易发生塑性变形，从而导致水平承载力降低，并导致地面土体隆起或堤后道路发生位移，这类工程地质问题比较常见。通常采用以下方法对这类工程地质问题进行研究和处理。

(1)查明堤周地质条件并对堤后地表变形产生的原因进一步分析。

(2)经过多年的运行，防洪堤堤基土体物理力学特性可能已经发生变化，可以对桩顶以下的土层进行勘探试验,若有条件再次进行基桩水平静载试验。

(3)选择少部分变形较大的堤段,对桩周土层进行固结灌浆,提高土层的强度。经灌浆加固后,渗漏通道被封堵,渗径延长,堤后出口渗流水力坡度迅速下降,渗透稳定安全。

4.4 注水试验成果的应用

4.4.1 注水试验的适用范围

注水试验是指向钻孔或试坑内注水,通过量测注水量、时间、水位等相关参数,测定目的层介质渗透系数的试验。注水试验主要适用于松散地层,特别是在地下水埋藏较深和干燥的土层中,在透水性较强的喀斯特化岩体和破碎基岩中,也可用于取代钻孔压水试验。

注水试验按试验方法可分为钻孔注水试验和试坑注水试验,试坑注水试验又可分为试坑单环注水试验和试坑双环注水试验,钻孔注水试验分为常水头(或定水头法)注水试验和降水头(或变水头)注水试验。

《水利水电工程注水试验规程》(SL 345—2007)中明确规定:试坑单环注水试验适用于地下水水位以上的砂土、砂卵砾石等土层,渗流为三维流,它测得的是土层的综合渗透系数,对于毛细力较大的黏性土,使用单环注水试验,测得的渗透系数误差较大;试坑双环注水试验适用于地下水水位以上的粉土层和黏性土层(毛细力较大的黏性土层),求得的渗透系数基本上反映了土层的垂直渗透性;钻孔常水头注水试验适用于渗透性比较大的壤土、粉土、砂土和砾卵石层,或不能进行压水试验的风化、破碎岩体、断层破碎带等透水性较强的岩体,目前在坝基、堤防、输水渠道、病险库勘察等工程中应用较广;钻孔降水头注水试验适用于地下水水位以下的粉土、黏性土层或渗透系数较小的岩层。

《水电工程钻孔注水试验规程》(NB/T 35104—2017)中也明确规定:定水头注水试验宜用于渗透性较强的土体及破碎岩体;降水头注水试验宜用于地下水水位以下渗透性较弱土体。对于不同的岩土层,由于渗透性存在较大差异,定水头和降水头注水方式不同对试验结果影响较大;在地下水水位以上包气带内进行降水头注水试验,其土体渗透性与包气带的饱和度和孔隙度及毛细水作用有关,试验边界条件较复杂,目前一般应用较少。多数注水试验表明,试验段过小,试验结果偏差较大,因此注水试验段长度不宜小于 3 m;降水头试验的时间较短,因此其段长选择宜较长。

《工程地质手册》(第 5 版)中也明确:钻孔常水头法注水试验适用于砂、砾石、卵石等强透水地层;钻孔变水头法注水试验适用于粉砂、粉土、黏性土等弱透水地层。

综上所述,试坑单环注水试验、钻孔常水头注水试验适用于渗透性较大的岩土层,如砂、砾石、卵石、风化层、破碎岩石等;试坑双环注水试验及钻孔降水头注水试验适用于渗透性较小岩土层,如粉土层、黏性土层等。试坑单环注水试验、试坑双环注水试验适用于地下水水位以上岩土层;降水头试验适用于地下水水位以下岩土层。

4.4.2 注水试验成果的一般规律

单环注水试验结果,反映的是综合渗透系数;双环注水试验结果,反映的是垂直渗透系数；钻孔注水试验一般反映的是水平渗透系数或综合渗透系数。

当试验位于地下水水位以下时，多个工程项目注水试验和抽水试验结果对比表明，两者结果相差不超过 10 倍，基本相当。由于受目标层内含有黏粉粒，或者钻孔的孔壁清洗不干净等影响，同一目标层注水试验成果往往比抽水试验成果小一些。

室内渗透试验可测试水平向和垂直向渗透系数，但在无特别要求的情况下，一般测试的是垂直向渗透系数。细粒土层在沉积过程中，多呈层状，且往往夹有层状的透水性偏大的砂土层；水利工程如土坝、堤防填筑过程中，多采用分层填筑，由于坝体的非均质性及填筑时的层面和不可避免的裂缝等缺陷，水平向渗透系数一般比垂直向渗透系数大，因此注水试验取得的渗透系数比室内试验取得的渗透系数大。工程实践表明，土层现场注水试验结果与室内渗透试验结果对比，相差一般较大，注水试验结果往往比室内试验结果大 10 倍，甚至 100 倍以上。

常水头注水试验与降水头注水试验成果都是反映目标土层的水平渗透系数或综合渗透系数，仅是适用的范围稍有区别。对于不同的岩土层，由于渗透性存在较大差异，试验段的段长过小，试验结果偏差较大，因此钻孔注水试验段长度不宜小于 3 m，降水头试验的时间较短，其段长宜更长。工程实践表明，常水头注水试验结果与降水头注水试验结果基本相当，一般也不超过 10 倍。

4.4.3　注水试验成果的应用

注水试验是一种简便、快速、有效的原位测试方法，测试结果能较真实地反映目标岩土层的渗透性，在实际工程中，应用较广泛。

4.4.3.1　用于岩土体渗透性分级

岩土体渗透性分级依据注水试验成果或压水试验成果进行，用于评价岩土层的渗透性，详见表 4-1。

表 4-1　岩土渗透性分级

渗透性等级	标准	
	渗透系数 K/(cm/s)	透水率 q/Lu
极微透水	$K<10^{-6}$	$q<0.1$
微透水	$10^{-6}\leqslant K<10^{-5}$	$0.1\leqslant q<1$
弱透水	$10^{-5}\leqslant K<10^{-4}$	$1\leqslant q<10$
中等透水	$10^{-4}\leqslant K<10^{-2}$	$10\leqslant q<100$
强透水	$10^{-2}\leqslant K<1$	$q\geqslant 100$
极强透水	$K\geqslant 1$	

4.4.3.2　用于土坝渗流计算

土坝渗流计算时，计算渗透流量时宜采用土层注水试验取得的渗透系数的大值平均值，计算水位降落时的浸润线宜用小值平均值。

采用公式进行渗流计算时对比较复杂的实际条件可做如下简化：

(1)渗透系数相差 10 倍以内的相邻薄土层可视为一层,采用加权平均渗透系数作为计算依据。

(2)双层结构坝基如下卧土层较厚且其渗透系数小于上覆土层渗透系数的 1/100 时,可将下卧土层视为相对不透水层。

(3)当透水坝基深度大于建筑物不透水底部长度的 1.5 倍以上时,可按无限深透水坝基情况估算。

4.4.3.3　地下水流速的确定

在地下水等水位图上的地下水流向上,求出相邻两等水位线间的水力梯度,然后利用下式计算地下水的流速:

$$v = KI \tag{4-6}$$

式中:v 为地下水的渗流速度,m/d;K 为渗透系数,m/d,一般用注水试验取得的结果;I 为水力梯度。

4.4.3.4　涌水量的计算

1. 排水计算

在基坑降水中,一般用抽水试验得到的渗透系数来计算,但如果没有抽水试验的结果,用注水试验的大值平均值计算。

2. 用水量的计算

供水项目中,一般用抽水试验得到的渗透系数来计算,但如果没有抽水试验的结果,用注水试验的平均值计算。

4.4.3.5　渗漏量估算

水库渗漏量大小因渗漏方式、渗漏介质与水动力特征不同差异很大,渗漏量的计算精度取决于合理选取边界条件、计算参数与计算方法。对于松散地层或裂隙渗漏,可采用以达西定律为基础的计算公式;对于管道渗漏,应按管道流进行估算。

依据渗漏地段的水文地质结构、渗流特性,分析渗漏边界条件,确定渗漏地层位置、厚度与宽度,并根据压水试验、抽水试验、注水试验等水文地质试验获得渗透参数进行渗漏量估算。多个透水层或具有明显渗透分带的透水层,可取各透水层渗透系数加权平均值估算渗漏量。

1. 邻谷渗漏量估算

邻谷渗漏量估算分为均一岩(土)体介质向邻谷渗漏、非单一透水介质岩层的渗漏、倾斜的承压水层渗漏、岩土体透水性沿渗漏途径变化较大时渗漏等类型,不同类型采用的计算公式不一样,但均需应用渗透系数进行计算。

2. 坝基渗漏和绕坝渗漏量估算

水利水电工程除定性地评价坝基渗漏和绕坝渗漏外,还需定量估算其渗漏量。

坝基渗漏量按下式进行估算

$$Q = KHBq_r \tag{4-7}$$

式中:Q 为坝基渗漏量,m^3;K 为渗透系数,m/d;H 为上下游水头差,m;B 为坝的长度,m;q_r 为计算渗流量,可根据透水层厚度与坝的底宽的比值查相应曲线取得。

绕坝渗漏可按下式进行估算

无压流

$$Q = 0.336KB(H_1 + H_2)(H_1 - H_2)\frac{\lg B}{r_1} \tag{4-8}$$

有压流

$$Q = 0.732KHM\lg\frac{B}{r_1} \tag{4-9}$$

式中:K 为渗漏段渗透系数,m/d;B 为绕渗带长度,m;H_1 为坝前水位,m;H_2 为坝下游水位,m;r_1 为坝间接头半径,m;M 为承压含水层厚度。

4.4.3.6　用于土石坝体安全鉴定

水库病险类型划分为渗漏问题、稳定问题、土石坝坝体变形问题、坝(闸)基沉陷问题、抗震稳定问题,其中坝体渗漏问题、坝基渗透稳定问题需采用渗透系数评价;坝体填筑材料不良、抗渗性不能满足要求、渗透系数过大,导致坝体外坡大面积散浸;沿坝(闸)基、肩或坝体与岸坡接头渗漏大的部位产生管涌、流土,或土石坝坝体因施工和填土质量不符合要求,渗透系数大,坝体生物破坏导致漏水量大而产生渗透破坏。

土石坝坝体及坝基,特别是坝体与坝基接触部位,往往是渗漏产生的主要通道,采用注水试验取得的渗透系数,更能真实地反映其渗透性。

4.4.4　注水试验成果的研究

虽然注水试验的成果应用较为广泛,但由于地质体的复杂性、各向异性等,注水试验的计算公式都是在一定的假定基础下简化后得到的,且多为经验公式,因此仍需要进行更深入的研究,才能更准确地利用注水试验成果。

(1)用注水试验成果评价堤防渗透性的适用性。

《堤防工程设计规范》(GB 50286—2013)的要求:黏性土的填筑标准应按压实度确定,一级堤防不应小于 0.95,二级和堤身高度不低于 6 m 的三级堤防不应小于 0.93,堤身高度低于 6 m 的三级及三级以下堤防不应小于 0.91。

规范中对坝体(堤防)堤筑土的质量均用压实度标准评价。实际操作中,对已建坝体(堤防)的检测方式多通过对填筑土取样做试验,取得其干密度和最大干密度,求得其压实度。

但是,对于大部分已建堤防,多靠人工就近取土,古老的施工方法,碾压不密实,存在压实度不够、渗透性偏大(一般为中等透水)等现象,因此按规范规定的压实度,几乎都不合格。

实际上大部分已建堤防,尤其是经后期加固(培厚或加高)的堤防,挡洪期出现问题的只是局部堤段。因此,不宜仅将压实度作为已建堤防土堤堤身填土质量评价的控制性指标。

考虑到堤防作为挡洪建筑物,堤身渗漏及其引起的堤身渗透稳定和堤后坡抗滑稳定才是主要问题,因此以渗透系数作为已建堤防土堤堤身填土质量评价的控制性指标更合适。

由于无规范明确规定评价填筑土质量的渗透系数标准，因此大多采用工程经验类比评价。

《水利水电工程天然建筑材料勘察规程》（SL 251—2015）对均质坝土料（一般土填筑料，区别于心墙或斜墙防渗料）渗透系数的要求是击实后不大于 1×10^{-4} cm/s；《碾压式土石坝设计规范》（SL 274—2020）中对防渗土料的渗透系数要求是均质坝不大于 1×10^{-4} cm/s。两规范要求的填筑土料的渗透系数，是通过室内渗透试验得到的结果，是判断土料是否能作为均质土坝或防渗土料的其中一个标准。

由于注水试验结果往往比室内试验结果大 10 倍，甚至 100 倍以上，采用钻孔注水试验 $K<1\times10^{-4}$ cm/s、室内试验 $K<1\times10^{-5}$ cm/s 作为已建堤防不满足防渗要求的标准。

虽然可采用工程经验类比法用渗透系数来评价堤防的防渗标准，但始终还没有一个工程界认可的标准，也有学者提出注水试验不适用于人工填筑的坝体、堤身等具有临空边界的孤立式水工建筑物。因此，仍需要进一步研究采用注水试验成果评价堤防渗透性的适用性及标准。

（2）地下水位以上的土坝、堤防注水试验的适用性。

试坑单环注水试验、钻孔常水头注水试验适用于渗透性较大的岩土层，双环注水试验及钻孔降水头注水试验适用于渗透性较小岩土层；试坑单环注水试验、试坑双环注水试验适用于地下水水位以上岩土层，降水头注水试验适用于地下水水位以下岩土层，常水头注水试验对地下水位无要求。

但大部分土坝、堤防都是由黏性土经碾压填筑而成的，大多在地下水水位以上，一般渗透性较小，按上述各种类型的注水试验适用范围，仅试坑双环注水试验适用，但试坑双环注水试验的试验深度有限，难以反映厚层填土层的渗透性。如何取得地下水水位以上厚层黏性填筑土的渗透性，或者说钻孔常水头注水试验是否适用于地下水水位以上的土坝、堤防，需要进一步研究。

（3）钻孔注水试验计算公式是否适用于均质土坝、堤防。

《水利水电工程钻孔注水试验规程》在条文说明中提到：钻孔常水头注水试验的适用条件是渗透性比较大的岩土层，目前在坝基、堤防、输水渠道、病险库勘察等工作中应用较广。

规范附录中，钻孔注水试验形状系数值的计算简图中，目标层被假定为半无限空间，渗透系数的计算公式也是从半无限空间推导出来的。而土坝、堤防在轴线方向上可以认为符合半无限空间条件，但在垂直轴线方向上则是两面临空（坝前、坝后或堤前、堤后）的孤立土体，显然与半无限空间的假设条件不符。在钻孔注水试验时，如果在两临空面上出现了渗水现象，会导致渗漏量大，计算的渗透系数偏大。

显然，钻孔注水试验计算公式的假定与实际是有差别的，该差别会导致渗透系数相差多大，如何对计算公式进一步修正，以更符合工程实际，需要进一步研究。

参 考 文 献

[1] 李广诚,司富安,杜忠信. 堤防工程地质勘察与评价[M]. 北京:中国水利水电出版社,2003.
[2] 中华人民共和国水利部. 堤防工程地质勘察规程:SL 188—2005[S]. 北京:中国水利水电出版社,2005.
[3] 李广诚,司富安,白晓民. 中国堤防工程地质[M]. 北京:中国水利水电出版社,2003.
[4] 胡一三,宋玉杰,杨国顺,等. 黄河堤防[M]. 郑州:黄河水利出版社,2012.
[5] 中水珠江规划勘测设计有限公司. 珠江流域重点堤防普(复)查报告[R]. 广州:中水珠江规划勘测设计有限公司,2005.
[6] 罗小杰,马贵生. 长江中下游堤防工程地质研究[M]. 武汉:中国地质大学出版社,2010.
[7] 苗东升. 系统科学精要[M]. 北京:中国人民大学出版社,1998.
[8] 张华夏,等. 现代自然哲学与科学哲学[M]. 广州:中山大学出版社,1996.
[9] 周美立. 相似系统论[M]. 北京:科学技术文献出版社,1994.
[10] 崔正权. 系统工程地质导论[M]. 北京:水利电力出版社,1992.
[11] 李宁新. 工程地质勘察学若干理论问题探讨[J]. 人民珠江,2005(4).
[12] 李宁新,陈杰. 工程地质系统若干基本概念[A]. 水利勘测技术成就与展望—中国水利学会勘测专业委员会 2018 年年会暨学术交流会论文集[C] . 武汉:武汉理工大学出版社,2018.
[13] 李宁新,麻王斌. 堤基土体抗滑稳定工程地质评价[J]. 人民珠江,2005(3).
[14] 李宁新,朱云江. 珠江三角洲重点堤防若干工程地质问题[J]. 广东地质,2006(12).
[15] 赵伯锟. 柳州市静兰防洪堤工程岩溶发育特征及渗漏评价[J]. 水文地质工程地质,2005(1).
[16] 赵伯锟. 广西柳州市鸡喇防洪区岩溶地质勘察及评价[J]. 人民珠江,2007,增刊(2).
[17] 黄镇国,李平日,等. 珠江三角洲形成发育演变[M]. 广州:科学普及出版社广州分社,1982.
[18] 马贵生. 长江中下游堤防主要工程地质问题[J]. 人民长江,2001(9).
[19] 中国地震局地球物理研究所. 中国地震动参数区划图:GB 18036—2015[S]. 北京:地震出版社,2015.
[20] 中华人民共和国水利部. 堤防工程设计规范:GB 50286—2013[S]. 北京:中国计划出版社,2013.
[21] 曹振中,刘荟达,袁晓铭. 基于动力触探的砾性土液化判别方法通用性研究[J]. 岩土工程学报,2016(1).
[22] 蔡国军,刘松玉,等. 基于静力触探测试的国内外砂土液化判别方法[J]. 岩石力学与工程学报,2008(5).
[23] 中华人民共和国住房和城乡建设部. 建筑抗震设计规范:GB 50011—2010[S]. 北京:中国建筑工业出版社,2016.
[24] 钱明. 砂土地基液化判别方法标准与比较分析[J]. 长江大学学报(自然科学版),2016(4).
[25] 中华人民共和国水利部. 水利水电工程注水试验规程:SL 345—2007[S] . 北京:中国水利水电出版社,2007.
[26] 中华人民共和国水利部. 水电工程钻孔注水试验规程:NB/T 35104—2017[S]. 北京:中国水利水电出版社,2017.
[27] 工程地质手册编委会. 工程地质手册[M]. 5 版. 北京:中国建筑工业出版社,2018.

[28] 中华人民共和国水利部. 水利水电工程天然建筑材料勘察规程:SL 251—2015[S]. 北京:中国水利水电出版社,2015.
[29] 中华人民共和国水利部. 碾压土石坝设计规范:SL 274—2020[S]. 北京:中国水利水电出版社,2020.
[30] 王其超,宋金平,王俊鹏. 注水试验与抽水试验在杨庄集水库应用对比分析[J]. 山东工业技术,2018(22).
[31] 杨伟麟,杨小伟. 浅谈室内试验与现场试验渗透系数的差异及比选[J]. 广东水利水电,2017(1).
[32] 沈建. 常水头与变水头注水试验的对比分析[J]. 江苏水利,2003(12).
[33] 王文双,江晓益. 土坝坝体注水试验的影响因素[J]. 水利水电科技进展,2013,33(1).
[34] 孙凤娟. 浅谈分层抽水试验、注水试验在实际工作中的应用[J]. 林业建设,2016(1).
[35] 韦港,闫宇. 关于注水试验不适合均质土坝坝体渗透性测试的讨论[J]. 水利水电科技进展,2009,29(4).